Die Vorkalkulation

im Maschinen- und Elektromotorenbau nach neuzeitlich-wissenschaftlichen Grundlagen

Ein Hilfsbuch für Praxis und Unterricht

Von

Ingenieur **Friedrich Kresta**

technischer Kalkulator

Mit 56 Abbildungen, 78 Tabellen
und 5 logarithmischen Tafeln

Berlin

Verlag von Julius Springer

1921

ISBN-13: 978-3-642-89986-7 e-ISBN-13: 978-3-642-91843-8
DOI: 10.1007/978-3-642-91843-8

Softcover reprint of the hardcover 1st edition 1921

Berichtigung.

Seite 2 im Beispiel erste Zeile lies: 330 statt 300.

„ 3 die Formel nach Tabelle 5 lies: $D_m = \frac{D + D_1}{2}$ statt $D = \frac{D + D_1}{2}$.

„ 14 in der 5. Formel lies: $D_m =$ statt $D =$.

„ 14 „ „ 6. „ „ $d_m =$ „ $d =$.

„ 16 „ „ Tabelle 5 lies:

der mittlere Durchmesser einer Kreisringfläche $\left\| \begin{array}{l} D_m = \\ \hline d_m = \end{array} \right|$ statt $\left\| \begin{array}{l} D = \\ d = \end{array} \right.$.

„ 20 unter der Tabelle lies:

Von den Tabellenwerten sind einzusetzen:

bei 2—5 Stück 90% statt 90°

usw.

„ 21 vorletzte Zeile lies: für d_m statt für d gilt usw.

„ 26 erste Zeile lies: $\frac{180}{50}$ statt $\frac{180}{60}$.

„ 94 dritte Zeile lies: 120 statt 80 Zähne.

„ 114 vorletzte Formel lautet:

$$\delta = \frac{2 \cdot h}{\nu_1 \cdot 60} \cdot \frac{1}{s_1} = \frac{h}{\nu_1 \cdot 60} \left(1 + \frac{\nu_1}{\nu_2}\right) \frac{1}{s_1} \text{ statt } \delta = \frac{2 \cdot h}{\nu_1 \cdot 60} \cdot \frac{1}{s_1} - \frac{h}{\nu_1 \cdot 60} \left(1 + \frac{\nu_1}{\nu_2}\right) \frac{1}{s_1}.$$

„ 119 ad 2 lies: Wie unter a statt b.

„ 155 Formel nach 13. Zeile lies: $S_{F_1} = \frac{S_F}{Z}$ statt $S_F = \frac{S_F}{Z}$.

„ 155 vorletzte Zeile lies: Fig. 46 statt 38.

„ 158 lies bei: Das Verhältnis U ist lt. Formel IV

$$U = \frac{S}{Fl} \text{ statt } U = \frac{S}{F_1}.$$

„ 159 fehlt für die letzte Formel die Bezeichnung XV.

„ 164 10. Zeile lies: Tabelle 71 statt 74.

Die Hinweise auf den Seiten 155, 158/59, 162/65, welche sich auf die Tabellen 57—72 beziehen, sind um eine Zahl zu erniedrigen. Z. B. muß es auf Seite 163 zweite Zeile heißen: Tabelle 69 statt Tabelle 70.

Vorwort.

Die Vorkalkulation der zu bearbeitenden Werkstücke erfordert reiche Erfahrungen auf dem Gebiete der modernsten und rationellsten Arbeitsmethoden, sowie vielseitige Kenntnisse aller Arbeitsmaschinen und deren Hilfswerkzeuge; sie stellt an den Kalkulationsbeamten Anforderungen, die ein reiches praktisches und technisches Können erfordern.

Die systemlose Festsetzung der Akkordpreise, speziell die berühmte „sichere Schätzung" führt zu fortwährenden Streitigkeiten mit der Arbeiterschaft, sie hat schon manchem, mit den besten Mitteln ausgestatteten und sonst gut geleiteten Betriebe großen Schaden gebracht und ist deshalb grundsätzlich zu verwerfen.

Obzwar die Gegensätze zwischen den Wünschen des Unternehmers und dem seine Arbeitskraft verkaufenden Arbeitnehmer sich nie ganz beseitigen lassen, so können doch dieselben durch eine sachgemäße genaue Vorherbestimmung der Arbeitsdauer des Werkstückes bedeutend gemildert werden.

Die moderne Vorkalkulation bedingt deshalb die Berechnung der Laufzeiten auf wissenschaftlicher Grundlage, nach Schnittgeschwindigkeit und Vorschub, sowie die Vorherbestimmung der Arbeitsdauer eines Werkstückes scharf getrennt nach Maschinenarbeitszeiten und Handarbeitszeiten.

Eine Schätzung der Arbeitsdauer soll in der modernen Vorkalkulation nur ausnahmsweise und nur dort stattfinden, wo eine Berechnung der Laufzeit nach Schnittgeschwindigkeit und Vorschub nicht möglich ist.

Erwähnt sei ferner, daß die Berechnung bzw. Akkordierung nach Flächeninhalt in keinem Betriebe gehandhabt werden sollte, da dieselbe, wie einige Beispiele in diesem Buche zeigen, falsch ist. Diese Berechnungsart mag höchstens zur rohen Schätzung bei Überschlagsrechnungen ihre Anwendung finden.

Da ich während meiner langjährigen Tätigkeit als Betriebsleiter und als Bureauchef der Vorkalkulation leider immer wieder die Erfahrung machen mußte, daß gerade der Vorkalkulation, diesem so wichtigen Zweige eines modern organisierten

Betriebes, nicht immer das nötige Verständnis entgegengebracht wird, da ferner in bezug auf Schnittgeschwindigkeit und Vorschub in vielen Fällen ganz irrige Begriffe vorherrschen und die Wechselbeziehungen zwischen Schnittgeschwindigkeit und Vorschub einerseits und der Spantiefe andererseits oft vollständig verkannt werden, so habe ich mich zur Herausgabe dieses Buches entschlossen. Bei der Abfassung desselben war ich bestrebt, den reichhaltigen Stoff in möglichst einfacher, auch für den Laien leichtverständlichen Weise zu behandeln, damit auch jenen Werkmeistern oder Kalkulationsbeamten, denen nicht die Gelegenheit geboten war, eine technische Schule zu besuchen, die Möglichkeit gegeben ist, sich in das Wesen der modernen Vorkalkulation einzuführen.

In diesem Buche sind alle zur Berechnung der Laufzeiten erforderlichen Formeln, Tabellen, log. Tafeln und Anleitungen, sowie viele Beispiele enthalten, die es dem Kalkulationsbeamten, Werkmeister und Betriebsleiter ermöglichen, rasch und sicher die Laufzeiten zu berechnen.

Durch die Veröffentlichung dieses Werkes hoffe ich, ein für die Vorkalkulation praktisches Hilfs- und Nachschlagebuch geschaffen und hierdurch einem allgemeinen Bedürfnisse auf diesem Gebiete abgeholfen zu haben.

Gleichzeitig richte ich an die verehrten Fachkollegen die Bitte, mir durch sachliche Kritik den weiteren Ausbau dieses Buches und die Beseitigung von Unvollkommenheiten zu ermöglichen.

Wiener-Neustadt, im August 1921.

Der Verfasser.

Inhaltsverzeichnis.

Verzeichnis der Tabellen.

Drehbänke.

Schleifmaschine.

Bohrmaschine.

Fräsmaschine.

Zahnräder-Fräsmaschine.

Kaltkreissäge.

Hobelmaschine.

Shapingmaschine.

Seite

Zahnradhobelmaschine.

Handarbeiten (Wickelei).

Einleitung.

Die Vorkalkulation bezweckt die Vorherbestimmung der Selbstkosten für die zu verfertigenden Gegenstände, sie dient als Unterlage für die Bestimmung der Selbstkosten bzw. des Verkaufspreises.

Bei der Vorherbestimmung der Arbeitsdauer eines Werkstückes muß man sich alle jene Faktoren vor Augen führen, die für die Berechnung der Arbeitsdauer ausschlaggebend sind, z. B.:

1. das Einrichten der Maschine,
2. das Aufspannen und Ausrichten des Werkstückes,
3. die reine Laufzeit nach Schnittgeschwindigkeit und Vorschub,
4. das Schleifen der Stähle bzw. der Schneidwerkzeuge,
5. die diversen Nebenarbeiten,
6. das Abspannen des Werkstückes.

Für jedes auf einer Maschine bearbeitete Werkstück kommen zwei verschiedene Arbeiten, und zwar die Maschinenarbeit und die Handarbeit in Betracht.

Die Maschinenarbeit besteht aus der Schnittarbeit und der Leerlaufarbeit (Schaltung und Rückgang). Während letzterer wird also kein Material zerspant.

Die Handarbeit zerfällt in Vorbereitungsarbeiten, Aufspannarbeiten und Nebenarbeiten.

Zur genauen Vorherbestimmung der für die Bearbeitung des Werkstückes erforderlichen Zeitdauer ist es deshalb notwendig, daß nicht nur die Maschinenarbeit (Maschinenzeiten) sondern auch die Handarbeit (Handzeiten) allgemein auch unproduktive Arbeit genannt, bei der Kalkulation berücksichtigt wird und daß hierbei die Maschinen- und Handzeiten scharf voneinander getrennt behandelt werden.

Da bei allen Maschinen, gleichgültig ob dieselben eine umlaufende oder eine hin- und hergehende Bewegung ausführen, die Berechnung der Laufzeit eines Arbeitsstückes a) von der Schnittgeschwindigkeit, b) vom Vorschub und c) von der Spantiefe abhängt, so soll, bevor auf die Berechnung der Laufzeiten näher eingegangen wird, in erster Linie der Begriff der Schnittgeschwindigkeit, dann die Wechselbeziehungen zwischen Schnittgeschwindigkeit, Vorschub und Spantiefe, sowie die Gliederung der Handarbeiten kurz besprochen werden.

Schnittgeschwindigkeit, Vorschub und Spantiefe.

Die Schnittgeschwindigkeit gibt den Wert für die Länge des Weges an, den ein spanabhebendes Werkzeug in einer bestimmten Zeiteinheit zurücklegt. Gleitet z. B. ein spanabhebendes Werkzeug (Bohrkopf) an einem Arbeitsstück, Fig. 1, oder ein Arbeitsstück an einem spanabhebenden Werkzeuge (Drehstahl), Fig. 2, vorbei und legt hierbei in einer Minute einen Weg von x m oder in der Sekunde von x mm zurück, so wird der in der Minute zurückgelegte Weg von x m, als x m/min Schnittgeschwindigkeit und der in der Sekunde von x mm zurückgelegte Weg als x mm/sk Schnittgeschwindigkeit bezeichnet.

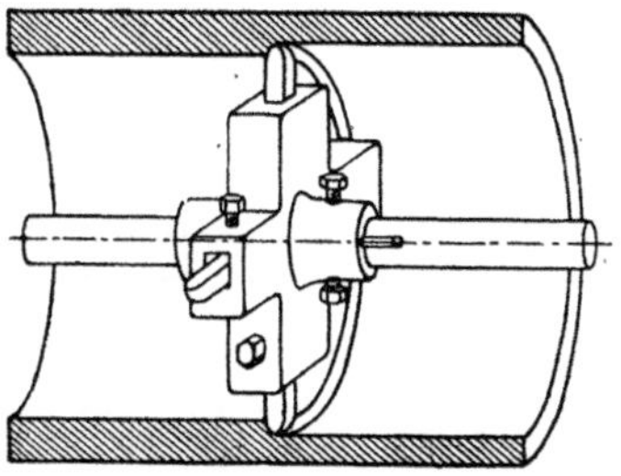

Fig. 1.

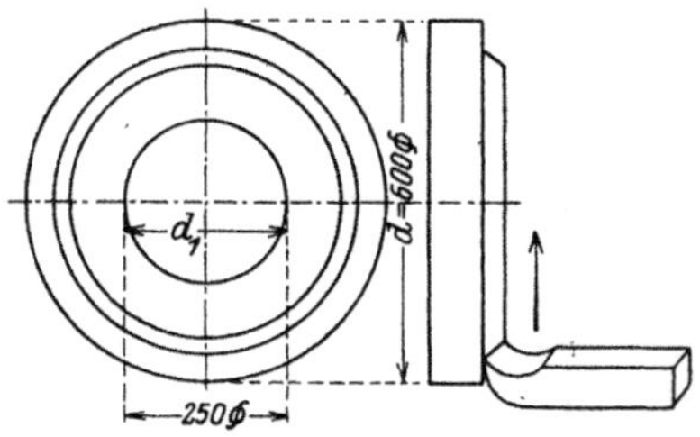

Fig. 2.

Beispiel: Ein Bohrkopf (Fig. 1) von 300 mm Durchm., mit 4 Drehstählen versehen, deren Spitzen von Mitte Welle 165 mm entfernt sind, macht in der Minute 14,5 Umdrehungen. Die Schneiden der Drehstähle würden nun nach der Formel:

$$v_1 \text{ in mm/sk} = \frac{\text{Durchm. in mm} \cdot \pi \cdot \text{Umdrehung}}{60}$$

oder

$$V \text{ in m/min} = \text{Durchm. in m} \cdot \pi \cdot \text{Umdrehungen}$$

eine Schnittgeschwindigkeit von

$$v_1 = \frac{330 \cdot 3{,}14 \cdot 14{,}5}{60} = 250 \text{ mm/sk}$$

oder

$$V = 0{,}33 \cdot 3{,}14 \cdot 14{,}5 = 15 \text{ m/min}$$

aufweisen.

Bei Planarbeiten, z. B. bei Kreisringflächen, Platten oder Stirnseiten von Wellen usw. ist die Umfangs- bzw. Schnittgeschwindigkeit eine veränderliche, d. h. sie wird, unveränderte Tourenzahl des Arbeitsstückes vorausgesetzt, gegen die Mitte des Kreises immer kleiner, bis sie im Mittelpunkt den Wert 0 erreicht.

Zur Ermittlung der mittleren Schnittgeschwindigkeit empfiehlt es sich daher, bei allen Planarbeiten den mittleren Durchmesser des Arbeitsstückes zu errechnen und in die Formel für die Berechnung der Schnittgeschwindigkeit einzusetzen.

Beispiel: Bei einer Kreisringfläche (Fig. 2), die 14,5 Umdr./min macht und hierbei an einem Drehstahl, der sich gegen die Mitte des Kreises zu bewegt, vorbeigleitet, ist die Schnittgeschwindigkeit des äußeren Durchmessers von 600 mm gleich

$$v_1 = \frac{600 \cdot 3{,}14 \cdot 14{,}5}{60} = 455 \text{ mm/sk}$$

oder

$$V = 0{,}6 \cdot 3{,}14 \cdot 14{,}5 = 27{,}3 \text{ m/min}$$

des inneren Durchmessers von 250 mm gleich

$$v_1 = \frac{250 \cdot 3{,}14 \cdot 14{,}5}{60} = 190 \text{ mm/sk}$$

oder

$$V = 0{,}25 \cdot 3{,}14 \cdot 14{,}5 = 11{,}4 \text{ m/min.}$$

Die mittlere Schnittgeschwindigkeit errechnet sich aus:

mittlerem Durchmesser · π · Umdrehungen pro Minute.

Der mittlere Durchmesser einer Kreisringfläche ist nach Tabelle 5

$$D = \frac{D + D_1}{2} \quad \text{und} \quad \frac{d + d_1}{2}$$

wobei unter D und d der äußere Durchmesser und unter D_1 und d_1 der innere Durchmesser einer Kreisringfläche zu verstehen ist.

Die mittlere Schnittgeschwindigkeit der Kreisringfläche von Fig. 2 beträgt demnach:

$$V = \frac{(D + D_1) \cdot \pi \cdot \text{Umdrehungen}}{2} = \frac{(0{,}6 + 0{,}25) \cdot 3{,}14 \cdot 14{,}5}{2} = 19{,}3 \text{ m/min}$$

und

$$v_1 = \frac{(d + d_1) \cdot \pi \cdot \text{Umdrehungen}}{2 \qquad 60} = \frac{(600 + 250) \cdot 3{,}14 \cdot 14{,}5}{2 \qquad 60} = 322 \text{ mm/sk.}$$

Die Größe der Schnittgeschwindigkeit ist in erster Linie von der Härte des Materials, sowie von der Spantiefe und vom Vorschub und nicht zuletzt auch von der Bauart der Maschine abhängig.

Beim Schlichtschnitt richtet sich die Schnittgeschwindigkeit ganz nach der Art des Materials und der Genauigkeit des Arbeitsstückes. So kann z. B. Gußeisen mit einer höheren Geschwindigkeit geschlichtet werden als dies beim Schruppen zulässig ist.

Ganz anders verhält es sich beim Schlichten von Siemens-Martin-Stahl oder Chrom-Nickel-Stahl. Hier muß die Bearbeitung mit einer niedrigeren, oder zumindest mit derselben Schnittgeschwindigkeit erfolgen wie beim Schruppdrehen, da sonst kein sauberer Schnitt erzielt werden könnte.

Die Größe des Vorschubes ist, von der Bauart der Maschine, sowie von der Kühlung der Werkzeuge abgesehen, von der Spantiefe und der Schnittgeschwindigkeit bestimmt.

Wählt man z. B. eine große Spantiefe, so muß der Vorschub entsprechend geringer gewählt werden. Bei geringerer Spantiefe hingegen erhöht sich der Vorschub.

Nach Tabelle 2 kann auf einer mittelgroßen Drehbank bei einer Bearbeitungszugabe bzw. Spantiefe von 12 mm, der Vorschub mit 0,5 mm pro Umdrehung gewählt werden, während bei einer Spantiefe von 7 mm der Vorschub 0,8 mm beträgt, also wesentlich höher ist. Beim zweiten Schnitt ist die Schnittiefe bedeutend geringer, weshalb auch die Schnittgeschwindigkeit (siehe Tabelle 1a—c) und der Vorschub (siehe Tabelle 2) entsprechend höher gewählt sind.

Aus den obigen Ausführungen geht klar hervor, daß Schnittgeschwindigkeit, Spantiefe und Vorschub voneinander abhängig sind und in steten Wechselbeziehungen zueinander stehen.

Der Vorschub kann ferner auch nach Art des Arbeitsstückes verschieden gewählt werden. Während man z. B. beim Schlichten von Lagerstellen einen kleinen Vorschub wählen wird, kann derselbe beim sog. Breitschlichten, wie es bei Riemenscheiben üblich ist, bis 10 mm pro Umdrehung gewählt werden.

Im allgemeinen kann bei hoher Schnittgeschwindigkeit wegen der zu starken Erwärmung des Werkzeuges ohne ausreichende Kühlung kein starker Vorschub oder große Schnittiefe gewählt werden.

Handarbeiten.

Bei Berechnung der Zeitdauer eines Arbeitsstückes müssen auch die Zeiten für die Handarbeiten, die zur Bearbeitung eines Arbeitsstückes notwendig sind, einkalkuliert werden.

Die Arbeiten bestehen aus:

1. Einrichten der Maschine, d. h. die Maschine für die Aufnahme des Arbeitsstückes bis zum Aufspannen vorbereiten. Dazu gehört: Planscheibe oder Amerikaner auf- oder abspannen, Körner einsetzen, Klauen wechseln, Räder aufstecken, Lünetten aufspannen, bei Kopfbänken den Support verstellen und bei Bohrwerken die Bohrspindel bzw. den Tisch einstellen. (Siehe Tab. 4.)

2. Das Arbeitsstück aufspannen, ausrichten bzw. zentrieren und abspannen. Die Aufspannzeiten sind bei größeren Arbeitsstücken, zu deren Aufspannung ein Flaschenzug oder Kran erforderlich ist, in erster Linie von den jeweiligen Betriebsverhältnissen bzw. Transportgelegenheiten abhängig. Schon bei Benützung verschiedenartiger Hebezeuge wird sich ein wesentlicher Zeitunterschied bemerkbar machen. Steht z. B. für eine Maschinengruppe eine Laufkatze mit Flaschenzug zur Verfügung, während andere Maschinen mit einem, an der Maschine montierten, schwenkbaren Kran

arbeiten können, so müssen die Aufspannzeiten im ersten Falle, da es öfter vorkommen wird, daß ein Maschinenarbeiter auf den Flaschenzug, der eben von einem anderen Arbeiter benützt wird, warten muß, höher bewertet werden als im zweiten Falle, wo der Flaschenzug zur alleinigen Verfügung des Arbeiters steht. Noch viel größer aber ist der Zeitunterschied zwischen den vorerwähnten Hebezeugen und einem größeren Laufkran, der in der ganzen Halle nicht nur die Arbeitsmaschinen, sondern auch die anderen Transporte und Montagearbeiten zu besorgen hat und der Maschinenarbeiter dann oft gezwungen ist, lange Zeit auf den Kran warten zu müssen.

In zweiter Linie hängt die Aufspannzeit von der Art der Aufspannung, z. B. genaue Materialverteilung oder Benützung einer Aufspannvorrichtung einerseits, oder Aufspannung nach Anriß andererseits, dann von der Form des Arbeitsstückes ab.

Aus vorerwähnten Gründen allein ist es schon klar, daß für viele Arbeiten, ohne Kenntnis der Betriebsverhältnisse, allgemeingültige Aufspanntabellen nicht aufgestellt werden können.

Zeittabelle für das Aufspannen von Gehäusen auf der Drehbank

	Type DM	10-12	21-23	31-32	41-43	51-53	61-62	71-72	81-82	91-92	101-103	111-113	121-123
I.	min	13	16	20	20	25	28	35	35	35	45	45	—
II.	min	10	10	10	10	15	15	15	15	15	15	15	—
	kg	10	19,3	25	33	45	55	97	120	160	350	400	—
	Type G	1/8-1/4	1/2-3/4	10 G	3	4	4,5	5	6	7	8	9	10
I.	min	12	12	20	20	20	28	25	28	30	35	35	40
II	min	10	10	10	10	10	15	15	15	15	15	15	15
	kg	7	9	25	28	32	55	40	60	75	130	150	250
	Type G	11	12	13	14	15	16	—	—	—	—	—	—
I.	min	40	45	45	45	45	50	—	—	—	—	—	—
II.	min	15	15	15	15	15	15	—	—	—	—	—	—
	kg	285	380	460	540	570	810	—	—	—	—	—	—

I. = Aufspannen; II. = Bank herrichten.

Für Umspannen = 20% bei Einzelanfertigung,
15% „ Mehrfachanfertigung.

Von obigen Werten ist einzusetzen bei: 2 bis 4 Stück 80%, 5 bis 10 Stück 70%, 11 Stück und mehr 60%.

Grundsätzlich zu verwerfen ist, Werte für Aufspannung und Transport von anderen Werken als Unterlage bei der Berechnung der Laufzeit zu verwenden und sei gleich im vorhinein darauf hingewiesen, daß die in diesem Buche angeführten Aufspanntabellen nur als Muster dienen sollen.

Bei Aufstellung von Aufspanntabellen empfiehlt es sich daher, die vorkommenden laufenden Arbeiten entweder nach Größe, z. B. Durchmesser und Länge, oder nach Typen und nach Gewicht tabellarisch aufzunehmen und die gestoppten Zeiten hierfür unter Berücksichtigung der Betriebsverhältnisse einzutragen. (Siehe Tabelle 7 für Wellen und vorstehende Tabelle für Dreh- und Gleichstromgehäuse nach Type und Gewicht.)

Für einfachere Stücke, zu deren Aufspannung kein Kran erforderlich ist, z. B. bei Büchsen, Ringen usw. ist die Aufstellung von Tabellen für Aufspannzeiten wesentlich einfacher und können hierfür die Tabellen 8 und 10 benützt werden.

3. Werkzeuge (Drehstähle) einspannen. Die Zeit für das Einspannen der Drehstähle ist von der Größe und Konstruktion der Maschine abhängig. Bei kleineren und mittleren Drehbänken wird gewöhnlich der Drehstahl nur mittels der Spannschraube bzw. Spannpratze (Fig. 3) befestigt, während bei größeren Bänken und Kopfbänken zuerst die Spannplatte (Fig. 4) und durch diese mit 2 bis 3 Schrauben der Drehstahl befestigt wird.

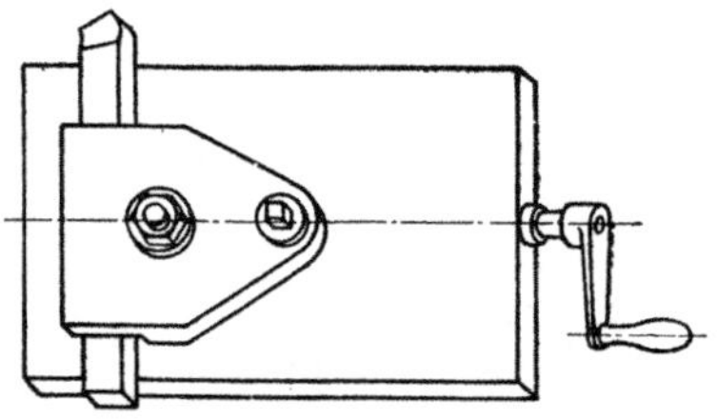

Fig. 3.

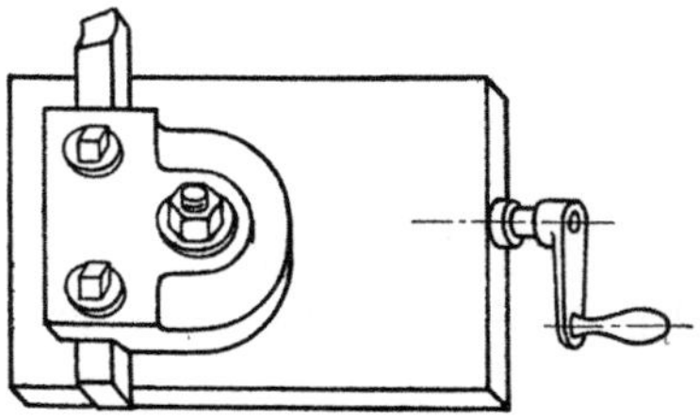

Fig. 4.

Über Einspannzeiten siehe Tabelle 4.

4. Werkzeuge schleifen. In einem modern geleiteten Betriebe soll das Schleifen der Werkzeuge stets nur von einer Stelle (der Werkzeugausgabe) und nach praktischen Versuchen in einem bestimmten Schnitt- und Anstellwinkel[1]) erfolgen.

Hierdurch entfallen beim Maschinenarbeiter nicht nur die unnötig vergeudeten Zeiten für das Hin- und Herlaufen zur Schleifscheibe, sondern es werden auch die teueren Schnelldrehstähle, die besonders

[1]) Praktische Winke über richtige Schnittwinkel usw. gibt das techn. Hilfsbuch von Schuchardt und Schütte an, zu beziehen bei Julius Springer, Berlin W 9, Linkstraße 23/24, und Wilhelm Frick, Wien I, Graben 27.

von jungen unerfahrenen Maschinenarbeitern durch das oft ganz sinnlose Schleifen vorzeitig verdorben werden, geschont und die Maschine durch die richtige Einhaltung des Schnittwinkels in der günstigsten und wirtschaftlichsten Art ausgenützt.

Auch die vom Kalkulationsbeamten errechneten Laufzeiten werden bei richtiger Ausnützung der Maschine und bei richtig geschliffenen Werkzeugen in den meisten Fällen eingehalten werden können, während falschgeschliffene Werkzeuge und dadurch unwirtschaftlich arbeitende Maschinen fortgesetzt Anlaß zu Akkordreklamationen geben.

Die Zeiten für das Schleifen von Werkzeugen lassen sich für die verschiedenen Arten von Stählen (Fassonmesser, Gewinde- und Drehstähle usw.) ganz leicht vorher bestimmen.

In Betrieben aber, wo der Maschinenarbeiter seine Werkzeuge selbst schleift, ist die hierfür verwendete Zeit noch von den Betriebsverhältnissen, d. h. von der Zeit, die für die Länge des Weges von der Arbeitsmaschine bis zur Schleifscheibe und zurück gebraucht wird, abhängig.

Aus diesen Gründen wurden in der Tabelle 4 keine Zeiten für das Schleifen der Werkzeuge angeführt.

5. Maschine zum Messen abstellen. Alle auf der Drehbank oder am Bohrwerke appretierten Arbeitsstücke bedingen je nach dem Grade ihrer Genauigkeit ein oftmaliges Spananstellen und Messen und damit auch ein öfteres Abstellen der Maschine, da das Messen nur bei Stillstand der Maschine erfolgen soll.

Eine Ausnahme hiervon bilden die Revolverbänke, Automaten und Halbautomaten, da bei diesen Maschinengattungen die Werkzeuge mittels Anschlägen arbeiten, wodurch sich das oftmalige Messen und Abstellen der Maschine erübrigt.

Während kleine Maschinen beim Abstellen sofort stehenbleiben bzw. mit der Hand angehalten werden können, brauchen mittlere Maschinen bis zum Stillstand schon eine längere Zeit als die ersteren; große Maschinen hingegen, z. B. Kopf- oder Karussellbänke, können in den meisten Fällen nicht abgebremst werden und beanspruchen naturgemäß die längste Zeit bis zum völligen Stillstand.

Über Zeiten für Abstellen der Maschine siehe Tabelle 4.

6. Späneanstellen und Messen. Soweit das Messen mittels Kaliber, Rachenlehre oder Stichmaß erfolgt, beansprucht es (den gleichen Genauigkeitsgrad vorausgesetzt) eine kürzere Zeit als das Messen mittels Zirkel oder Schieblehre.

Beim Messen mittels Stangenzirkel bei großem Durchmesser und großer Breite ist die hierfür verwendete Zeit auch entsprechend größer.

Über Zeiten für Späneanstellen und Messen siehe Tabelle 4.

Drehbänke.

Tabelle 1a, b, c, d, e, f geben praktisch erprobte Mittelwerte für Schnittgeschwindigkeiten verschiedener Materialien auf Drehbänke und Bohrwerke an:

Tabelle 1a für Langdrehen,
„ 1b „ Plandrehen,
„ 1c „ Ausbohren am Bohrwerk,
„ 1d „ Ein- und Abstechen,
„ 1c „ Gewindeschneiden,
„ 1f „ Arbeiten mit Reibahle.

Tabelle 1a.

Mittelwerte für die Schnittgeschwindigkeit m/min und mm/sk für Langdrehen.

Material	Schnitte	Werkzeugstahl						Schnellschnittstahl					
		weich		mittel		hart		weich		mittel		hart	
		m/min	mm/sk	m/min	mm/sk	m/min	mm/sk	m/min	mm/sk	m/min	mm/sk	m/min	mm/sk
Temperguß	1	11	183	9	150	7	117	18	300	15	250	12	200
	2	12	200	10	166,5	8	133	20	233	17	284	14	234
	Schl.	13	216,5	11	183	9	150	22	367	19	317	16	267
Werkzeugstahl	1	6	100	5	83	4	67	9	150	7,5	125	6	100
	2	7	117	6	100	5	83	10	166,5	9	150	7,5	125
	Schl.	6	100	5	83	4	67	9	150	7,5	125	6	100
Stahlguß	1	9	150	7	117	5	83	15	250	12	200	9	150
	2	10	166,5	8	133	6	100	16	267	13	216,5	10	166,5
	Schl.	11	183	9	150	7	117	18	300	15	250	12	200
Chrom-Nickelstahl	1	7,5	125	6,5	108	6	100	11	183	10	166,5	9	150
	2	8	133	7,5	125	6,5	108	12	200	11	183,	10	166,5
	Schl.	7,5	125	6,5	108	6	100	11	183	10	166,5	9	150
Gußeisen	1	12	200	9	150	7	117	18	300	13	217	10	166,5
	2	13	217	11	183	8	133	20	333	16	267	12	200
	Schl.	15	250	13	216,5	10	166,5	23	383	19	317	15	250
Bronze	1	18	300	15	250	13	217	30	500	25	417	20	333
	2	20	333	18	300	16	267	35	584	30	500	25	417
	Schl.	20	333	18	300	16	267	35	584	30	500	25	417
Messing	1	20	333	18	300	16	267	35	584	30	500	25	417
	2	24	400	20	333	18	300	40	666	35	584	30	500
	Schl.	24	400	20	333	18	300	40	666	35	584	30	500
Aluminium	1	45	750	40	666	35	584	75	1250	65	1083	60	1000
	2	50	833	45	750	40	666	85	1415	75	1250	70	1165,5
	Schl.	55	920	50	838	45	750	90	1500	85	1416	80	1338
Festigkeit	kg	30—40		40—60		60—80		30—40		40—60		60—80	
S.M.St. S.M.Fl.	1	12	200	9,5	158	7	117	20	333	16	267	12	200
	2	13	217	10,5	175	8	133	22	367	18	300	14	233
	Schl.	10,5	175	8	133	6	100	18	300	14	233	10	166,5

Tabelle 1b.

Mittelwerte für die Schnittgeschwindigkeit m/min und mm/sk für Plandrehen.

Material	Schnitte	Werkzeugstahl						Schnellschnittstahl					
		weich		mittel		hart		weich		mittel		hart	
		m/min	mm/sk	m/min	mm/sk	m/min	mm/sk	m/min	mm/sk	m/min	mm/sk	m/min	mm/sk
Temperguß	1	10	166,5	8	133	6	100	17	283	14	233	11	183
	2	11	183	9	150	7	117	19	316,5	16	267	13	217
	Schl.	12	200	10	166,5	8	133	24	350	18	300	15	250
Werkzeugstahl	1	6	100	5	83	4	66,6	8	133	7	117	6	100
	2	7	117	6	100	5	83	9	150	8	133	7	117
	Schl.	6	100	5	83	4	66,6	8	133	7	117	6	100
Stahlguß	1	7	117	6	100	5	83	14	233	11	183	8	133
	2	8	133	7	117	6	100	15	250	12	200	9	150
	Schl.	9	150	8	133	7	117	17	283	14	233	10	166,5
Chrom-Nickelstahl	1	7	117	6	100	5	83	10	166,5	9	150	8	133
	2	8	133	7	117	6	100	11	183	10	166,5	9	150
	Schl.	7	117	6	100	5	83	10	166,5	9	150	8	133
Gußeisen	1	10	166,5	8	133	6	100	16	267	12	200	8	133
	2	12	200	10	166,5	8	133	18	300	14	233	10	166,5
	Schl.	14	233	12	200	10	166,5	22	367	18	300	14	233
Bronze	1	17	283	14	233	11	183	29	483	24	400	19	316,5
	2	20	333	17	283	14	233	34	566,5	29	483	24	400
	Schl.	20	333	17	283	14	233	34	566,5	29	483	24	400
Messing	1	19	316,5	17	283	15	250	34	566,5	29	483	24	400
	2	23	383	19	316,5	17	283	39	650	34	566,5	29	483
	Schl.	23	383	19	316,5	17	283	39	650	34	566,5	29	483
Aluminium	1	45	750	38	635	35	583	75	1250	65	1083	60	1000
	2	50	833	45	750	40	666,5	85	1416,5	75	1250	70	1166,5
	Schl.	55	916,5	50	833	45	750	95	1583	85	1416,5	80	1333
Festigkeit	kg	30—40		40—60		60—80		30—40		40—60		60—80	
S.M.St. S.M.Fl.	1	11	183	9	150	7	117	18	300	14	233	10	166,5
	2	12	200	10	166,5	8	133	20	333	16	267	12	200
	Schl.	11	183	9	150	7	117	16	267	12	200	8	133

Vorstehende Tabellenwerte gelten für Arbeiten auf gewöhnlichen Drehbänken. Bei Benutzung von Schnelldrehbänken können dieselben, reichlich Kühlung und besten Schnelldrehstahl vorausgesetzt, um 50—100% erhöht werden. Doch können derart hohe Schnittgeschwindigkeiten in der Praxis nicht immer eingehalten werden, sie stellen vielmehr Rekordleistungen dar, zu deren Einhaltung die Bedingungen nicht immer gegeben sind. Für den Schlichtschnitt ist jedoch die Schnittgeschwindigkeit in erster Linie von der Art des zu bearbeitenden Materials abhängig.

Tabelle 1c. Mittelwerte für die Schnittgeschwindigkeit m/min und mm/sk auf Bohrwerk für Ausbohren.

Material	Schnitte	Werkzeugstahl						Schnellschnittstahl					
		weich		mittel		hart		weich		mittel		hart	
		m/min	mm/sk	m/min	mm/sk	m/min	mm/sk	m/min	mm/sk	m/min	mm/sk	m/min	mm/sk
Temperguß	1	14	233	11	183	8	133	18	300	14	233	10	166,5
	2	16	276	13	217	10	166,5	20	333	16	267	12	200
	Schl.	16	276	13	217	10	166,5	20	333	16	267	12	200
Werkzeugstahl	1	8	133	7	117	6	100	11	183	9	150	7	117
	2	9	150	8	133	7	117	12	200	10	166,5	8	133
	Schl.	9	150	8	133	7	117	12	200	10	166,5	8	133
Stahlguß	1	11	183	9	150	7	117	17	283	13	217	9	150
	2	12	200	10	166,5	8	133	18	300	14	233	10	166,5
	Schl.	12	200	10	166,5	8	133	18	300	14	233	10	166,5
Gußeisen	1	13	217	11	183	9	150	20	333	16	267	14	233
	2	14	233	12	200	10	166,5	22	367	18	300	16	267
	Schl.	14	233	12	200	10	166,5	22	367	18	300	16	267
Bronze	1	20	333	18	300	16	267	33	550	28	466,5	23	384
	2	22	367	20	333	18	300	35	584	30	500	25	417
	Schl.	22	367	20	333	18	300	35	584	30	500	25	417
Messing	1	22	367	20	333	18	300	37	616,5	32	533	27	450
	2	24	400	22	367	20	333	40	666,5	35	583	30	500
	Schl.	24	400	22	367	20	333	40	666,5	35	583	30	500
Aluminium	1	45	750	40	666	35	584	75	1250	65	1086	60	1000
	2	50	833	45	750	40	666,5	85	1416,5	75	1250	70	1166,5
	Schl.	50	833	45	750	40	666,5	85	1416,5	75	1250	70	1166,5
Festigkeit	kg	30—40		40—60		60—80		30—40		40—60		60—80	
S.M.St. S.M.Fl.	1	14	233	12	200	9	150	20	333	18	300	16	267
	2	15	250	13	217	10	166,5	24	400	20	333	17	283
	Schl.	15	250	13	217	10	166,5	24	400	20	333	17	283

Tabelle 1d. Mittelwerte für die Schnittgeschwindigkeit in m/min und mm/sk für Ein- und Abstechen.

Material	weich		mittel		hart		weich		mittel		hart	
	Werkzeugstahl						Schnelldrehstahl					
	m/min	mm/sk	m/min	mm/sk	m/min	mm/sk	m/min	mm/sk	m/min	mm/sk	m/min	mm/sk
Werkzeugstahl . .	5	83	4	67	3	50	7	117	6,5	108	5,5	92
Stahlguß	6,5	108	5,5	92	4,5	75	13	217	10	167	7	117
Temperguß . . .	9	150	7	117	5	83	15,5	258	13	217	10	167
Chrom-Nick.-Stahl	6,5	108	5,5	92	4,5	75	9	150	8	133	7	117
Gußeisen	14	150	7	117	5,5	92	14,5	242	11	183	7	117
Bronze	17	233	13	217	10	167	26	433	22	367	17	283
Messing	9	283	15,5	258	13,5	225	30	500	26	433	22	367
Festigkeit . . kg	30—40		40—60		60—80		30—40		40—60		60—80	
S.M.Fl. S.M.St. .	10	167	8	133	6	100	16	267	13	217	9	150

Tabelle 1e.

Mittelwerte für die Schnittgeschwindigkeit in m/min und mm/sk für Gewindeschneiden.

Material	Werkzeugstahl						Schnelldrehstahl					
	weich		mittel		hart		weich		mittel		hart	
	m/min	mm/sk	m/min	mm/sk	m/min	mm/sk	m/min	mm/sk	m/min	mm/sk	m/min	mm/sk
Temperguß	4,5	75	3,5	58	2,5	41	6	100	5	83	3	50
Gußeisen	4,5	75	3,5	58	2,5	41	6	100	5	83	3	50
Stahlguß	4,5	75	3,5	58	2,5	41	5	83	4	67	3	50
Chrom-Nickelstahl	4	67	3	50	2	33	5	83	4	67	3	50
Werkzeugstahl	4	67	3	50	2	33	5	83	4	67	3	50
Bronze	8	133	7	116,5	6	100	10	166,5	8	133	7	116,5
Messing	9	150	8	133	7	116,5	10	166,5	9	150	8	133
Festigkeit	30—40		40—60		60—80		30—40		40—60		60—80	
S.M.St. S.M.Fl.	5	83	4	67	3	50	6	100	5	83	4	67

Für Arbeiten mit Reibahle in Bronze-Messing und Aluminium gelten 50% der Werte der Tabelle 1a. Für alle anderen Materialien, gleichgültig ob dieselben mit einer Reibahle aus Werkzeug- oder Schnellschnittstahl bearbeitet werden, sind nachstehende Schnittgeschwindigkeiten zulässig:

Tabelle 1f.

Material:

weich		mittel		hart	
m/min	mm/sk	m/min	mm/sk	m/min	mm/sk
6	100	5	83,5	3	50

Tabelle 2. Für Vorschübe bei gegebener Spantiefe.

A. Auf gewöhnlichen Drehbänken.

Drehbank	Spitzenhöhe mm	bei einer Schnittiefe von mm 15	12	10	7	5	Breitschlichten
		beträgt der Vorschub					
klein	bis 250	—	—	0,25	0,4	0,6	3,0
mittel	„ 500	0,3	0,5	0,6	0,8	1,0	5,0
groß	über 500	0,5	0,75	1,0	1,25	1,5	8,0
B. Auf Schnelldrehbänken:							
klein	bis 250	—	—	0,4	0,7	1,0	4,0
mittel	„ 500	0,4	0,7	0,8	1,0	1,2	6,0
groß	über 500	1,0	1,2	1,5	.1,8	2,0	9,0
C. Am Bohrwerk:							
klein	bis 250	—	—	0,2	0,3	0,5	—
mittel	„ 600	0,35	0,5	0,6	0,7	0,8	—
groß	über 600	0,5	0,6	0,8	1,0	1,2	—

Tabelle 3. Umrechnungstabelle für Schnittgeschwindigkeiten von m/min auf mm/sk.

$\frac{m}{min}$	$\frac{mm}{sk}$	$\frac{m}{min}$	$\frac{mm}{sk}$	$\frac{m}{min}$	$\frac{mm}{sk}$
2	33	16	267	34	566
3	50	16,5	275	35	584
3,5	58,5	17	284	36	600
4	66,6	17,5	292	37	618
4,5	75	18	300	38	635
5	83,3	18,5	308	39	650
5,5	92	19	317	40	666
6	100	19,5	325	41	685
6,5	108	20	333	42	700
7	117	20,5	342	43	717
7,5	125	21	350	44	734
8	133	21,5	358	45	750
8,5	142	22	367	46	768
9	150	22,5	375	47	785
9,5	159	23	384	48	800
10	166,5	23,5	392	49	818
10,5	175	24	400	50	835
11	183	24,5	408	55	917
11,5	192	25	417	60	1000
12	200	26	434	65	1083
12,5	208	27	450	70	1165
13	217	28	467	75	1250
13,5	225	29	484	80	1335
14	234	30	500	85	1418
14,5	242	31	517	90	1500
15	250	32	534	95	1583
15,5	258	33	550	100	1665

Tabelle 4.

Zeittabelle für unproduktive Arbeiten auf der Drehbank, Kopfbank und Karussellbank.

Drehbank	Spitzenhöhe mm Planscheibendurchm.	Zeit für Maschine abstellen in Sk.	Zeit für Schnitte anstellen und messen in Sk										Einspannen		Lunette einspannen und einstellen	Backen auswechseln		Maschine herrichten*)
			Meßwerkzeuge	am Umfang			in der Bohrung			seitlich			Drehstahl	Gew. stahl		Planscheibe	Amerikaner	
				Durchmesser in mm						Breite in mm			sk	sk				
				bis	bis	über	bis	bis	über	bis	bis	über						
klein	bis 250 mm	20		100	300	300	50	100	100	100	200	200	60	90	300	360	180	600
			1	30	40	50	20	30	40	20	25	30						
			2	20	30	40	20	30	35	30	35	40						
mittel	bis 500 mm	30		300	600	600	100	250	250	75	150	150	90	120	390	480	240	900
			1	45	55	65	35	45	55	20	25	30						
			2	35	45	55	25	35	45	30	35	40						
groß	über 500 mm	60		400	750	750	200	350	350	100	200	200	120	150	480	600	300	1200
			1	50	60	75	40	55	65	25	30	35						
			2	40	50	65	30	45	55	35	40	45						
Karussell	Planscheibendurchm. bis 1500 mm	120		500	1000	1000	150	300	300	200	400	400	150			600		
			1	55	70		45	60	70	35	40	45						
			2	45	60	90	35	50	60	45	50	55						
Kopfbank	bis 3000 mm	180		500	1500	1500	200	400	400	300	500	500	180			2400		(1) 1800 (2) 3000
			1	60			55	75	90	40	45	50						
			2	50	100	150	45	65	80	50	55	60						
Kopfbank	über 3000 mm	180		1500	4000	4000	300	600	600	350	700	700	180			3600		(1) 3000 (2) 3600
			1				70	100	120	45	50	55						
			2	120	180	240	60	90	110	55	60	65						

Anmerkungen. Messen mit: 1 = Kaliber, Stichmaß, Lehre auf genaues Maß bis 0,1 mm Toleranz. 2 = Greifzirkel, Lochzirkel, Stangenzirkel, Schieblehre von 0,1 mm Toleranz aufwärts. (1) = ein Support verstellen. (2) = zwei Supporte verstellen.

*) Zeit versteht sich inkl. Planscheibe oder Amerikaner wechseln.

Die Laufzeit-Berechnung. für Maschinen mit umlaufender Bewegung

Die für die Berechnung der Laufzeit in Betracht kommenden Formeln sind in der Tabelle 5 zusammengefaßt und sollen hier kurz erläutert werden.

Schnittgeschwindigkeit. Die Ermittlung der Schnittgeschwindigkeit erfolgt nach der Formel:

$$V \text{ in m/min} = \text{Durchm. in m} \cdot \pi \cdot \text{minutl. Umdrehg.} = D \cdot \pi \cdot n$$

oder:

$$v_1 \text{ in mm/sk} = \frac{\text{Durchm. in mm} \cdot \pi \cdot \text{minutl. Umdrehg.}}{60} = \frac{d \cdot \pi \cdot n}{60}.$$

Minutliche Umdrehungen. Sind Schnittgeschwindigkeit und Durchmesser des Arbeitsstückes bekannt, so findet man die minutlichen Umdrehungen nach der Formel:

$$\text{Minutl. Umdrehg. } n = \frac{\text{Schnittgeschw. in m/min}}{\text{Durchm. in m} \cdot \pi} = \frac{V}{D \cdot \pi}$$

oder:

$$\text{Minutl. Umdrehg. } n = \frac{\text{Schnittgeschw. in mm/sk} \cdot 60}{\text{Durchm. in mm} \cdot \pi} = \frac{v_1 \cdot 60}{d \cdot \pi}.$$

Mittlere Durchmesser. Für den mittleren Durchmesser einer Kreisringfläche lautet die Formel:

$$D = \frac{\text{äuß. Durchm. in m} + \text{inn. Durchm. in m}}{2} = \frac{D + D_1}{2}$$

oder:

$$d = \frac{\text{äuß. Durchm. in mm} + \text{inn. Durchm. in mm}}{2} = \frac{d + d_1}{2}$$

wobei D und d als äußere und D_1 und d_1 als innere Durchmesser gelten.

Bei Stirnseiten, Platten, Scheiben usw. ist der mittlere Durchmesser gleich dem Radius, und zwar gilt:

für Maße in m $= R$

" " " mm $= r$

Breite der Kreisringfläche: Die Breite der Kreisringfläche gilt als Drehlänge und wird ermittelt aus:

$$\frac{\text{äuß. Durchm. in m} - \text{inn. Durchm. in m}}{2} = \frac{D - D_1}{2}$$

oder:

$$\frac{\text{äuß. Durchm. in mm} - \text{inn. Durchm. in mm}}{2} = \frac{d - d_1}{2}.$$

Die Laufzeiten.

Bei der Berechnung der Laufzeit eines Arbeitsstückes empfiehlt es sich, um die vielen Dezimalstellen, die sich bei der Berechnung mit Maße in m ergeben, zu vermeiden, stets alle Maße in mm und die Schnittgeschwindigkeit in mm/sk anzuführen.

Die Umrechnungswerte von m/min in mm/sk sind aus der Tabelle 3 oder log. Tafel I zu entnehmen.

Die Formel für die Berechnung der Laufzeit T in min für x Schnitte, die Maße in mm und die Schnittgeschwindigkeit in mm/sk eingesetzt, lautet nun:

1. Für Langdrehen.

$$T = \frac{\text{Durchm. in mm} \cdot \pi \cdot \text{Länge in mm} \cdot \text{Anzahl der Schnitte}}{60 \cdot \text{Schnittgeschw. in mm/sk} \cdot \text{Vorschub pro Umdrehg. in mm}}$$

$$= \frac{d \cdot \pi \cdot l \cdot x}{60 \cdot v_1 \cdot s_1}.$$

2. Für Plandrehen: a) einer Kreisringfläche:

$$T = \frac{\text{mittlerer Durchm. in mm} \cdot \text{Länge in mm} \cdot \pi \cdot \text{Anzahl der Schnitte}}{60 \cdot \text{Schnittgeschw. in mm} \cdot \text{Vorschub pro Umdrehg. in mm}}$$

$$= \frac{(d + d_1)}{2} \cdot \frac{l \cdot \pi \cdot x}{60 \cdot v_1 \cdot s_1},$$

wobei für die Länge in mm die Breite der Kreisringfläche einzusetzen ist.

b) einer Stirnseite:

$$T = \frac{\text{Radius in mm}^2 \cdot \pi \cdot \text{Anzahl der Schnitte}}{60 \cdot \text{Schnittgeschw. in mm} \cdot \text{Vorschub pro Umdrehg. in mm}} = \frac{r^2 \cdot \pi \cdot x}{60 \cdot v_1 \cdot s_1}.$$

3. Bei bekannten Umdrehungen. Sind die Umdrehungen eines Arbeitsstückes bekannt, so erfolgt die Berechnung nach der Formel:

$$T = \frac{\text{Länge in mm}}{\text{Umdrehg. pro min} \cdot \text{Vorschub pro Umdrehg. in mm}} = \frac{l}{n \cdot s_1}.$$

Tabelle 5. Formeln für die Dreherei.

Die Bezeichnung sei:

D = Durchmesser in m,
D_1 = Innerer Durchmesser in m, auf Kreisringfläche bezogen,
d = Durchmesser in mm,
d_1 = Innerer Durchmesser in mm, auf Kreisringfläche bezogen,
V = Schnittgeschwindigkeit in m/min,
v_1 = Schnittgeschwindigkeit in mm/sk,
S = Vorschub pro Umdrehung in m,
s_1 = Vorschub pro Umdrehung in mm,
L = Drehlänge in m,
l = Drehlänge in mm,
R = Radius in m,
r = Radius in mm,
n = Umdrehungen pro min,
x = Anzahl der Schnitte,
T = Zeit in min;

dann ist:	Bezeichnung	Masse in m	Masse in mm
Schnittgeschwindigkeit	$V =$	$D \cdot \pi \cdot n$	
	$v_1 =$		$\frac{d \cdot \pi \cdot n}{60}$
Umdrehungen pro min	$n =$	$\frac{V}{D \cdot \pi}$	$\frac{v_1 \cdot 60}{d \cdot \pi}$
der mittlere Durchmesser einer Kreisringfläche	$D =$	$\frac{D + D_1}{2}$	
	$d =$		$\frac{d + d_1}{2}$
für die Breite der Kreisringfläche gilt	$L =$	$\frac{D - D_1}{2}$	
	$l =$		$\frac{d - d_1}{2}$
für Gewindeschneiden	$x =$		$\frac{\text{Gewindetiefe}}{\text{Spantiefe pro Schnitt}}$
die Zeit für Langdrehen bei x Schnitte	$T =$	$\frac{D \cdot \pi \cdot L \cdot x}{V \cdot S}$	$\frac{d \cdot \pi \cdot l \cdot x}{60 \cdot v_1 \cdot s_1}$
Plandrehen: a) einer Kreisringfläche bei x Schnitte		$\frac{(D + D_1) \cdot \pi \cdot L \cdot x}{2 \cdot V \cdot S}$	$\frac{(d + d_1) \cdot l \cdot \pi \cdot x}{2 \cdot v_1 \cdot s_1}$
		wobei für L und l die Breite der Kreisringfläche einzusetzen ist	
b) einer Stirnseite bei x Schnitte		$\frac{R^2 \cdot \pi \cdot x}{V \cdot S}$	$\frac{r^2 \cdot \pi \cdot x}{60 \cdot v_1 \cdot s_1}$
Gewindeschneiden			$\frac{d \cdot \pi \cdot l \cdot x}{60 \cdot v_1 \cdot s_1}$
bei bekannter n ist	$T =$	$\frac{L \cdot x}{n \cdot S}$	$\frac{l \cdot x}{n \cdot s_1}$

In nachstehender Tabelle sind die Umdrehungszahlen für Durchmesser von 2 bis 500 mm bei 2 bis 50 m minutlicher Schnittgeschwindigkeit enthalten.

Tabelle 6.

Tabelle zur Ermittlung von Umfangsgeschwindigkeiten.

Geschwindigkeit m/mm	2	4	6	8	10	12	15	18	21	24	27	30	35	40	45	50	Geschwindigkeit m/min
Durchmesser mm	Umlaufzahlen in der Minute																Durchmesser mm
2	318	637	955	1274	1592	1910	2388	2866	3343	3821	4298	4776	5572	6368	7164	7960	2
3	212	424	636	848	1060	1272	1590	1908	2226	2544	2862	3180	3710	4240	4770	5300	3
4	159	318	478	637	796	955	1194	1433	1677	1911	2149	2388	2786	3184	3582	3980	4
5	127	256	382	510	636	764	956	1148	1338	1530	1720	1912	2230	2548	2870	3180	5
6	106	212	318	425	531	636	797	956	1113	1272	1432	1593	1856	2124	2390	2650	6
7	91	182	273	364	455	546	683	819	956	1092	1230	1365	1593	1820	2050	2275	7
8	80	160	239	318	400	478	597	716	836	955	1075	1194	1393	1592	1791	1990	8
9	71	141	212	283	354	425	530	636	743	850	955	1060	1240	1415	1590	1770	9
10	63,5	128	191	255	318	382	478	574	669	765	860	956	1115	1274	1435	1590	10
11	58	116	174	231	289	347	434	520	608	695	781	868	1013	1157	1300	1445	11
12	53,1	106	159	212	265	318	398	478	556	636	716	796	928	1060	1195	1325	12
13	49	98	147	196	245	294	367	442	514	588	662	735	857	980	1100	1225	13
14	45,5	91	135,5	182	228	273	341	410	478	546	615	682	796	910	1025	1136	14
15	42,6	85	127	169	212	254	318	381	444	508	572	635	740	846	952	1058	15
16	40	80	119	159	199	239	298	358	418	478	538	597	696	796	896	995	16
18	35,5	70,5	106	142	177	212	265	318	372	425	478	530	620	708	795	885	18
20	32	64	95,5	128	159	191	239	287	335	383	430	478	558	637	716	795	20
22	29	58	87	116	145	174	217	260	304	348	390	434	506	579	650	723	22
24	27	53	80	106	133	159	199	239	277	318	358	398	464	530	598	663	24
26	24,5	49	73,5	98	123	147	184	221	257	294	331	368	428	490	550	613	26
28	23	45,5	68	91	114	137	171	205	239	273	307	341	398	455	512	568	28
1	2	3	4	5	6	7	8	9	10	11	12	13	14	15	16	17	18

1	2	3	4	5	6	7	8	9	10	11	12	13	14	15	16	17	18
30	21,5	42,5	63,5	84,5	106	127	158	191	222	254	286	318	370	423	476	529	30
32	20	40	60	80	100	119	149	179	209	239	269	298	348	398	448	498	32
34	18,7	37,5	56,2	75	93,7	112	140	169	197	225	253	281	328	375	422	468	34
36	17,7	35,5	53,1	70,8	88,5	106	133	159	186	214	239	265	310	354	398	442	36
38	16,8	33,5	50,3	67	83,5	100	126	151	176	201	226	251	293	335	377	419	38
40	15,9	31,8	47,8	63,7	79,6	95,5	119	143	167	191	215	239	278	318	358	398	40
45	14,2	28,3	42,5	56,6	70,8	85	106	127	149	170	191	214	248	283	318	354	45
50	12,7	25,5	38,2	51	63,7	76,4	95,5	115	134	153	172	191	223	255	287	318	50
55	11,6	23,1	34,7	46,3	58	69,4	86,8	104	122	139	156	174	203	231	260	289	55
60	10,6	21,2	31,8	42,5	53	63,6	79,6	95,5	111	127	143	159	186	212	239	265	60
65	9,8	19,6	29,4	39,4	49	58,8	73,5	88,2	103	118	132	147	171	196	220	245	65
70	9,1	18,2	27,3	36,4	45,5	54,6	68,2	81,8	95,5	109	123	136	159	182	205	227	70
75	8,5	17	25,5	34	42,5	50,9	63,7	76,4	89,1	102	115	127	148	170	191	212	75
80	7,95	15,9	23,9	31,8	39,8	47,7	59,7	71,6	83,5	95,5	107	119	139	159	179	199	80
90	7,08	14,2	21,2	28,3	35,4	42,5	53,1	63,7	74,3	85	95,6	106	124	142	159	177	90
100	6,37	12,7	19	25,5	31,8	38,2	47,8	57,4	66,9	76,4	86	95,6	111	127	143	159	100
110	5,79	11,6	17,4	23,3	28,9	34,7	43,4	52,1	60,8	69,4	78,2	86,8	101	116	130	145	110
115	5,54	11,1	16,6	22,2	27,7	33,4	41,5	49,7	58,2	66,5	75,8	83,1	97	111	125	138	115
120	5,31	10,6	15,9	21,2	26,5	31,8	39,8	47,8	55,4	63,7	71,6	79,6	92,8	106	120	133	120
125	5,1	10,2	15,3	20,4	25,5	30,6	38,2	45,8	53,5	61,2	68,8	76,4	89,2	102	115	127	125
130	4,9	9,8	14,7	19,6	24,5	29,4	36,7	44,2	51,4	58,8	66,2	73,5	85,7	98	110	123	130
140	4,55	9,1	13,7	18,2	22,8	27,3	34,2	41	47,8	54,6	61,4	68,2	79,6	91	102	114	140
150	4,26	8,5	12,7	16,9	21,2	25,4	31,8	38,1	44,4	50,8	57,2	63,5	74	84,6	95,2	106	150
160	4	8	12	16	20	24	29,8	35,8	41,8	47,8	53,8	59,7	69,6	79,6	89,6	99,5	160
175	3,64	7,28	10,9	14,55	18,2	21,8	27,3	32,8	38,2	43,6	49,2	54,6	63,6	72,8	82,8	91	175
200	3,2	6,4	9,5	12,8	15,9	19,1	23,9	28,7	33,5	38,3	43	47,8	55,8	63,7	71,6	79,5	200
225	2,83	5,66	8,5	11,3	14,2	17	21,2	25,5	29,7	34	38,2	42,5	49,5	56,6	63,7	70,8	225
250	2,54	5,1	7,64	10,2	12,7	15,3	19,2	23	26,8	30,6	34,4	38,2	44,6	51	57,4	63,6	250
275	2,32	4,63	6,95	9,26	11,6	13,9	17,4	20,8	24,3	27,8	31,3	34,7	40,5	46,3	52,1	57,9	275
300	2,15	4,25	6,35	8,5	10,6	12,7	15,8	19,1	22,2	25,4	28,6	31,8	37	42,3	47,6	52,9	300
350	1,82	3,64	5,5	7,3	9,1	10,9	13,7	16,4	19,1	21,8	24,6	27,3	31,8	36,4	40,9	45,5	350
400	1,6	3,18	4,8	6,4	8	9,6	11,9	14,3	16,7	19,1	21,5	23,9	27,8	31,8	35,8	39,8	400
450	1,42	2,83	4,25	5,66	7,1	8,5	10,6	12,7	14,9	17	19,1	21,4	24,8	28,3	31,8	35,5	450
500	1,27	2,55	3,82	5,1	6,37	7,64	9,6	11,5	13,4	15,3	17,2	19,1	22,3	25,5	28,7	31,8	500

Einige Beispiele für Dreherei.

1. Eine Welle nach Fig. 5 — Übermaß 5 mm im Durchmesser und 10 mm in der Länge — mit je einem Schrupp- und Schlichtschnitt drehen und saubermachen.

Material S.M.St. 60 bis 80 kg Festigkeit.

Die Schnittgeschwindigkeit v_1 beträgt nach Tabelle 1a für Schnelldrehstahl 200 mm/sk.

Der Vorschub beträgt nach Tabelle 2/A (Drehbank bis 250 mm Spitzenhöhe) 0,6 mm.

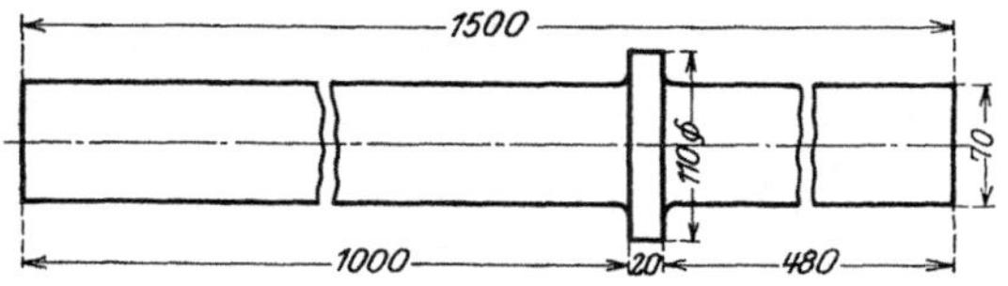

Fig. 5.

Für Langdrehen lautet die Formel nach Tabelle 5:

$$T = \frac{d \cdot \pi \cdot l \cdot x}{60 \cdot v_1 \cdot s_1};$$

für Plandrehen der Stirnseite:

$$T = \frac{r^2 \cdot \pi \cdot x}{60 \cdot v_1 \cdot s_1};$$

für Plandrehen des Bundes:

$$T = \frac{(d + d_1) \cdot \pi \cdot l \cdot x}{2 \cdot 60 \cdot v_1 \cdot s_1},$$

wobei für l der Wert aus $\frac{d - d_1}{2}$ gilt.

Berechnung:

Bank herrichten (Tabelle 4)	10	min
Welle einspannen (Tabelle 7)	12	„
Zentrieren der Welle	5	„
2 Stirnseiten Plandrehen $T = \frac{38^2 \cdot 3{,}14 \cdot 2}{60 \cdot 200 \cdot 0{,}6} \cdot 2$	2,5	„
Bund im Durchmesser vordrehen und schlichten $T = \frac{110 \cdot 3{,}14 \cdot 25}{60 \cdot 200 \cdot 0{,}6} \cdot 2$	2,5	„
Beide Enden vordrehen und schlichten $T = \frac{70 \cdot 3{,}14 \cdot 1480}{60 \cdot 200 \cdot 0{,}6} \cdot 2$ . .	90	„
Bund seitlich drehen, à 2 Schnitte für Schruppen und je 1 Schnitt für Schlichten, mittlerer Durchmesser $= \frac{70 + 110}{2} = 90$ mm; $T = \frac{90 \cdot 3{,}14 \cdot 20 \cdot 6}{60 \cdot 200 \cdot 0{,}6}$ . . . . $\sim$	5	„
2 mal Ecken einstechen	5	„
Welle feilen und saubermachen	25	„
Welle ca. 5 mal umspannen (Tabelle 7)	17,5	„
ca. 5 mal Stahl einspannen, nach Tabelle 4 à 1 min	5	„
ca. 10 mal Maschine abstellen, Schnitte anstellen und messen, nach Tabelle 4 = 780 sk	13	„
4 Stähle schleifen à 3 min	12	„
Summa	204,5	min

Wird die Welle geschliffen, so entfällt die Zeit für das Feilen und Saubermachen.

Tabelle 7.

Zeiten für Einspannen und Ausrichten von Wellen auf der Drehbank in min.

Durchm. in mm	Länge in mm												
	400	600	800	1000	1200	1400	1600	1800	2000	2200	2400	2600	
20 bis 40	5	7	8	9	10	10	11	11	13	14	15	17	ohne Kran
40 „ 60	5	7	8	9	10	10	11	12	14	15	16	18	
60 „ 80	6	7	9	10	10	11	12	13	20	22	24	25	mit Kran
80 „ 100	7	8	10	18	19	20	21	22	24	26	28	30	
100 „ 120	9	10	11	20	21	22	23	24	26	29	32	33	
120 „ 140	10	11	12	22	23	24	25	27	29	32	35	36	
140 „ 160	10	18	20	24	25	26	28	30	32	35	38	40	
160 „ 180	11	20	23	26	28	29	31	33	36	39	42	44	
180 „ 200	21	23	26	29	30	31	34	37	40	43	46	48	

Von den Tabellenwerten sind einzusetzen:

bei 2 bis 5 Stück . . . . 90°
„ 6 „ 10 „ . . . . 80°
„ 11 „ 15 „ . . . . 70°
über 16 „ . . . . 60°

Für jedes Umspannen:

bis 5 Stück ohne Kran . . . . 30°
„ 5 „ mit „ . . . . 50°
über 5 „ ohne „ . . . . 25°
„ 5 „ mit „ . . . . 40°

2. Eine Flanschscheibe aus S.M.St. nach Fig. 6. Bohrung und eine Seite drehen.

Der mittlere Durchmesser einer Kreisringfläche wird lt. Tabelle 5 nach der Formel $\frac{d + d_1}{2}$ bestimmt.

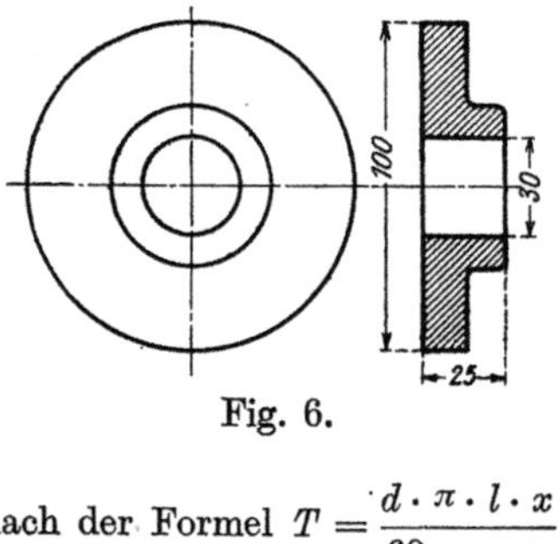

Fig. 6.

Die Laufzeit wird nach der Formel $T = \frac{d \cdot \pi \cdot l \cdot x}{60 \cdot v_1 \cdot s_1}$ berechnet, wobei die Höhe des Flansches $\frac{d - d_1}{2}$ als Länge l gilt.

Die Schnittgeschwindigkeit v_1 ist nach Tabelle 1b für weiches Material 300 mm/sk.

Der Vorschub s_1 ist, da die Scheibe glatt sein soll, mit 0,5 mm angenommen.

Berechnung:

Bank herrichten (Tabelle 4)	10 min
Einspannen (Tabelle 10)	5 „
Stirnseite Plandrehen, mittlerer Durchmesser $= \frac{100 + 30}{2} = 65$ mm	
Länge $l = \frac{100 - 30}{2} = 35$ mm $T = \frac{65 \cdot 3{,}14 \cdot 35}{60 \cdot 300 \cdot 0{,}5}$	1 „
Bohrung mit Spiralbohrer auf 28 mm Durchm. vorbohren; nach Tabelle 19 ist der minutl. Vorschub (Bohrer aus Werkzeugstahl) = 24 mm, die Lochtiefe ist 25 mm, der Bohreranschnitt = 14 mm	
$T = \frac{25 + 14}{24}$	1,6 „
Bohrung mit 2 Schnitten fertigdrehen $T = \frac{30 \cdot 3{,}14 \cdot 25}{60 \cdot 300 \cdot 0{,}5} \cdot 2$	0,5 „
2 mal Stähle einspannen (Tabelle 4) à 1 min	2,0 „
2 mal Maschine abstellen, Schnitte anstellen und messen (Tabelle 4)	1,5 „
2 Stähle schleifen à 3 min	6,0 „
Summa	27,6 min

3. Eine Riemenscheibe (Fig. 7) mit 2 Schnitten drehen und Durchmesser breitschlichten.

Die Schnittgeschwindigkeit v_1 für Schruppen ist nach Tabelle 1a

für Gußeisen = 217 mm/sk
„ Schlichten = 317 „

Der Vorschub s_1 für Schruppen ist nach Tabelle 2/A für mittelgroße Drehbank bei einer Spantiefe von 5 mm = 1 mm.

Der Vorschub für das Breitschlichten = 5 mm.

Der Vorschub für Bohrung ausdrehen = 0,5 mm.

Für Langdrehen ist nach Tabelle 5:

$$T = \frac{d \cdot \pi \cdot l \cdot x}{60 \cdot v_1 \cdot s_1}.$$

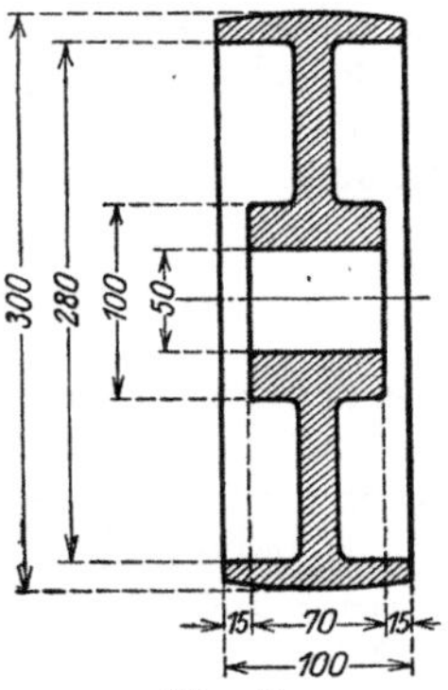

Fig. 7.

Für Plandrehen ist nach Tabelle 5, da Nabe und Kranz je eine Kreisringfläche bilden:

$$T = \frac{d \cdot \pi \cdot l \cdot x}{60 \cdot v_1 \cdot s_1};$$

für d gilt der Wert aus $\frac{d + d_1}{2}$

„ l „ „ „ „ $\frac{d - d_1}{2}$.

Berechnung:

Bank herrichten (Tabelle 4)	10 min
Einspannen (Tabelle 8)	18 „
Äußeren Durchmesser schruppen $T = \frac{300 \cdot 3{,}14 \cdot 110}{60 \cdot 217 \cdot 1}$	8 „
Inneren Durchmesser schruppen $T = \frac{285 \cdot 3{,}14 \cdot 103}{60 \cdot 217 \cdot 1}$	7 „
Kranz beide Seiten auf 100 mm Breite drehen, der mittlere Durchmesser $= \frac{300 + 285}{2} = 293$ mm, $l = \frac{300 - 285}{2} = 7{,}5$ mm, $T = \frac{293 \cdot 3{,}14 \cdot 7{,}5}{60 \cdot 217 \cdot 1} \cdot 4$	2 „
Nabendurchmesser schruppen $T = \frac{100 \cdot 3{,}14 \cdot 70}{60 \cdot 217 \cdot 1}$	2 „
Nabe auf beiden Seiten auf 70 mm Breite drehen, der mittlere Durchmesser $= \frac{100 + 50}{2} = 75$ mm, $l = \frac{100 - 50}{2} = 25$ mm, $T = \frac{75 \cdot 3{,}14 \cdot 25}{60 \cdot 217 \cdot 1} \cdot 4$	2 „
Bohrung drehen $T = \frac{50 \cdot 3{,}14 \cdot 75}{60 \cdot 217 \cdot 0{,}5} \cdot 6$	11 „
Äußeren Durchmesser breitschlichten $T = \frac{300 \cdot 3{,}14 \cdot 100}{60 \cdot 317 \cdot 5}$	1 „
Bohrung nachschaben	5 „
1 mal umspannen (Tabelle 8)	8 „
ca. 5 mal Stahl einspannen (Tabelle 4)	5 „
ca. 10 mal Maschine abstellen, Schnitte anstellen und messen, lt. Tabelle 4 = 440 sk ∼	7 „
5 Stähle schleifen à 3 min	15 „
Summa	101 min

Tabelle 8.

Zeittabelle für das Aufspannen von Büchsen, Riemenscheiben und Lagerschalen auf der Drehbank.

Durchmesser in mm	1/1 = 1teilig, 2/2 = 2teilig	Länge in mm													
		50	75	100	125	150	175	200	225	250	275	300	325	350	375
50 bis 100	1/1	7	7	7	8	8	8	8	8	8	8	8	8	8	8
50 „ 100	2/2	10	10	10	12	12	12	12	15	15	15	15	18	18	18
100 „ 140	1/1	8	8	8	9	9	9	9	9	9	9	9	10	10	10
100 „ 140	2/2	13	13	13	15	15	15	15	17	17	17	17	20	20	20
140 „ 180	1/1	9	9	9	11	11	11	11	13	13	13	13	15	15	15
140 „ 180	2/2	15	15	15	17	17	17	17	19	19	19	19	21	22	22
180 „ 225	1/1	11	11	11	13	13	13	13	15	15	15	15	17	17	17
180 „ 225	2/2	20	20	20	22	22	22	22	24	24	24	24	26	26	26
225 „ 300	1/1	16	16	16	18	18	18	18	20	20	20	20	22	22	22
225 „ 300	2/2	25	25	25	27	27	27	27	29	29	29	29	30	30	30

Von obigen Werten ist einzusetzen bei:

	2 bis 4 Stück	70 %
	5 „ 10 „	60 %
	11 Stück und mehr	50 %
Bei Umspannen:		
	Einzelne Anfertigung	50 %
	Mehrfache „	40 %

Für Aufspannen im Amerikaner (Dreibackenfutter) sind 40 % der Tabellenwerte einzusetzen.

Bei Verwendung von Spezial-Einspannvorrichtungen muß die Zeit für das Aufspannen von Fall zu Fall bestimmt werden, da diese von der Konstruktion bzw. Verwendbarkeit der Aufspannvorrichtung abhängt. Die vorstehenden Werte gelten somit nur für das Aufspannen auf der Planscheibe.

4. Eine Kurbelwelle (Fig. 8) fertigdrehen bis schleifen, mit 0,75 mm Zugabe. Material: Ch.N.St. 85 bis 95 kg Festigkeit.

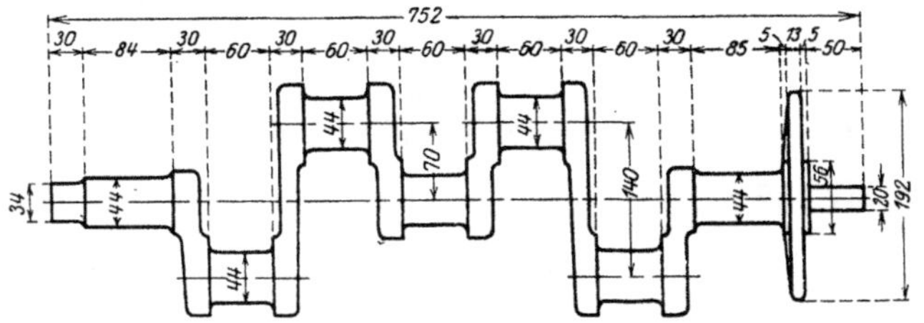

Fig. 8.

Nach Tabelle 1a und b ist die Schnittgeschwindigkeit für den ersten Schnitt bei Ch.N.St.

für Langdrehen = 166 mm
„ Plandrehen = 150 „

Der Vorschub beträgt nach Tabelle 2/A für mittelgroße Drehbank bei Materialzugabe bis 7 mm = 0,8 mm, in diesem Fall nicht zulässig, wegen Federung nur 0,5 mm; für den 2. Schnitt beträgt die Schnittgeschwindigkeit

für Langdrehen = 183 mm
„ Plandrehen = 166 „

Der Vorschub beträgt

für Langdrehen 0,8 mm, in diesem Fall nicht zulässig, wegen Federung nur 0,5 mm;
für Plandrehen 0,5 mm (weil Plan nicht geschliffen wird).

Berechnung:

Bank einrichten (Tabelle 4)	15	min
Kurbelwelle einspannen	10	„
Zentrieren und Richten	15	„
Flanschzapfen und Zapfenlager auf 45 mm Durchm. vordrehen wegen Aufnahme in Büchsen zum Drehen des Mittellagers $T = \frac{45 \cdot 3{,}14 \cdot 165}{60 \cdot 166 \cdot 0{,}5} \cdot 2$	9,5	„
Lünette aufstellen (Tabelle 4)	6,5	„
Aufspannen für Mittellager drehen	15,0	„
Mittellager auf 45 mm Durchm. vordrehen $T = \frac{45 \cdot 3{,}14 \cdot 60}{60 \cdot 166 \cdot 0{,}5} \cdot 2$	3,5	„
Flanschlager „ 45 „ „ „ $T = \frac{45 \cdot 3{,}14 \cdot 60}{60 \cdot 166 \cdot 0{,}5} \cdot 2$	3,5	„
3 Bunde „ 60 „ „ „ $T = \frac{60 \cdot 3{,}14 \cdot 15}{60 \cdot 166 \cdot 0{,}5} \cdot 2$	1,0	„
Flansch „ 195 „ „ „ $T = \frac{192 \cdot 3{,}14 \cdot 15}{60 \cdot 166 \cdot 0{,}5} \cdot 2$	4,0	„
Flansch 2 Seiten hochziehen mit je 2 Schnitten, mittl. Durchmesser $= \frac{192 + 56}{2} = 124$ mm, $T = \frac{124 \cdot 3{,}14 \cdot 68}{60 \cdot 150 \cdot 0{,}5} \cdot 4$	23,5	„
2 Blätter hochziehen mit je 1 Schnitt, mittl. Durchmesser = 140 mm, $l = 70$ mm, $T = \frac{140 \cdot 3{,}14 \cdot 70}{60 \cdot 150 \cdot 0{,}5} \cdot 2$	13,5	„
4 Hublager mit Fassonstahl auf Spezialbank bis Schleifmaß drehen, desgl. die Blätter je 2 Seiten auf einmal bis zum Lagerbund, 4 mal einspannen	20,0	„
4 mal Blätter drehen mit Fassonstahl, mittl. Durchmesser $= \frac{340 + 56}{2} = 198$ mm, $l = \frac{340 - 56}{2} = 142$ mm, $T = \frac{198 \cdot 3{,}14 \cdot 1{,}42}{60 \cdot 150 \cdot 0{,}5} \cdot 4$	78,0	„
4 Hublager, die ganze Breite mit Fassonstahl drehen auf 44,3 mm Durchm.; Schnittgeschwindigkeit = 110 m/msk; Vorschub s_1 pro Umdrehung = 0;1 mm; der mittl. Durchmesser $= \frac{D + d}{2} = \frac{56 + 44}{2} = 50$ mm; Tourenzahl $n = \frac{v_1 \cdot 60}{\text{mittl. Durchm.} \cdot \pi} = \frac{100 \cdot 60}{50 \cdot 3{,}14} = 39$; $l = \frac{D - d}{2} = \frac{56 - 44}{2} = 6$ mm; bei bekannter $n = T = \frac{l}{n \cdot s_1} = \frac{6}{39 \cdot 0{,}1} \cdot 4$	1,6	„
Übertrag	219,6	min

Übertrag	219,6 min
für Freischneiden des Fassonstahles $0{,}5 \cdot 4$	2,0 „
Mittellager, Flanschlager und Zap fenauf Schleifmaß = 44,3 mm und Flanschzapfen von 45 auf 20 mm Durchm. drehen; der mittl. Durchm. $= \frac{45 + 20}{2} = 33$ mm, $T = \frac{33 \cdot 3{,}14 \cdot 50}{60 \cdot 183 \cdot 0{,}5} \cdot 3 \sim$	3,0 „
Flanschmittel und Zapfenlager auf Schleifmaß = 44,3 mm drehen, $T = \frac{44{,}3 \cdot 3{,}14 \cdot 229}{60 \cdot 183 \cdot 0{,}5}$ . . . . $\sim$	6,0 „
ca. 15 mal Stähle wechseln bzw. einspannen (Tabelle 4 à 90 sk). . .	22,5 „
ca. 20 mal Maschine abstellen, Schnitte anstellen und messen . . .	25,0 „
15 Stähle schleifen à 3 min	45,0 „
Summa	323,1 min

5. 50 Stück Wechselrädergehäuse (Fig. 9) aus Aluminium mit kombiniertem Satzwerkzeug am Bohrwerk ausbohren und Flanschen seitlich drehen.

Nach Tabelle 1c ist für Aluminium bei Verwendung von Schnelldrehstahl $V = 75$ und 85 m/min oder $v_1 = 1250$ und 1415 mm/sk.

Der Vorschub beträgt nach Tabelle 2/c für mittelgroßes Bohrwerk 0,8 mm.

Die Zeit für das Einrichten der Maschine beträgt ca. 3 st = 180 min.

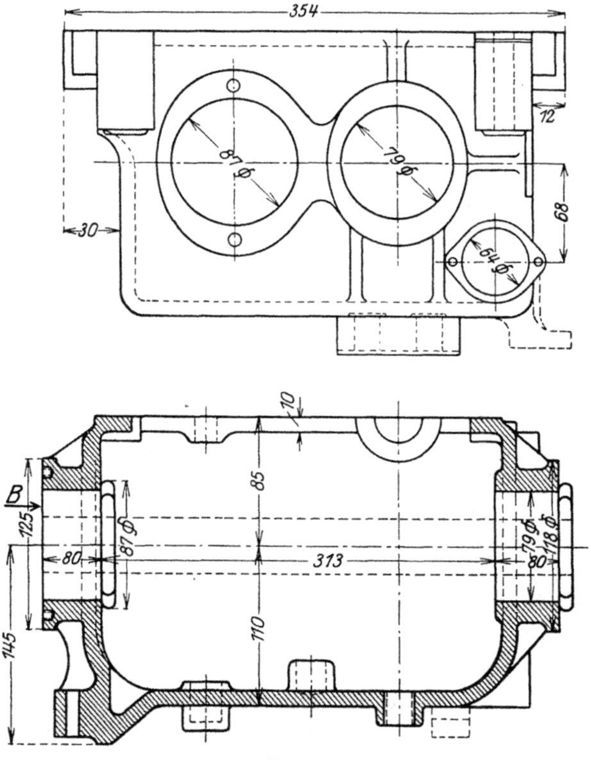

Fig. 9.

Berechnung:

Die Serie zu 50 Stück, ergibt pro Stück $\frac{180}{60}$ . . . . 3,6 min

Auf- und Abspannen im Bohrkasten (genaue Materialverteilung) . . 30,0 „

a) je 1 Bohrung 87 und 79 mm Durchm. zu gleicher Zeit

1. Schnitt $T = \frac{87 \cdot 3{,}14 \cdot 85}{60 \cdot 1250 \cdot 0{,}8}$ . . . . 0,4 „

2. „ $T = \frac{87 \cdot 3{,}14 \cdot 85}{60 \cdot 1415 \cdot 0{,}8}$ . . . . 0,35 „

Reiben $T = \frac{87 \cdot 3{,}14 \cdot 85}{60 \cdot 1415 \cdot 1{,}2}$ . . . . 0,25 „

4 Flanschen seitlich mit Satzfräsern (2 Flanschen zu gleicher Zeit) drehen: $T = \frac{128 \cdot 3{,}14 \cdot 3 \cdot 2}{60 \cdot 1250 \cdot 0{,}2} + 50\%$ für Freischneiden des Fräsers . . . . 0,16 „

4 mal Werkzeug wechseln à 3 min . . . . 12,0 „

b) je 1 Bohrung, Durchm. 79 mm (beide Bohrungen zu gleicher Zeit). Da die Differenz in der 2. Bohrung gegenüber der 1. sehr gering ist, so können dieselben Werte wie oben eingesetzt werden 13,16 „

c) je 1 Bohrung, Durchm. 64 mm (beide Bohrungen zu gleicher Zeit).

1. Schnitt $T = \frac{64 \cdot 3{,}14 \cdot 40}{60 \cdot 1250 \cdot 0{,}8}$ . . . . 0,14 „

2. „ $T = \frac{64 \cdot 3{,}14 \cdot 40}{60 \cdot 1415 \cdot 0{,}8}$ . . . . 0,12 „

Reiben $T = \frac{64 \cdot 3{,}14 \cdot 40}{60 \cdot 1415 \cdot 1{,}2}$ . . . . 0,1 „

2 Flanschen seitlich drehen: $T = \frac{95 \cdot 3{,}14 \cdot 3 \cdot 2}{60 \cdot 1250 \cdot 0{,}2} + 50\%$ für Freischneiden des Fräsers . . . . 2,0 „

Summa 62,28 min

Aus diesem Beispiel ist zu ersehen, daß der in der Praxis übliche prozentuelle Zuschlag von 15 bis 50% für Handarbeiten ungerecht und gänzlich zu verwerfen ist. In obigem Beispiel beträgt die reine Laufzeit nur 4,68 min, während die Zeit für Bankherrichten, Aufspannen und Werkzeugwechseln usw. 57,6 min beträgt. Das ist rund 1231% der reinen Laufzeit.

In Tabelle 9 sind die Werte für 10 mm Drehlänge bei 10 m/min Schnittgeschwindigkeit und verschiedenen Vorschüben enthalten. Die letzte Spalte rechts gibt die Konstanten an, mit denen die Werte der Tabelle bei verschiedenen Schnittgeschwindigkeiten multipliziert werden müssen.

Tabelle 9.

Laufzeit in sk für 10 mm Drehlänge bei 10 m Schnittgeschwindigkeit pro min.

Vorschub pro Umdrehung mm	⌀	Durchm. des Arbeitsstückes in mm										Wenn V $\frac{m}{min}$	dann multipl. Tab.-Wert mit
	⌀	10	20	25	30	35	40	45	50	55	60		
0,25		7,6	15,2	19	22,7	26,5	30,3	34	38	41,5	45,5	4	2,5
0,5		3,8	7,6	9,5	11,4	13,3	15,2	17	19	20,8	22,8	5	2
0,75		2,5	5,1	6,3	7,6	8,8	10,1	11,3	12,6	13,8	15,5	6	1,66
1		1,9	3,8	4,7	5,7	6,6	7,6	8,4	9,5	10,4	11,4	7	1,43
	⌀	65	70	75	80	85	90	95	100	105	110	8	1,25
0,25		49	53	56,5	60,5	64	68	71,5	76	79,5	83	9	1,11
0,5		24,6	26,5	28,3	30,3	32	34	35,8	38	39	41,5	11	0,91
0,75		17,5	17,6	18,8	20,3	21,4	22,6	23,8	25,4	26,5	27,6	12	0,83
1		12,3	13,3	14,2	15,1	16	16,8	17,9	19	19,8	20,8	13	0,77
	⌀	115	120	125	130	135	140	145	150	145	160	14	0,71
0,25		86,8	91	94,5	98	102	106	109,5	110,3	117,5	123	15	0,66
0,5		43,4	45,5	47,3	49	51	53	54,8	56,5	58,7	61,5	16	0,62
0,75		29	30,3	31,5	32,8	34	35,3	36,6	37,8	39,2	40,3	18	0,55
1		21,7	22,7	23,6	24,6	25,5	26,5	27,4	28,3	29,3	30,3	20	0,50
	⌀	180	190	210	250	320	370	450	500	650	700	22,5	0,44
0,25		135,8	143,5	158,5	188,5	242	280	324	377	490	525	25	0,4
0,5		68	71,8	79,3	94,3	121	140	162	188,3	245	264	27,5	0,36
0,75		45,3	47,8	52,9	62,8	80,5	93,2	108	125,3	163,4	176	30	0,33
1		34	35,9	39,6	47,2	60,4	69,9	81	94,2	123	132	35	0,28
												40	0,25

$$\text{Formel} = \frac{\text{Durchm.} \cdot \pi \cdot 10}{v_1 \cdot s_1} = \text{Zeit in sk}$$

v_1 = Schnittgeschwindigkeit in mm/sk

s_1 = Vorschub pro Umdrehung.

Beispiel für die Berechnung der Laufzeit bei Benutzung der Tabelle 9. Eine glatte Welle 1500 mm lang, 75 mm Durchm. mit einem Schnitt überdrehen. Material S.M.Fl.

Nach Tabelle 1 a ist die Schnittgeschwindigkeit $v_1 = 267$ mm/sk, $V = 16$ m/min.

Der Vorschub ist mit 0,75 mm pro Umdrehung angenommen.

Nach Tabelle 9 ist die Konstante für 16 m/min = 0,62.

Die Formel für die Laufzeitberechnung in min lautet nun:

$$T = \frac{\text{Tabellenwert} \cdot \text{Länge in cm}}{60} \cdot \text{Konstante.}$$

$$T = \frac{18{,}8 \cdot 150}{60} \cdot 0{,}62 = 29{,}3 \text{ min reine Laufzeit.}$$

Bei Bearbeitung von Stirn- und Kreisringflächen gilt bei der Berechnung der Laufzeit (siehe Tabelle 5) für den Durchmesser: der mittlere Durchmesser und für die Länge: die Breite der Fläche.

Beispiel: Bei einer gußeisernen Planscheibe 1200 mm äußeren Durchmesser, 80 mm Bohrung soll die Stirnseite mit einem Schnitt überdreht werden.

Die Schnittgeschwindigkeit V bsträgt lt. Tabelle 1a für mittelhartes Gußeisen 16 m/min.

Der Vorschub sei mit 0,5 mm Umdr. angenommen.

Der mittlere Durchmesser $= \frac{1200 + 100}{2} = 650$ mm.

Die Drehlänge in cm $= \frac{1200 - 80}{2} = 56$ cm.

Nach Tabelle 9 beträgt die Konstante für V m/min = 0,62 und für den Durchmesser von 650 mm bei 0,5 mm Vorschub = 245.

$$T = \frac{245 \cdot 56}{60} \cdot 0{,}62 = \sim 142 \text{ min.}$$

Tab. 10. **Zeittabelle für das Aufspannen von Ringen auf der Drehbank.**

Bei Verwendung von Planscheiben:

Durchm. mm	Breite in mm													
	10	15	20	25	30	35	40	45	50	55	60	65	70	75
75 bis 100	5	5	5	5	5	5	5	6	6	6	6	6	6	6
100 „ 150	6	6	6	6	6	6	6	7	7	7	7	7	7	7
150 „ 200	7	7	7	7	7	7	7	8	8	8	8	8	8	8
200 „ 250	8	8	8	8	8	8	8	9	9	9	9	9	9	9
250 „ 300	9	9	9	9	9	9	9	10	10	10	10	10	10	10
300 „ 350	10	10	10	10	10	10	10	11	11	11	11	11	11	11
350 „ 400	12	12	12	12	12	12	12	13	13	13	13	13	13	13
400 „ 500	14	14	14	14	14	14	14	15	15	15	15	15	15	15
600		16	16	16	16	16	16	17	17	17	17	17	17	17
700			18	18	18	18	18	19	19	19	19	19	19	19
800				20	20	20	20	21	21	21	21	21	21	21
900					22	22	22	23	23	23	23	23	23	23
1000						25	25	27	27	27	27	27	27	27

Von obigen Werten sind einzusetzen:

2 bis 4 Stück . . . 70%
5 „ 10 „ . . . 60%
11 Stück und mehr . 50%

Bei Umspannen:
Einzelanfertigung . . . 50%
Mehrfache Anfertigung . 40%

Bei Verwendung von Dreibackenfutter (Amerikaner):

Durchm. mm	Breite in mm													
	10	15	20	25	30	35	40	45	50	55	60	65	70	75
75 bis 100	2	2	2	2	2	2	2	2,5	2,5	2,5	2,5	2,5	2,5	2,5
100 „ 150	2,5	2,5	2,5	2,5	2,5	2,5	2,5	3	3	3	3	3	3	3
150 „ 200	3	3	3	3	3	3	3	3,5	3,5	3,5	3,5	3,5	3,5	3,5
200 „ 250	3	3	3	3	3	3	3	3,5	3,5	3,5	3,5	3,5	3,5	3,5
250 „ 300	3,5	3,5	3,5	3,5	3,5	3,5	3,5	4	4	4	4	4	4	4
300 „ 350	3,5	3,5	3,5	3,5	3,5	3,5	3,5	4	4	4	4	4	4	4
350 „ 400	4	4	4	4	4	4	4	4,5	4,5	4,5	4,5	4,5	4,5	4,5
400 „ 500	4	4	4	4	4	4	4	4,5	4,5	4,5	4,5	4,5	4,5	4,5

Das Gewindeschneiden.

Die Berechnung der Laufzeit für Gewindeschneiden erfolgt in derselben Weise wie beim Langdrehen nach der log. Tafel I oder nach der Formel:

$$\frac{d \cdot \pi \cdot l \cdot x}{60 \cdot v_1 \cdot s_1}.$$ Hierbei bedeutet:

s_1 die Gewindesteigung und x die Anzahl der Schnitte.

Die Anzahl der Schnitte errechnet sich nach der Formel:

$$x = \frac{\text{Gewindetiefe}}{\text{Spanstärke pro Schnitt}}$$

(siehe Tabelle 5).

Die Berechnung der Laufzeit für Gewindeschneiden ist etwas schwieriger als beim Langdrehen, da mit verschiedenen Geschwindigkeiten für Hin- und Rücklauf sowie mit evtl. Zurückkurbeln des Supportes von Hand gerechnet werden muß.

Für den Rücklauf des Supportes wählt man praktisch ca. 75% der Zeit, die für das Schneiden des Gewindes erforderlich ist.

Die Zeit für das Zurückkurbeln des Supportes von Hand kann im Mittel mit ca. 30% der für das Schneiden errechneten Zeit eingesetzt werden.

Bei der Zeitberechnung müssen auch die Zeitverluste für Spananstellen, Messen und Abstellen der Maschine sowie das Schlichten, Einpassen und Saubermachen des Gewindes berücksichtigt werden.

Da diese Werte nicht durch Rechnung ermittelt werden können, so stellen die in der Tabelle 11 und 12 angeführten Werte für Handgriffzeiten Erfahrungswerte dar, die mit Sicherheit benützt werden können.

Es sei ferner darauf aufmerksam gemacht, daß die in den Tabellen 11 und 12 angeführten Werte der Rubrik VIII bis X bzw. VII bis IX für sämtliche Materialien gelten. Da der Berechnung eine Schnittgeschwindigkeit von 2 m/min zugrunde gelegt wurde, so müssen die Werte der Rubrik VIII bis X bzw. VII bis IX jeweils mit der Konstante für die betreffende Schnittgeschwindigkeit multipl. werden. Über die entsprechende bzw. für das jeweilige Material passende Schnittgeschwindigkeit siehe Tabelle 1c.

Zum leichteren Verständnis der Tabellen 11 und 12 sind zwei Beispiele auf Seite 33 und 34 unter Zugrundelegung der Tabellenwerte durchgeführt.

Die Tabellen 11 und 12 enthalten errechnete und gestoppte Zeitwerte für das Schneiden von Spitz- und Flachgewinde bei 100 mm Länge und 2 m/min Schnittgeschwindigkeit.

Tabelle 11.

Zeittabelle für Whitworthgewinde für 100 mm Länge bei 2 m/min Schnittgeschwindigkeit.

Gewinde Durchm. in Zoll	Gänge per Zoll	Steigung mm	Gewindetiefe mm	Spantiefe per Schnitt mm	Schnitte für Vor- Schneiden	Schnitte für Fertig- Schneiden	Zeit für das Schneiden von 100 mm Länge	Zeit für die Rückläufe von 100 mm Länge	Zusammen min	Ist V m/min	Dann multipliziere die Werte der Rubr. X mit	Zeit in min für Schnitte-anstellen u. -messen Einzel-	Schnitte-anstellen u. -messen Gesamt	Wechselräder einstellen	Gewinde sauber mach. u. einpass.	Stähle schleifen	Ist Länge in mm	Dann multipliziere die Werte von Rubr. XVI u. XVII mit
3/8	16	1,59	1,0	0,1	10	5	15,0	10,5	25,5	2,5	0,85	0,3	4,5	5	20 % der Werte*)	der Rubrik X	— 50	0,835
7/16	14	1,81	1,16	0,1	11	5	15,5	11,65	27,15	3	0,66	0,3	5,0	5			— 75	0,915
1/2	12	2,12	1,35	0,12	11	5	15,0	11,25	26,25	3,5	0,57	0,3	5,0	5			—100	1
5/8	11	2,31	1,48	0,15	10	5	16,3	12,25	28,55	4	0,496	0,3	4,5	5			—125	1,1
3/4	10	2,54	1,63	0,16	10	5	17,5	13,1 .	30,6	4,5	0,444	0,35	5,0	5			—150	1,2
7/8	9	2,82	1,80	0,18	10	5	18,7	14,0	32,7	5	0,398	0,35	5,0	5			—175	1,32
1	8	2,17	2,03	0,18	11	5	20,0	15,0	35,0	5,5	0,36	0,35	5,5	5	(15 % der Werte*)	der Rubrik X	—200	1,445
1 1/8	7	3,63	2,32	0,20	12	6	22,5	16,85	39,35	6	0,334	0,35	6,5	5			—225	1,58
1 1/4	7	3,63	2,32	0,20	12	6	25,0	18,75	43,75	7	0,288	0,35	6,5	5			—250	1,73
1 3/8	6	4,23	2,71	0,22	12	6	23,7	17,75	41,45	8	0,254	0,4	7,0	5			—275	1,9
1 1/2	6	4,23	2,71	0,22	12	6	25,0	18,75	43,75	9	0,22	0,4	7,0	5			—300	2,08
1 5/8	5	5,08	3,26	0,23	14	7	26,7	20,0	46,7	10	0,20	0,4	8,5	5			—325	2,285
1 3/4	5	5,08	3,26	0,23	14	7	28,8	21,7	50,5			0,4	8,5	5			—350	2,49
1 7/8	4 1/2	5,65	3,62	0,25	14	7	27,5	20,6	48,1			0,4	8,5	5			—375	2,74
2	4 1/2	5,65	3,62	0,25	14	7	30,0	22,5	52,5			0,4	8,5	5			—400	2,98
2 1/4	4	6,35	4,06	0,27	15	7	31,2	23,4	54,6			0,5	11,0	5			—425	3,29
2 1/2	4	6,35	4,06	0,27	15	7	35,0	26,2	61,2			0,5	11,0	5			—450	3,6
2 3/4	3 1/2	7,25	4,65	0,30	16	8	36,2	27,2	63,4			0,5	12,0	5			—475	3,96
3	3 1/2	7,25	4,65	0,30	16	8	39,5	29,5	69,0			0,5	12,0	5			—500	4,32
I.	II.	III.	IV.	V.	VI.	VII.	VIII.	IX.	X.	XI.	XII.	XIII.	XIV.	XV.	XVI.	XVII	XVIII.	XIX.

Erklärung: Die Werte der Rubrik X sind mit dem zu Rubrik XI zugehörigen Werte der Rubrik XII und mit dem Werte aus $\frac{\text{Länge des Gewindes}}{100}$ zu multiplizieren.

Die Werte der Rubriken XIV und XV bleiben unverändert.

*)Für Rubriken XVI und XVII gelten 20 bzw. 15% der Werte der Rubrik X, multipliziert mit dem jeweiligen Wert der Rubrik XII und, je nach Länge des Gewindes, mit dem zu Rubrik XVIII zugehörigen Wert der Rubrik XIX.

Erfolgt das Zurückkurbeln des Supports von Hand, dann ist statt dem Werte der Rubrik X der Wert der Rubrik VIII + 30% zu nehmen.

Tabelle 12.

Zeittabelle für Flachgewinde für 100 mm Länge bei 2 m/min Schnittgeschwindigkeit.

Anzahl der Gänge per Zoll	Steigung mm	Gewindetiefe mm	Spantiefe pro Schnitt mm	Schnitte für Vor- Schneiden	Schnitte für Fertig- Schneiden	Zeit für das Schneiden von 100 mm Länge	Zeit für die Rückläufe von 100 mm Länge	Zusammen min	Ist V m/min	Dann multipliziere mit	Zeit in min für Schnitte anstellen und messen: Einzel	Zeit in min für Schnitte anstellen und messen: Gesamt	Zeit in min für Wechselräder einstellen	Zeit in min für Gewinde sauber mach. u. einpass.	Zeit in min für Stähle schleifen	Ist Länge in mm	Dann multipliz. die Werte von Rubr. XV und XVI mit
10,0	2,54	1,27	0,12	11	8	1,18	0,9	2,08	2,5	0,85	0,50	10,0	5	*) siehe Bemerkung. 10 % der Werte von Rubr. IX.	*) siehe Bemerkung. 7 % der Werte von Rubr. IX.	— 50	0,835
9,5	2,68	1,34	0,12	11	8	1,12	0,83	1,95	3,0	0,66	0,50	10,0	5			— 75	0,915
9,0	2,83	1,42	0,13	11	8	1,05	0,79	1,84	3,5	0,57	0,55	10,5	5			—100	1,0
8,5	3,0	1,5	0,14	11	8	0,99	0,745	1,735	4,0	0,496	0,55	10,5	5			—125	1,1
8,0	3,18	1,59	0,15	11	8	0,94	0,7	1,64	4,5	0,444	0,55	10,5	5			—150	1,2
7,5	3,39	1,69	0,16	11	8	0,88	0,66	1,54	5,0	0,398	0,60	11,5	5			—175	1,32
7,0	3,64	1,82	0,17	11	8	0,82	0,614	1,434	5,5	0,36	0,60	11,5	5			—200	1,445
6,5	3,92	1,96	0,18	11	8	0,76	0,57	1,33	6,0	0,334	0,60	11,5	5			—225	1,58
6,0	4,23	2,11	0,19	11	8	0,705	0,527	1,232	7,0	0,288	0,65	12,5	5			—250	1,73
5,5	4,62	2,31	0,20	12	9	0,715	0,536	1,251	8,0	0,254	0,65	13,5	5			—275	1,9
5,0	5,08	2,54	0,21	12	9	0,65	0,487	1,137	9,0	0,22	0,65	13,5	5			—300	2,08
4,5	5,65	2,82	0,22	13	10	0,64	0,48	1,12	10	0,20	0,7	16,0	5			—325	2,285
4,0	6,35	3,17	0,22	15	11	0,643	0,482	1,125			0,7	18,0	5			—350	2,49
3,5	7,25	3,62	0,23	16	12	0,605	0,453	1,058			0,7	19,5	5			—375	2,74
3,0	8,45	4,22	0,23	18	14	0,595	0,447	1,042			0,75	24,0	5			—400	2,98
2,5	10,3	5,15	0,25	20	15	0,542	0,406	0,948			0,75	26,0	5			—425	3,29
2,0	12,7	6,35	0,25	25	19	0,544	0,407	0,951			0,75	33,0	5			—450	3,6
																—475	3,96
																—500	4,32
I.	II.	III.	IV.	V.	VI.	VII.	VIII.	IX.	X.	XI.	XII.	XIII.	XIV.	XV.	XVI.	XVII.	XVIII.

Erklärung: Die Werte in Rubrik IX sind ohne Rücksicht auf den Durchmesser des Arbeitsstückes nach der Formel $\frac{\pi \cdot 100}{60 \cdot 33{,}3 \cdot s_1}$ errechnet. Infolgedessen müssen die Werte der Rubrik IX nicht nur mit den zu Rubrik X zugehörigen Werten der Rubrik XI und mit dem Wert aus $\frac{\text{Länge des Gewindes}}{100}$, sondern auch mit dem Durchmesser des Arbeitsstückes multipliziert werden.

Die Werte der Rubriken XIII und XIV bleiben unverändert.

*) Für Rubriken XV und XVI gelten 10 bzw. 7% der Werte der Rubrik IX, multipliziert mit dem jeweiligen Werte der Rubrik XI und, je nach Länge des Gewindes, mit dem zu Rubrik XVII zugehörigen Werte der Rubrik XVIII.

Erfolgt das Zurückkurbeln des Supportes von Hand, dann ist statt dem Werte der Rubrik IX der Wert der Rubrik VII + 30% zu nehmen.

Beispiele für die Zeitrechnung von Spitz- und Flachgewinden.

a) Nach der Formel:

$$T = \frac{d \cdot \pi \cdot l \cdot x}{60 \cdot v_1 \cdot s_1}.$$

Für Schnitte anstellen und Messen, Gewinde saubermachen und einpassen, Stähle schleifen und Wechselräder einstellen sind die Werte der Tabelle 11 und 12 zu verwenden.

1. Beispiel für Spitzgewinde. Auf einer Welle aus S.M.Fl. von 40 mm Durchm. soll auf eine Länge von 150 mm ein Spitzgewinde von 11 Gang per Zoll nach Whitworth geschnitten werden.

Bei 11 Gang per Zoll beträgt die Steigung $s_1 = \frac{25 \cdot 4}{11} = 2{,}309$ mm.

Die Gewindetiefe = 1,48 mm.

Die Schnittgeschwindigkeit v_1 für S.M.Fl. (weich) ist nach Tabelle 1e = 100 mm.

Die Spantiefe pro Schnitt sei 0,15 mm.

Die Schnittzahl x für das Vorschneiden $= \frac{\text{Gewindetiefe}}{\text{Spantiefe}} = \frac{1{,}48}{0{,}15} = 10$, die Schnittzahl x für das Fertigschneiden ist 50% vom Vorschneiden $\frac{10 \cdot 50}{100} = 5$ in Summa ist $x = 10 + 5 = 15$.

Berechnung:

Einrichten der Maschine (Tabelle 4)	10,0 min
Für das Schneiden ist $T = \frac{40 \cdot 3{,}14 \cdot 150 \cdot 15}{100 \cdot 2{,}309 \cdot 60} =$	20,5 „
Für die Rückläufe ist $T = 75\%$ der Zeit für das Schneiden . . . $\sim$	15,5 „
Nach Tabelle 12:	
für Schnitte anstellen und messen ist nach Rubrik XIV $T =$ . . .	4,5 „
„ Wechselräder einstellen ist nach Rubrik XV $T =$	5 „
„ Gewinde saubermachen und einpassen ist nach Rubrik XVI $T = 20\%$ der Zeit für das Schneiden, multipliziert mit der Konstanten für l; nach Rubrik XIX ist $Ks = 1{,}2$ $T = \frac{(20{,}5 + 15{,}5) \cdot 1{,}2 \cdot 20}{100} =$	8,5 „
„ Stähle schleifen und einspannen nach Rubrik XVII $= T = 20\%$ der Zeit für das Schleifen, multipliziert mit der Konstanten für l; nach Rubrik XIX ist $Ks = 1{,}2$ $T = \frac{(20{,}5 + 15{,}5) \cdot 1{,}2 \cdot 20}{100} =$	8,5 „
Summa	72,5 min

2. Beispiel für Flachgewinde. Auf eine Büchse aus Gußeisen von 100 mm Durchm. u. 120 mm Länge soll ein Flachgewinde, 9 Gang per Zoll, geschnitten werden.

Bei 9 Gang per Zoll beträgt die Steigung $\frac{25{,}4}{9} = 2{,}822$ mm.

Die Gewindetiefe ist $= \frac{\text{Steigung}}{2} = 1{,}4$ mm.

Die Spantiefe sei 0,2 mm.

Die Schnittgeschwindigkeit v_1 für weiches Gußeisen beträgt nach Tabelle 1e = 100 mm/sk.

Die Schnittzahl x für das Vorschneiden $= \frac{\text{Gewindetiefe}}{\text{Spantiefe}} = \frac{1{,}4}{0{,}2} = 7$,

die Schnittzahl x für das Fertigschneiden ist 75% vom Vorschneiden $= \frac{7 \cdot 75}{100} \sim 5$,

in Summa ist $x = 7 + 5 = 12$.

Berechnung:

Einrichten der Maschine (Tabelle 4) . . . . 10,0 min

Für das Schneiden ist $T = \frac{100 \cdot 3{,}14 \cdot 120 \cdot 12}{100 \cdot 2{,}822 \cdot 60} =$ . . . . 16,5 „

Für die Rückläufe ist $T = 75\%$ der Zeit für das Schneiden . . . . 18,5 „

Nach Tabelle 12:

für Schnitte anstellen und messen ist nach Rubrik XIII $T =$ . . . 10,0 „

„ Gewinde saubermachen und einpassen ist nach Rubrik XV $T = 10\%$ der Zeit für das Schneiden, multipliziert mit der Konstanten für l; nach Rubrik XVIII ist $Ks = 1{,}1$

$T = \frac{(26{,}5 + 18{,}5) \cdot 1{,}1 \cdot 10}{100} =$ . . . . 5,0 „

„ Stähle schleifen und einspannen ist nach Rubrik XVI $T = 7\%$ der Zeit für das Schneiden, multipliziert mit der Konstanten für l; nach Rubrik XVIII ist $Ks = 1{,}1$

$T = \frac{(26{,}5 + 18{,}5) \cdot 1{,}1 \cdot 7}{100} =$ . . . . 3,0 „

Summa 63,0 min

Erfolgt das Zurückkurbeln von Hand, dann sind hierfür 30% statt 75% der Zeit für das Schneiden einzusetzen.

Beispiele für die Laufzeitberechnung nach Tabelle 11 und 12.

b) Ohne Benutzung der Formel.

1. Beispiel für Spitzgewinde nach Tabelle 11. $1^1/_2''$ Gewinde, 180 mm lang. Material S.M.St. (weich).

Die Schnittgeschwindigkeit v_1 ist nach Tabelle 1e für weiches Material = 100 mm/sk.

Berechnung:

Einrichten der Maschine (Tabelle 4) . . . . 10 min

Nach Rubrik X (Tabelle 11) ist T für $1^1/_2''$ Gewinde = 43,75 min × der Konstanten der Rubrik XII für $V = 6$ m/min × der $\frac{\text{Länge}}{100}$

$T = \frac{43{,}75 \cdot 0{,}334 \cdot 180}{100} =$ . . . . . ∾ 26,5 „

Für Schnitte anstellen und messen ist nach Rubrik XIV $T =$ . . . 7,0 „

Für Wechselräder einstellen ist nach Rubrik XV $T =$ . . . . . . 5,0 „

Für Gewinde saubermachen und einpassen ist nach Rubrik XVI $T = 15\%$ der Zeit für das Schneiden × der Konstanten für l; nach Rubrik XIX ist $Ks = 1{,}35$

$T = \frac{26{,}5 \cdot 1{,}35 \cdot 15}{100} =$ . . . . 5,5 „

Für Stähle schleifen und einspannen ist nach Rubrik XVIII $T = 15\%$ der Zeit für das Schneiden × der Konstanten für l; nach Rubrik XIX ist $Ks = 1{,}35$

$T = \frac{26{,}5 \cdot 1{,}35 \cdot 15}{100} =$ . . . . 5,5 „

Summa 59,5 min

2. Beispiel für Flachgewinde nach Tabelle 12. 6 Gang per Zoll, 175 mm lang, 45 mm Durchm., Material Ch.N.St.

Die Schnittgeschwindigkeit v_1 ist nach Tabelle 1e für mittelhartes Material = 67 mm/sk.

Berechnung:

Einrichten der Maschine (Tabelle 4) . . . . 10,0 min

Nach Rubrik IX (Tabelle 12) ist für 6 Gang $T = 1{,}232$ min $\times$ dem Durchmesser $\times$ der $\frac{\text{Länge}}{100}$ $\times$ der Konstanten für V (4 m/min) nach Rubrik XI = 0,496

$$T = \frac{1{,}232 \cdot 45 \cdot 175 \cdot 0{,}496}{100} = \;.\;.\;.\;.\;.\quad 48{,}0 \text{ „}$$

Für Schnitte anstellen und messen ist nach Rubrik XIII $T =$ . . 12,5 „

Für Wechselräder einstellen ist nach Rubrik XIV $T =$ . . . . . . 5,0 „

Für Gewinde saubermachen und einpassen ist nach Rubrik XV $T = 10\%$ der Zeit für das Schneiden $\times$ der Konstanten für l; nach Rubrik XVIII ist $Ks = 1{,}32$

$$T = \frac{48 \cdot 1{,}32 \cdot 10}{100} = \;.\;.\;.\;.\;.\;.\;.\;.\quad 6{,}5 \text{ „}$$

Für Stähle schleifen und einspannen ist nach Rubrik XVI $T = 7\%$ der Zeit für das Schneiden $\times$ der Konstanten für l; nach Rubrik XVIII ist $Ks = 1{,}32$

$$T = \frac{48 \cdot 1{,}32 \cdot 7}{100} = \;.\;.\;.\;.\;.\;.\;.\;.\quad 4{,}5 \text{ „}$$

Summa 86,5 min

In den obigen zwei Beispielen ist angenommen, daß der Rücklauf des Supportes maschinell erfolgt. Geschieht das Zurückkurbeln von Hand, dann ist aus Tabelle 11 statt dem Werte der Rubrik X der Wert der Rubrik VIII + 30% und aus Tabelle 12 statt dem Werte der Rubrik IX der Wert der Rubrik VII + 30% zu nehmen.

Die Laufzeit für das Schneiden würde dann im 1. Beispiel:

$$T = \frac{(25 + 30\%) \cdot 0{,}334 \cdot 180}{100} = 18{,}5 \text{ min statt } 26{,}5 \text{ min}$$

und im 2. Beispiel:

$$T = \frac{(0{,}705 + 30\%) \cdot 45 \cdot 175 \cdot 0{,}496}{100} = 36 \text{ min statt } 48 \text{ min}$$

betragen.

Revolverbänke und Automaten.

Diese Maschinengattung eignet sich infolge ihrer Bauart, der großen Zahl von oft recht teuren Werkzeugen und der erforderlichen langen Einrichtezeit in erster Linie nur für Massen- oder Serienfabrikation.

Die Berechnung der Laufzeit auf Revolverbänken und Automaten erfordert eine genaue Kenntnis der Arbeitsmethoden und Werkzeugeinstellungen sowie der Dauer der Einrichtezeit. Sie ist schwieriger als die Berechnung der Laufzeit auf gewöhnlichen Drehbänken, erfolgt jedoch sonst in derselben Weise wie diese nach den Formeln der Tabelle 5.

Zu beachten ist ferner, daß bei jenen Maschinen, die sowohl mit Revolverkopf als auch mit Quersupport ausgerüstet sind, bei Berech-

Fig. 10. Revolverdrehbank von Gebr. Böhringer, Göppingen.

nung der Laufzeit jene Operationen, die mit einer zweiten Operation parallel ausgeführt werden können, nicht in die Laufzeit einbezogen werden dürfen.

Für das Einrichten von Revolverbänken und Automaten bei Futter- und Stangenarbeiten kann, je nach Genauigkeitsgrad und Kompliziertheit des Arbeitsstückes, 30 bis 45 min pro Anschlag bzw. Werkzeug eingesetzt werden. Die hierfür aufgewendete Zeit ist durch die Stückzahl zu teilen und der Wert pro Stück bei der Laufzeit hinzuzurechnen.

Die in der Tabelle 13 angegebenen Werte für Stähleschleifen sind so zu verstehen, daß, wenn auch nur ein Werkzeug nach der in der Tabelle angeführten Stückzahl geschliffen werden muß, die Zeit für das Schleifen sämtlicher Werkzeuge zu rechnen ist, da gewöhnlich, auch wenn nur ein Werkzeug geschliffen wurde, mehrere Anschläge nachgestellt werden müssen und dann eine geraume Zeit vergeht, bis das Stück wieder kalibermäßig hergestellt werden kann.

Die Feststellung der Zeit für das Schleifen der Werkzeuge und Nachstellen der Anschläge sowie die einigermaßen richtige Schätzung, wie viele Werkzeuge bzw. nach wieviel Stücken die Werkzeuge geschliffen werden müssen, ist sehr schwierig und hängt nicht nur vom Material und der Güte der Werkzeuge, sondern auch von der Geschicklichkeit des Arbeiters ab.

Praktische Versuche und Beobachtungen haben ergeben, daß die in der Tabelle 13 angeführten Werte mit Sicherheit verwendet werden können.

Tabelle 13.

Zeittabelle für Stähleschleifen (Revolverbänke und Automaten).

Bei Futterarbeiten:				Stangenarbeiten:			
Material	Benennung	Schleifen nach Stück	Zeit pro Werkzeug in min	Material	Benennung	Schleifen nach Stück	Zeit pro Werkzeug in min
hart	St.G. und Ch.N.St. über 90 kg Festigkeit	10	3	hart, blank od. schwarz	Ch. N. St. - S. M. St. üb. 90 kg Festigkeit Wz. St.	15	3
mittelhart	Einsatzmaterial - S.M.Fl. - S.M.St. 60 bis 90 kg Festigkeit. Temperguß G.E.	15	3	mittelhart, blank oder schwarz	Einsatzmaterial - S.M.St.-S.M.Fl. 60 bis 90 kg Festigkeit	30	3
	Bronze	30	3		Bronze	50	3
weich	S.M.Fl. - S.M.St. 30 bis 60 kg Festigkeit	30	3	weich, blank	S.M.Fl. und S.M.St. 30 bis 60 kg Festigkeit	50	3
	Br.G. und Rübelbronze	50	3				
	Messing-G.	60	3		Messing	100	3
	Aluminium	150	3				

Beispiele für Revolverbänke.

1. Beispiel. 100 Stößelführungen aus S.M.St. nach Fig. 11 auf Pittler-Revolverbank drehen.

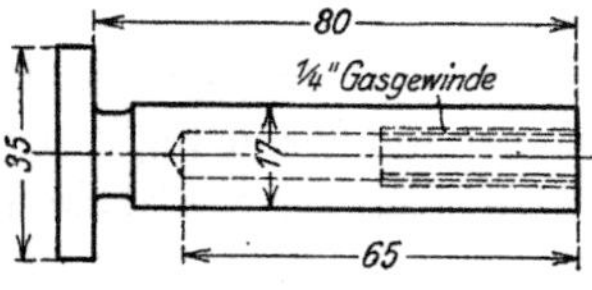

Fig. 11.

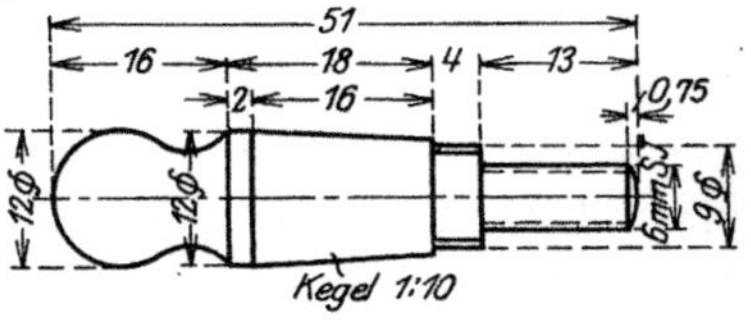

Fig. 12.

Einrichten der Maschine:

Erforderlich sind 6 Werkzeuge à 30 min = 180 min, d. i. pro

Stück $\frac{180}{100} = 1{,}8 =$ . . . . $\sim$ 2,0 min

Laufzeit:

T = inkl. 6 mal Revolverkopf umschalten und Materialvorschub 5,0 „

Werkzeuge schleifen bei Stangenarbeit:

nach Tabelle 13 bei weichem Material ist T nach 50 Stück pro

Werkzeug 3 min = 18 min, d. i. pro Stück $\frac{18}{50} =$ . . . . . . 0,36 „

Summa 7,36 min

2. Beispiel. 100 Hahnkegel aus S.M.Fl. nach Fig. 12 auf Pittler-Revolverbank drehen.

Einrichten der Maschine:

Erforderlich sind 7 Werkzeuge à 30 min = 210 min, d. i. pro

Stück $\frac{210}{100} =$ . . . . $\sim$ 2 min

Laufzeit:

T = inkl. 7 mal Revolverkopf umschalten und Materialvorschub 5 „

Werkzeuge schleifen bei Stangenarbeit:

nach Tabelle 13 bei weichem Material ist T nach 50 Stück pro

Werkzeug 3 min = 21 min, d. i. pro Stück $\frac{21}{50} =$ . . . . . . 0,4 „

Summa 7,4 min

3. Beispiel. 100 Schalträder, Material Ch.N.St. (geschm.), nach Fig. 13 auf Pittler-Revolverbank drehen.

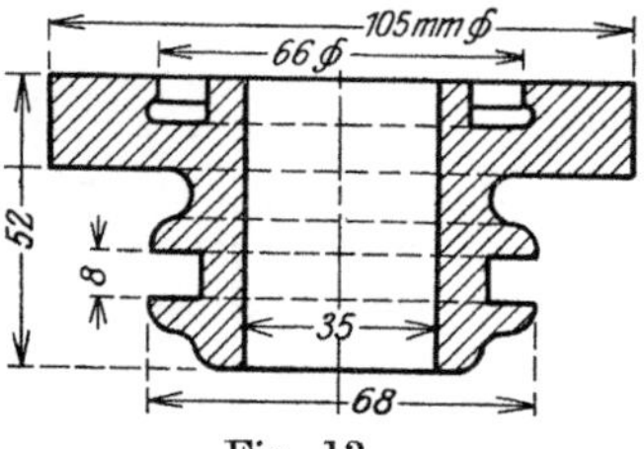

Fig. 13.

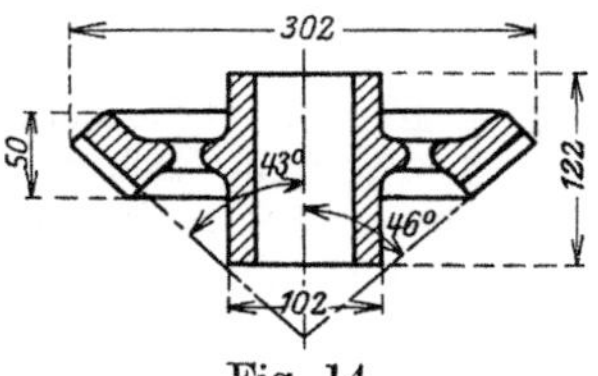

Fig. 14.

Einrichten der Maschine:

Erforderlich sind 12 Werkzeuge à 30 min = 360 min, d. i. pro

Stück $\frac{360}{100} =$ . . . . 3,6 min

Laufzeit T ist inkl. 7 mal Revolverkopf umschalten . . . . . . 56,0 „

Für Ein-, Um- und Ausspannen ist $T =$ . . . . 3,0 „

Werkzeuge schleifen bei Futterarbeit:

nach Tabelle 13 für mittelhartes Material ist T nach 15 Stück,

pro Werkzeug 3 min = 36 min, d. i. pro Stück $\frac{36}{15}$ . . . . $\sim$ 2,5 „

Zentrierfutter-Backen andrehen: 30 min, d. i. pro Stück $\frac{30}{100} =$. 0,3 „

Summa $\sim$ 65,5 min

4. Beispiel. 50 Stück Kegelräder aus S.M.St. (geschm.) nach Fig. 14 auf Steinle-Revolverbank drehen.

Einrichten der Maschine:

Erforderlich sind 9 Werkzeuge à 30 min = 270 min, d. i. pro Stück $\frac{270}{50}$ . . . . ~ 5,5 min

Laufzeit:

T = inkl. 6 mal Revolverkopf umschalten = ... 35,0 „

Für Ein-, Um- und Ausspannen ist T = ... 4,0 „

Werkzeuge schleifen bei Futterarbeit:

nach Tabelle 13 für weiches Material ist T nach 30 Stück, pro Werkzeug 3 min = 27 min, d. i. pro Stück $\frac{27}{30}$ = ... ~ 1,0 „

Summa 45,5 min

Beispiele für Automaten.

1. Beispiel. 50 Paar Scheibenkupplungen (Fig. 15a und b) aus Gußeisen am Automaten bearbeiten.

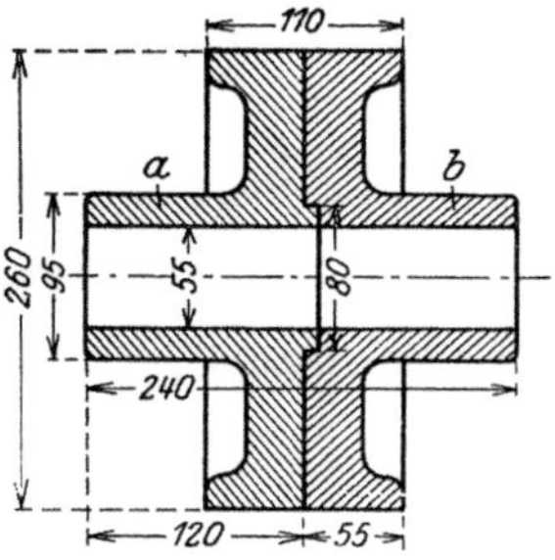

Fig. 15.

Die Schnittgeschwindigkeit v_1 ist nach Tabelle 1a für mittelhartes Gußeisen 217 mm/sk.

Der Vorschub beträgt bei Automaten, da mehrere Werkzeuge zugleich im Eingriffe stehen, 0,3 mm.

Berechnung:

a) Einrichten der Maschine für Flanschseite (Fig. 14a und b).

Zur Bearbeitung der Flanschseite sind 9 Werkzeuge à 35 min Einrichtzeit, d. i. 35 · 9 = 315 min, erforderlich. Dies ergibt pro Stück $\frac{315}{100}$ = ... 3,15 min

Einspannen im Amerikaner, Ausrichten und Abspannen (Tabelle 8) 7,00 „

1. Operation. Bohrung mittels Bohrstange auf 53 mm Durchm. vorbohren, gleichzeitig die Zentrierung auf 79 mm Durchm., den äußeren Durchm. auf 262 mm und Stirnseite vordrehen.

Da die Bohrung die längste Laufzeit beansprucht, so wird nur diese berechnet:

$T = \frac{50 \cdot 3{,}14 \cdot 120}{60 \cdot 217 \cdot 0{,}3} =$ . . . . ~ 5,0 „

2. Operation. Bohrung auf 54,8 mm Durchm., gleichzeitig die Zentrierung auf 80 mm Durchm., den äußeren Durchm. auf 260 mm fertigdrehen und Stirnseite schlichten.

Bearbeitungszeit wie 1. Operation: T = ... ~ 5,0 „

3. Operation. Bohrung mit einer 80 mm langen Reibahle bei 2 mm Vorschub und 100 mm/sk Schnittgeschwindigkeit auf 55 mm Durchm. kalibrieren:

$T = \frac{55 \cdot 3{,}14 \cdot (120 + 80)}{60 \cdot 100 \cdot 2} = \frac{55 \cdot 3{,}14 \cdot 200}{60 \cdot 100 \cdot 2} =$ . . . . . ~ 3,0 „

3 mal Revolverkopf umschalten à 10 sk . . . . 0,5 „

1 mal messen . . . . 0,5 „

Übertrag 24,15 min

Übertrag 24,15 min

Stähleschleifen lt. Tabelle 13: nach 15 Stück à 3 min $= 9 \cdot 3 = 27$ min,

d. i. pro Stück $\frac{27}{15} =$ . . . . $\sim$ 1,8 „

b) Einrichten der Maschine für Nabenseite (Fig. 15a und b).

Zur Bearbeitung der Nabenseite sind 4 Werkzeuge à 30 min Einrichtzeit, d. i. $30 \cdot 4 = 120$ min, erforderlich. Dies ergibt pro Stück $\frac{120}{100} =$ . . . . 1,2 „

Das Einspannen im Amerikaner und Ausspannen beträgt 40% der Zeit für erstes Aufspannen = ... $\sim$ 3,0 „

4. Operation. Mit dem Durchm. der Nabe auf 95 mm und der Nabenlänge auf 120 mm wird gleichzeitig (mit Fassonstahl) die Ausdrehung am Flansch auf 240 mm inneren Durchm, 20 mm Flanschstärke und 55 mm Flanschbreite bearbeitet. Hierbei ist nur das Drehen der Nabe als längste Operation zu rechnen:

$T = \frac{95 \cdot 3{,}14 \cdot 100}{60 \cdot 217 \cdot 0{,}3} =$ . . . . 7,5 „

Rückgang des Revolverkopfes und Messen . . . . 0,3 „

Stähleschleifen lt. Tabelle 13: nach 15 Stück à 3 min $= 4 \cdot 3 = 12$ min,

d. i. pro Stück $\frac{12}{15} =$ . . . . 0,8 „

Summa $\sim$ 39,0 min

Fig. 15b: Für die Zentrierung ist die Maschine neu einzustellen, die übrigen Werkzeuge können bestehen bleiben.

Für die Neueinstellung der beiden Werkzeuge à 35 min sind 70 min erforderlich, d. i. pro Stück $\frac{70}{50}$ . . . . $\sim$ 1,5 min

Für alle übrigen Arbeiten gelten die Werte aus der Berechnung für Fig. 15a, d. i. . . . . 39,0 „

Summa 40,5 min

Die gesamte Arbeitszeit beträgt demnach

für Fig. 15a . . . . 39,0 min

für Fig. 15b . . . . 40,5 „

Summa 79,5 min

2. Beispiel. 200 Stück geschmiedete Radnaben (Fig. 16) am Automaten mit 2 mm Übermaß vordrehen, die Bohrung von 35 mm Durchmesser wird auf genaues Maß fertiggestellt.

Der Flansch ist am Durchmesser und seitlich wegen Aufnahme im Dreibackenfutter zur weiteren Bearbeitung vorgeschruppt, die Bohrung ist auf der langen Seite auf 33 und 60 mm Durchm.

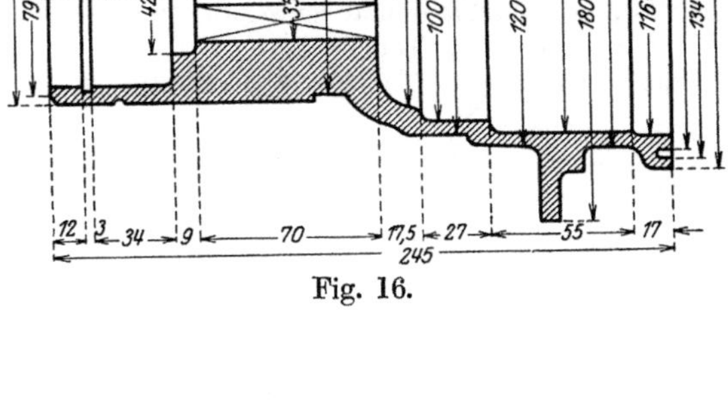

Fig. 16.

und auf der kurzen Seite auf 80 mm Durchm. vorgebohrt und die Stirnseite der Nabe vorgedreht.

Berechnung.

Automaten einrichten zum Drehen der langen Seite.

Für die Bearbeitung der Außendurchmesser mit je 2 Schnitten sind erforderlich:

am Revolverkopf: 2 × 4 Stähle;
am Quersupport: 1 Drehstahl für seitl. Flanschbearbeitung und 1 Fassonstahl.

Für Innen- und Stirnseitebearbeitung:
2 Bohrstangen à 3 Stähle und 1 Reibahle auf 35 mm Durchm.

Im ganzen 17 Werkzeuge à 30 min Einrichtzeit.

$30 \cdot 17 = 510$ min; das ergibt pro Stück $\frac{510}{200}$ . . . . $\sim$ 2,5 min

Bearbeitung mit 2 Schnitten.

Außen auf 84 mm Durchm. × 118 mm Länge, 112 mm Durchm. × 30 mm Länge und 122 mm Durchm. × 29 mm Länge, Ausschrägung, Fasson- und Flanschstirnseite drehen.

Innen auf 65 mm Durchm. × 49 mm Länge, 40,6 mm Durchm. × 9 mm Länge, 34,8 mm Durchm. × 70 mm Länge ausdrehen und reiben auf 35 mm Durchm.

Gerechnet wird nur die Fläche 84 mm Durchm. × 118 mm Länge als längste Operation, da alle übrigen Flächen in derselben Zeit bearbeitet werden.

Die Schnittgeschwindigkeit $V = 15$ m/min und $v_1 = 250$ mm/sk, auf den Durchm. von 120 mm bezogen, folglich ist v_1 für 84 mm Durchm.

$$\frac{v_1 \cdot d_1}{d} = \frac{250 \cdot 80}{120} = 175 \text{ mm}$$

$$s_1 = 0{,}3 \text{ mm.}$$

Die Zeit für 2 Schnitte in min ist

$$T = \frac{84 \cdot 3{,}14 \cdot 118}{60 \cdot 175 \cdot 0{,}3} \cdot 2 \;\ldots\ldots\ldots \sim \quad 20 \text{ min}$$

Die Zeit für das Reiben auf 35 mm Durchm. mit einer 80 mm langen Reibahle ist, wenn $s_1 = 2$ mm, $V = 5$ m/min, oder $v_1 = 83{,}5$ mm/sk,

und $n = \frac{v_1 \cdot 60}{d \cdot \pi} = 45$ beträgt:

$$T = \frac{l}{n \cdot s_1} = \frac{70 + 80}{45 \cdot 2} \;\ldots\ldots\ldots \sim \quad 2 \;\text{,,}$$

3 mal Support Rücklauf und Umschaltung à 30 sk = 90 sk = . . . 1,5 „
Auf- und Abspannen (Tabelle 8) . . . . 5,0 „
17 Stähle schleifen, lt. Tabelle 13, nach 30 Stück à 3 min = 51 min;
d. i. pro Stück $\frac{51}{30}$ = ... $\sim$ 2,0 „

Automaten einrichten zum Drehen der kurzen Seite.

Übertrag 33,0 min

Übertrag 33,0 min

Für die Bearbeitung der Außendurchmesser und der Ringnute mit je 2 Schnitten sind erforderlich:

am Revolverkopf 2 × 4 Stähle,

„ Quersupport 1 Fassonstahl und 1 Drehstahl für die seitliche Flanschbearbeitung.

Für Innen- und Stirnseitebearbeitung:

2 Bohrstangen à 3 Werkzeuge.

Im ganzen 16 Werkzeuge à 30 min Einrichtzeit $= 16 \cdot 30 = 480$ min,

das ergibt pro Stück $\frac{480}{200} = 2,4$ . . . . ∼ 2,5 „

Bearbeitung:

Außen: auf 140 mm Durchm. × 36 mm Länge und 142 mm Durchm. × 84 mm Länge, Ausdrehung (mit Fassonstahl), Flansch seitlich, Stirnseite und Ringnute drehen.

Innen: Fasson auf 88 mm Durchm. × 17,5 mm Länge, 98 mm Durchm. × 27 mm Länge, 108 mm Durchm. × 55 mm Länge und 113 mm Durchm. × 17 mm Länge ausdrehen.

Gerechnet wird nur die Innenbohrung 108 mm Durchm. × 55 mm Länge als längste Operation, alle übrigen Flächen werden mit dieser Fläche zugleich bearbeitet.

Die Schnittgeschwindigkeit $V = 15$ m/min $= 255$ mm/sk, auf den Durchm. von 140 mm bezogen, folglich ist v_1 für 108 mm Durchm.

$$\frac{v_1 \cdot d_1}{d} = \frac{225 \cdot 108}{140} = 196 \text{ mm}$$

$$s_1 = 0,3 \text{ mm}.$$

Die Zeit für 2 Schnitte in min ist

$T = \frac{108 \cdot 3,14 \cdot 55}{196 \cdot 60 \cdot 0,3} \cdot 2 = 10,6 =$ . . . . ∼ 11,0 min

2 mal Support Rücklauf und Umschaltung à 30 sk = ... ∼ 1,0 „

16 Stähle schleifen, lt. Tabelle 13 nach 30 Stück à 3 min $= 16 \cdot 3 = 48$ min,

d. i. pro Stück $\frac{48}{30}$ . . . . ∼ 1,5 „

Auf- und Abspannen . . . . 5,0 „

Summa 54,0 min

Nach dem Vordrehen wird das Vierkantloch gezogen, hierauf wird auf einem Vierkantdorn der Flansch am Durchmesser und seitlich fertiggedreht, um bei der weiteren Bearbeitung einen absoluten Rundlauf zum Vierkantloch zu gewährleisten.

Bei der weiteren Bearbeitung wird die Nabe am Flansch, der nun genau zum Vierkantloch läuft, gespannt und in derselben Weise wie beim Vordrehen bearbeitet.

Die Berechnung der Laufzeit erfolgt wie beim Vordrehen.

Die logarithmischen Tafeln zur Berechnung der Laufzeiten.

Weit einfacher jedoch als das Rechnen nach Formeln gestaltet sich das Ablesen der Laufzeiten nach einer log. Tafel, die im nachstehenden kurz erläutert ist.

Die log. Tafel I gibt die Laufzeiten in min für Drehen, Gewindeschneiden, Schleifen, Bohren, Fräsen, kurz für alle Arbeiten auf Maschinen mit umlaufender Bewegung an.

Die log. Tafel II hingegen gilt für die Berechnung der Laufzeiten bei Maschinen mit hin- und hergehender Bewegung (Hobel-, Shaping- und Stoßmaschinen).

Bei Benutzung der log. Tafel I gilt die Bezeichnung:

beim Drehen:

d = Durchmesser des Werkstückes,
l = Drehlänge,
v_1 = Schnittgeschwindigkeit in mm/sk,
s_1 = Vorschub pro Umdrehung des Werkstückes;

beim Gewindeschneiden:

d = Durchmesser des Gewindes,
l = Gewindelänge,
v_1 = Schnittgeschwindigkeit in mm/sk,
s_1 = Steigung oder Ganghöhe;

beim Rundschleifen:

d = Durchmesser des Werkstückes,
l = Schleiflänge,
v_1 = Umfangsgeschwindigkeit des Werkstückes,
s_1 = Längsverschiebung des Schlittens pro Umdrehung des Werkstückes[1]);

beim Bohren:

d = Durchmesser des Bohrers,
l = Lochtiefe,
v_1 = Schnittgeschwindigkeit in mm/sk am Umfang des Bohrers,
s_1 = Vorschub pro Umdrehung des Bohrers;

beim Fräsen:

d = Durchmesser des Fräsers,
l = Fräslänge und beim Rundfräsen der Umfang des Werkstückes,
v_1 = Schnittgeschwindigkeit in mm/sk am Umfang des Fräsers,
s_1 = Vorschub pro Umdrehung des Fräsers.

---

[1]) Der Wert T für Rundschleifen ist noch mit 1,5 zu multiplizieren. Siehe Artikel über Schleifen.

Erklärung der logarithmischen Tafel I.

Von den im log. Felde eingezeichneten Markierungslinien, der „n"-, „π"- und „T"-Linie, können durch einfaches Abstechen der von den Schnittpunkten bis zu den Markierungslinien gegebenen Strecken und Auftragen derselben auf den Zeitmaßstab I und II folgende, aus der Formel $T = \frac{d \cdot \pi \cdot l}{60 \cdot v_1 \cdot s_1}$ abgeleitete und für die Laufzeitberechnung in Betracht kommende Werte sofort abgelesen werden:

1. der Umfang des Werkstückes $U = d \cdot \pi$;
2. die Zeit für eine Umdrehung $T_1 = \frac{d \cdot \pi}{60 \cdot v_1}$;
3. die Umdrehungen „n" pro min $n = \frac{v_1 \cdot 60}{d \cdot \pi}$;
4. die Laufzeit in min $T = \frac{d \cdot \pi \cdot l}{60 \cdot v_1 \cdot s_1}$.

Der Einfachheit halber und um ein leichtes Ablesen der Werte, ohne Berücksichtigung der Stellenzahlen, zu ermöglichen, sind die Zeitmaßstäbe I und II mit E, Z, H, T und ZT bezeichnet und gelten die daselbst angegebenen Werte für Durchmesser mit Einer-, Zehner-, Hunderter- und Tausender-Stellenwert. Durch diese Anordnung ist beim Ablesen der Werte für obige Formeln ein Irrtum im Stellenwerte so gut wie ausgeschlossen.

Hat man z. B. für ein Arbeitsstück, dessen Durchmesser dem Stellenwerte $100 = H$ entspricht, die Laufzeit zu bestimmen, so muß man mit der durch die Schnittpunkte im log. Felde gegebenen Länge, die dem Zeitwerte für die Bearbeitung entspricht, in jene Teilung am Zeitmaßstab gehen, die mit dem Stellenwerte des Durchmessers, in diesem Falle mit H, bezeichnet ist.

In der Skala s_1 sind die Vorschübe bis 10 mm angegeben, doch können auch größere Vorschübe, wie sie häufig beim Gewindeschneiden vorkommen, abgelesen werden. In diesem Falle gehe man von „1" (Mitte der Skala) aus und nehme, z. B. bei $s_1 = 15$ mm, den Wert 1,5 der Skala, nur ist hierbei zu beachten, daß bei 15 mm Vorschub die Zeit 10 mal kleiner ist als bei einem Vorschub von 1,5 mm. Infolgedessen muß für 15 mm Vorschub der Zeitwert von 1,5 mm Vorschub durch 10 dividiert werden.

Das Ablesen der Werte.

ad 1. Der Ausdruck $d \cdot \pi$ gibt den Wert für den Umfang des Arbeitsstückes an. Derselbe ist in der log. Tafel durch den Schnittpunkt der „d“- und „π“-Linie gegeben und im Maßstab V m/min abzulesen, wobei jedoch der durch den Schnittpunkt der „d“- und „π“-Linie gegebene Wert mit dem Stellenwerte des Durchmessers zu multiplizieren ist.

ad 2. Die Formel $\frac{d \cdot \pi}{60 \cdot v_1}$ gibt die Zeit T_1 für eine Umdrehung des Werkstückes an.

In der log. Tafel ist der Wert für T_1 durch die Länge der Strecke vom Schnittpunkte der „d“- und „π“-Linie bis zum Schnittpunkte der „d“- und „V“-Linie ausgedrückt. Nimmt man die Länge dieser Strecke im Zirkel[1]) und sticht mit der einen Zirkelspitze am log. Zeitmaßstab in „1“ jener Teilung ein, die dem Stellenwerte des Durchmessers entspricht, so kann man am anderen Zirkelende den Wert T_1 sofort ablesen.

Als Regel gilt: Liegt der Schnittpunkt der „d“- und „V“-Linie **„oberhalb“** der π-Linie, so steche in „1“ jener Teilung ein, die dem Stellenwerte des Durchmessers entspricht, und lese nach **„links“** ab.

Liegt der Schnittpunkt der „d“- und „V“-Linie **„unterhalb“** der π-Linie, so steche in „1“ jener Teilung ein, die dem Stellenwerte des Durchmessers entspricht und lese nach **„rechts‘** ab.

ad 3. Für die Bestimmung der Umdrehungen, die ein Werkstück bei einer Schnittgeschwindigkeit von V m/min oder v_1 mm/sk pro min macht, gilt die Formel:

$$n = \frac{v_1 \cdot 60}{d \cdot \pi}.$$

In der log. Tafel sind die Umdrehungen pro min durch die Schnittpunkte der unter 45° geneigten Geraden, der „n“-Linien, mit der senkrechten Markierungslinie für „n“ gegeben und können am log. Maßstabe für „V“ m/min abgelesen werden.

Will man die Umdrehungen eines Werkstückes pro min mit Hilfe der log. Tafel bestimmen, so verfahre man folgendermaßen:

Man verfolge vom Schnittpunkte der „d“- und „V“-Linie, die unter 45° geneigte „n“-Linie, bis zum Schnittpunkte mit der senkrechten Markierungslinie für „n“ und lese von diesem Schnittpunkte am log. Maßstabe für „V“ m/min den Wert für die Umdrehungen ab.

---

[1]) Statt dem Zirkel kann man auch einen Papierstreifen oder log. Maßstab, den man sich durch kopieren des Maßstabes auf der log. Tafel leicht herstellen kann, verwenden.

Hierbei gilt:

Ist der Stellenwert des Durchmessers	dann ist $n =$
1	Skalawert $\times$ 100
10	„ $\times$ 10
100	„ —
1000	$\frac{\text{Skalawert}}{10}$

ad 4. Durch die Formel $\frac{d \cdot \pi \cdot l}{60 \cdot v_1 \cdot s_1}$ ist die Zeit T in min für die Bearbeitung bzw. Laufzeit eines Werkstückes bei einer Drehlänge von y mm und für einen Span gegeben, während die Formel $\frac{d \cdot \pi \cdot 1}{60 \cdot v_1 \cdot s_1}$ die Laufzeit für 1 mm Drehlänge und einen Span angibt.

Verfolgt man in der log. Tafel vom Schnittpunkte der „d"- und „V"-Linie die unter 45° geneigte „n"-Linie bis zu ihrem Schnittpunkte mit der Vorschublinie, so gibt die Länge der Strecke von diesem Schnittpunkte bis zur T-Linie die Zeit für 1 mm Drehlänge und einen Span an. Die Ablesung erfolgt am log. Zeitmaßstab in jener Teilung, die dem Stellenwerte des Durchmessers entspricht.

Als Regel gilt, wenn $l = 1$ mm:

Liegt der Schnittpunkt der „s_1"-Linie mit der unter 45° geneigten „n"-Linie **rechts** der T-Linie, dann steche mit der einen Zirkelspitze in „1" jener Teilung ein, die dem Stellenwerte des Durchmessers entspricht, und lese nach **„rechts"** am anderen Zirkelende den Wert T für 1 mm Drehlänge ab.

Liegt der Schnittpunkt der „s_1"-Linie mit der „n"-Linie **links** der T-Linie, dann steche gleichfalls in „1" der zugehörigen Teilung ein und lese den Wert nach **„links"** am anderen Zirkelende ab.

Für Drehlängen > 1 mm:

Ist jedoch $l > 1$ mm, so muß der Wert T für 1 mm Drehlänge mit der Drehlänge von y mm multipliziert, bzw. zum log. T für 1 mm der Log. der Drehlänge hinzugezählt werden.

Um nun die Laufzeit für einen Span bei y mm Drehlänge zu erhalten, nehme man die Länge der Strecke, die dem Zeitwerte von 1 mm Drehlänge entspricht, im Zirkel, steche am log. Zeitmaßstabe mit der einen Zirkelspitze statt in „1" im Log. der Drehlänge ein und lese nach obiger Regel den Wert für T nach links oder rechts ab.

Man beachte hierbei folgendes:

Ist $l \leqq 10$ mm, so bleibt der am log. Zeitmaßstab abgelesene Wert für T unverändert. Ist $l > 10$ mm, so ist der Wert für T mit dem

Stellenwerte der Drehlänge zu multiplizieren. Auf keinen Fall darf, gleichgültig welcher Wert für die Drehlänge gilt, mit dem Log. der Drehlänge aus der zugehörigen Teilung hinausgegangen werden. Nur der Zeitwert T kann in einer anderen Teilung, rechts oder links von der Teilung die dem Stellenwerte des Durchmessers entspricht, liegen.

Außer den bisher angeführten Werten können an Hand der log. Tafel noch folgende Werte sofort abgelesen werden:

1. Der reziproke Wert von s_1 oder die bei einem Vorschube von x mm auf 1 mm Drehlänge entfallenden Umdrehungen nach der Formel $n_1 = \frac{1}{s_1}$. Der Wert $n_1 = \frac{1}{s_1}$ ist in der Skala, rechts der s_1-Skala, für alle Vorschübe von 0,06 bis 10 mm enthalten.

2. Die Schnittgeschwindigkeit in mm/sk für gegebene Schnittgeschwindigkeiten in m/min. Die Skala v_1 mm/sk neben der Skala „V" m/min gibt den zugehörigen Wert für die gesuchte Schnittgeschwindigkeit an.

Zur besseren Erläuterung der log. Tafel I seien nachstehende Beispiele durchgeführt:

1. Beispiel für Drehen. Eine Welle $d = 150$ mm, $l = 2500$ mm soll mit einem Schnitt überdreht werden.

Die Schnittgeschwindigkeit „V" sei 12 m/min oder $v_1 = 200$ mm/sk.

Der Vorschub betrage 0,8 mm pro Umdrehung.

Die Werte werden wie folgt bestimmt (siehe eingezeichnetes Beisp. im log. Felde):

a) Der Umfang: Verfolge von 1,5 = 150 mm der Durchmesserskala die senkrechte Linie bis zum Schnittpunkte mit der „π"-Linie und lese am log. Maßstab für „V" m/min den Wert 4,71 ab. Der Stellenwert von $d = 100$, folglich ist der Umfang = 4,71 · 100 = **471** mm.

b) Die Zeit für eine Umdrehung: Nehme die Strecke vom Schnittpunkte der „d"- und „π"-Linie bis zum Schnittpunkte der „d"-Linie mit der „V"-Linie von 12 m/min im Zirkel, trage die Länge am log. Zeitmaßstab in „1" der Teilung H auf und lese den Wert (der Schnittpunkt liegt oberhalb der π-Linie) nach „links" = **0,039** min für eine Umdrehung ab.

c) Die Umdrehungen pro min: Verfolge von 1,5 die senkrechte Linie bis zum Schnittpunkte mit der „V"-Linie für 12 m/min, von da die unter 45° geneigte „n"-Linie bis zum Schnittpunkte mit der senkrechten Markierungslinie für „n" und lese am log. Maßstab für „V" m/min den Wert 25,5 ab. Der Stellenwert des Durchmessers = 100, folglich bleibt der Wert für „n" unverändert. Die Welle macht somit bei einer Schnittgeschwindigkeit von 12 m/min = 25,5 Umdrehungen pro min.

d) Die Laufzeit für einen Schnitt: Verfolge von 1,5 die senkrechte Linie bis zum Schnittpunkte mit der „V"-Linie für 12 m/min, von da die unter 45° geneigte „n"-Linie bis zum Schnittpunkte mit der Linie „s_1" = 0,8 mm, nehme die Strecke von diesem Schnittpunkte bis zur „T"-Linie im Zirkel (die Länge dieser Strecke entspricht der Laufzeit für 1 mm Drehlänge), steche mit der einen Zirkelspitze im Log. der Drehlänge von 2500 mm, d. i. am log. Zeitmaßstab Teilung „H", in 0,25 ein und lese an der anderen Zirkelspitze (der Schnittpunkt der s_1-Linie liegt links der T-Linie) nach „links" den Wert 0,122 ab. Der Stellenwert von $l = 1000$, folglich ist $T = 0{,}122 \cdot 1000 =$ **122** min für einen Schnitt.

2. Beispiel für Gewindeschneiden. Auf der Welle vom Beispiel 1 soll auf 2000 mm Länge ein Flachgewinde mit 12 mm Steigung geschnitten werden.

Die Schnittgeschwindigkeit $V = 4$ m/min oder $v_1 = 67$ mm/sk.

Der Vorschub s_1 ist gleich der Steigung = 12 mm.

Verfolge von 1,5 = 150 mm der Durchmesserskala die senkrechte Linie bis zum Schnittpunkte der „V"-Linie für 4 m/min, von da die unter 45° geneigte „n"-Linie bis zum Schnittpunkte mit der Linie „s_1", in diesem Falle 1,2 mm (statt 12 mm), nehme die Strecke von diesem Schnittpunkte bis zur „T"-Linie im Zirkel, steche mit der einen Zirkelspitze am log. Zeitmaßstab im Log. der Drehlänge von 2000 mm, d. i. in der Teilung „H" = 0,2 ein und lese, da der Schnittpunkt von s_1 links der T-Linie liegt, nach „links" an der anderen Zirkelspitze den Wert 0,1955 ab. Da der Vorschub jedoch nicht 1,2 mm, sondern 12 mm beträgt, so ist die Zeit $^1/_{10}$ obigen Wertes = 0,01955 min. Die Stellenzahl für $l = 1000$, folglich ist $T = 0{,}01955 \cdot 1000 =$ **19,5** min für einen Schnitt.

3. Beispiel für Rundschleifen. Eine Spindel 60 mm Durchm. und 300 mm lang soll geschliffen werden.

Die Schleifzugabe ist 0,5 mm.

Die Spantiefe beim Schleifen = 0,03 mm.

Der Vorschub $s_1 = {}^2/_3$ der Schleifscheibenbreite von 45 mm = 30 mm.

Die Umfangsgeschwindigkeit V des Werkstückes = 10 m/min.

Die Anzahl der Schnitte beträgt $\frac{0{,}5}{0{,}03} \approx 17$.

Der Genauigkeitsfaktor ist 1,5 (siehe Artikel über Schleifen).

Verfolge von 6 = 60 mm der Durchmesserskala die senkrechte Linie bis zum Schnittpunkte mit der Linie „V" = 10 m/min, von da die unter 45° geneigte „n"-Linie bis zum Schnittpunkte mit der Linie „s_1", in diesem Falle 3 mm (statt 30 mm), nehme die Strecke von diesem Schnittpunkte bis zur „T"-Linie im Zirkel, steche mit der einen Zirkelspitze am log. Zeitmaßstab im Log. der Länge von 300 mm, d. i. in der Teilung „Z", in 0,03, ein und lese, da der Schnittpunkt von s_1 links der T-Linie liegt, nach „links" an der anderen Zirkelspitze den Wert 0,01884 ab. Da der Vorschub nicht 3, sondern 30 mm beträgt, so ist die Zeit $^1/_{10}$ obigen Wertes = 0,001884 min. Der Stellenwert für $l = 100$, folglich ist $T = 0{,}001884 \cdot 100 = 0{,}1884$ min für einen Schnitt.

Die Gesamtlaufzeit ohne Berücksichtigung der Nebenarbeiten ist:

$$T = 0{,}1884 \cdot 17 \cdot 1{,}5 = \mathbf{4{,}8}\text{ min.}$$

4. Beispiel für Bohren. Ein Loch 45 mm Durchm. und 500 mm tief soll in eine Welle gebohrt werden.

Die Schnittgeschwindigkeit $V = 15$ m/min oder $v_1 = 250$ mm/sk.

Der Vorschub $s_1 = 0{,}18$ mm.

Verfolge von 4,5 = 45 mm der Durchmesserskala die senkrechte Linie bis zum Schnittpunkte der „V"-Linie für 15 m/min, von da die unter 45° geneigte „n"-Linie bis zum Schnittpunkte mit der Linie „s_1" = 0,18, nehme die Strecke von diesem Schnittpunkte bis zur „T"-Linie im Zirkel, steche mit der einen Zirkelspitze am log. Zeitmaßstab im Log. der Tiefe von 500 mm, d. i. in der Teilung „Z", in 0,05 ein und lese, da der Schnittpunkt von s_1 rechts der T-Linie liegt, nach „rechts" an der anderen Zirkelspitze den Wert 0,262 ab. Der Stellenwert für l bzw. für die Tiefe ist 100, folglich ist $T = 0{,}262 \cdot 100 =$ **26,2** min.

5. Beispiel für Fräsen. An einer gußeisernen Leiste, 60 mm breit, 350 mm lang, eine Seite mit einem Schnitt fräsen.

Die Schnittiefe ist 7 mm.

Der Vorschub s_1 pro Fräserumdrehung = 0,4 mm.

Die Schnittgeschwindigkeit $V = 9$ m/min oder $v_1 = 150$ mm/sk.

Der Fräserdurchm. = 70 mm.

Verfolge von 7 = 70 mm der Durchmesserskala die senkrechte Linie bis zum Schnittpunkte der „V“-Linie für 9 m/min, von da die unter 45° geneigte „n“-Linie bis zum Schnittpunkte mit der Linie „s_1“ = 0,4 mm, nehme die Strecke von diesem Schnittpunkte bis zur „T“-Linie im Zirkel, steche mit der einen Zirkelspitze am log. Zeitmaßstab im Log. der Länge von 350 mm, d. i. in der Teilung „Z“, in 0,035 ein und lese, da der Schnittpunkt von s_1 rechts der T-Linie liegt, nach „rechts“ an der anderen Zirkelspitze den Wert 0,213 ab. Der Stellenwert für $l = 100$, folglich ist $T = 0{,}213 \cdot 100 = \mathbf{21{,}3}$ min.

Kurze Zusammenstellung der Regeln für das Ablesen der Werte bei Benutzung der log. Tafel I und II.

Die Ablesung der Laufzeit T_1 und T erfolgt nach Links	Rechts
wenn der Schnittpunkt der d- und V-Linie bzw. „ „ „ „ $2h$- „ V-Linie	
oberhalb	unterhalb
der π- bzw. der $2h$-Linie fällt, oder wenn der Schnittpunkt der s_1-Linie mit der unter 45° geneigten Geraden, der n-Linie,	
links	rechts
der T-Linie liegt.	

Für die Ablesung der Umdrehungen bzw. Doppelhübe gilt

Ist der Stellenwert des Durchm. oder der Hublänge	dann ist „n“
1	Skalawert × 1000
10	Skalawert × 10
100	Skalawert —
1000	$\frac{\text{Skalawert}}{10}$

Die Schleifmaschine.

Das Rundschleifen gehört zu dem spanabhebenden Bearbeitungsverfahren, wie das Drehen und ist die einzig moderne und wirtschaftliche Fabrikationsmethode für Wellen, Bolzen und ähnliche Teile. Sie besteht im Vorschruppen auf der Drehbank und im Fertigmachen auf der Rundschleifmaschine.

Ohne Rundschliff solcher Teile gibt es keine Austauschbarkeit bei konkurrenzfähigen Preisen.

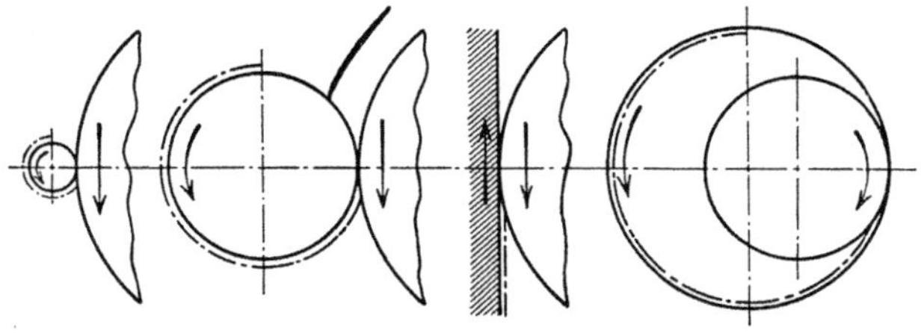

Fig. 17. Größe der Berührung zwischen Schleifscheibe und Schleifstück.

Für die Härte der Schleifscheibe gilt allgemein:

Je breiter die Scheibe und deren Angrifffläche an das Arbeitsstück ist, desto gröber und weicher soll die Scheibe sein.

Je schmäler die Scheibe und deren Angrifffläche an das Arbeitsstück ist, desto feiner und härter soll die Scheibe sein.

Scheiben für Innenschliff sollen eine geringere Härte als solche für Außenschliff haben.

Da ein stumpf gewordenes Korn möglichst bald aus der Scheibe herausfallen soll und ein hartes Material die Schleifkörner früher stumpf macht als ein weiches, so folgt daraus:

Die Härte der Scheibe soll sich umgekehrt verhalten wie die Härte des Materials.

Für weichen Maschinenstahl verwende man daher eine harte, für kohlenstoffreichen Stahl eine weichere und für gehärteten Stahl und Hartguß eine Scheibe von noch geringerem Härtegrade.

Eine Ausnahme von dieser Regel ist nur für sehr weiches Material, z. B. Kupfer und Messing, zulässig. Diese Materialien verlangen besonders weiche Scheiben, da sie sich sonst leicht voll Späne setzen.

Die Schnittgeschwindigkeit „V".

Die Schnittgeschwindigkeit für Schleifscheiben beträgt bei Maschinenstahl 30 bis 35 m/sk, bei Gußeisen 25 m/sk.

Die Umfangsgeschwindigkeit „U“ des Arbeitsstückes.

Die Drehbewegung des Arbeitsstückes beim Schleifen kann man mit der Vorschubbewegung beim Fräsen vergleichen. Die Drehbewegung hat den Zweck, dem Werkzeuge (in diesem Falle der Schleifscheibe) neues Material zuzuführen. Wird also die Schnittgeschwindigkeit der Schleifscheibe erhöht, so kann auch die Umfangsgeschwindigkeit des Arbeitsstückes erhöht werden.

Für die Umfangsgeschwindigkeit des Arbeitsstückes sind ferner der Tischvorschub und der Durchm. des Arbeitsstückes von Bedeutung. Bei größerem Tischvorschub muß die Umfangsgeschwindigkeit des Arbeitsstückes verringert werden, ebenso bei dünnen Arbeitsstücken, da diese die Schleifscheibe in höherem Maße angreifen als stärkere.

Der Tischvorschub.

Der Vorschub ist von der Umdrehungszahl des Arbeitsstückes abhängig und wird in Bruchteilen der Schleifscheibenbreite, bezogen auf eine Umdrehung des Arbeitsstückes, ausgedrückt.

„*Je kleiner die Umfangsgeschwindigkeit des Arbeitsstückes ist, um so größer kann der Vorschub pro Umdrehung genommen werden.*“

Für Maschinenstahl ergibt sich ein Vorschub von $^2/_3$ bis $^3/_4$ und für Gußeisen $^3/_4$ bis $^5/_6$ der Schleifscheibenbreite, je nach Umfangsgeschwindigkeit des Arbeitsstückes.

Sowohl für Maschinenstahl als auch für Gußeisen gilt:

„*Das Schleifen mit großem Vorschube und kleiner Umfangsgeschwindigkeit des Arbeitsstückes ist günstiger als das umgekehrte Verfahren.*“

In nachstehender Tabelle sind die Werte für Schnittgeschwindigkeit, Umfangsgeschwindigkeit sowie die zugehörigen Vorschübe enthalten.

Tabelle 14.

Für	Beträgt die Schnittgeschwindigkeit V in m/sk	Ist die Umfangsgeschwindigkeit U in m/min	dann ist der Vorschub S_1	
Maschinenstahl	30 bis 35	6 bis 8	$^3/_4$	der Schleifscheibenbreite
		10	$^2/_3$	
		12	$^1/_2$	
		15	$^1/_3$	
Gußeisen	25	8 bis 10	$^5/_6$	
		11 „ 12	$^4/_5$	
		13 „ 15	$^3/_4$	

Die Spantiefe.

Je größer die Scheibe ist, desto größere Spantiefe ist zulässig. Die Spantiefe ist ferner vom Durchm. des Arbeitsstückes und der Entfernung der Lünetten abhängig, d. h. man muß bei schwächeren Stücken feinere Späne nehmen als bei stärkeren, um den Anpressungsdruck und die Durchbiegung nicht zu groß werden zu lassen.

„Für Maschinenstahl sind feine Späne wirtschaftlicher als grobe.“ Die günstigsten Verhältnisse für alle Geschwindigkeiten, Vorschübe und Durchm. des Arbeitsstückes liegen für Maschinenstahl bei Spantiefen zwischen 0,03 bis 0,04 mm.

„Für Gußeisen sind dieselben so groß wie möglich zulässig.“

Für Innenschleifen ist die Spantiefe entsprechend kleiner zu wählen. Besonders bei kleinen Bohrungen kann, wegen der Durchbiegung der Schleifspindel, die Spantiefe höchstens 0,01 mm genommen werden.

Die Güte des Schliffes steigert sich, je höher die Schleifscheibengeschwindigkeit bzw. je langsamer die Umfangsgeschwindigkeit des Arbeitsstückes ist.

Die Materialzugaben für Schleifen sind:

bei Durchm. von . .	bis 50 mm	50 bis 100 mm	100 bis 300 mm
Zugaben	0,25 bis 0,4 mm	0,5 „ 0,6 „	0,7 „ 0,8 „

Die Laufzeitberechnung.

Die Formeln für die Laufzeitberechnung lauten:

$$T = \frac{d \cdot \pi \cdot l \cdot x}{60 \cdot u_1 s_1},$$

wobei x den Wert aus $\frac{\text{Schleifzugabe mm}}{\text{Schnittiefe mm}}$ darstellt.

Es ist ferner:

d = Durchm. in mm,
l = Länge in mm,
u_1 = Umfangsgeschwindigkeit des Arbeitsstückes in mm/sk,
s_1 = Tischvorschub in mm pro Umdrehung des Arbeitsstückes.

Sind die Umdrehungen des Arbeitsstückes bekannt, so ist:

$$T = \frac{l \cdot z}{n \cdot s_1 \cdot y},$$

hierbei ist:

z = Schleifzugabe in mm,
n = Umdrehungen des Arbeitsstückes pro min,
y = Schnittiefe in mm.

Die nach obigen Formeln errechneten Zeiten ergeben rein theoretische Zeiten, die jedoch in der Praxis nicht eingehalten werden können. Die letzten Späne erfordern nämlich eine weit größere Sorgfalt und infolgedessen mehr Schnitte als die Rechnung ergibt. Um diesen Mehraufwand an Zeit für die letzten Späne auszudrücken, muß das Produkt obiger Formel mit einer Konstanten „Ks" multipliziert werden, die sich auf Grund praktischer Versuche und Beobachtungen zu $Ks = 1{,}5$ ergibt.

Die Formel würde demnach lauten:

$$T = \frac{d \cdot \pi \cdot l \cdot x}{60 \cdot u_1 \cdot s_1} \cdot Ks \qquad \text{oder} \qquad T = \frac{l \cdot z}{n \cdot s_1 \cdot y} \cdot Ks$$

Über Berechnung der Laufzeiten siehe auch log. Tafel I.

Die nachstehend angeführte Tabelle 15 ist unter bestimmten Voraussetzungen aufgestellt und soll nur als Muster für Anfertigung von Schleiftabellen dienen.

Eine allgemein gültige Tabelle für die Zeitdauer des Schleifens kann, da bei den verschiedenen Materialsorten auf deren Umfangsgeschwindigkeit und den hierdurch bedingten Tischvorschub, sowie auf die Materialzugabe Rücksicht genommen werden muß, nicht aufgestellt werden.

Für die Anfertigung der Tabelle 15 wurden nachstehende Werte[1]) zugrunde gelegt: Material = Maschinenstahl.

Umfangsgeschw. U des Arbeitsstückes für alle Durchm.	=	12	m/min
Vorschub $s_1 = 1/2$ einer 45 mm breiten Schleifscheibe . .	=	22,5	mm
Materialzugabe z für alle Durchm.	=	0,4	„
Schnittiefe y	=	0,03	„

Die Berechnung lautet:

$$T = \frac{l \cdot z \cdot Ks}{n \cdot s_1 \cdot y} = \frac{l \cdot 0{,}4 \cdot 1{,}5}{n \cdot 22{,}5 \cdot 0{,}03}.$$

Die konstant angenommenen Werte

$$\frac{z \cdot Ks}{s_1 \cdot y} = \frac{0{,}4 \cdot 1{,}5}{22{,}5 \cdot 0{,}03}$$

ausgerechnet, ergeben den Faktor 0,89. Setzt man diesen in obige Formel ein, so lautet diese gekürzt:

$$T = \frac{l \cdot 0{,}89}{n}.$$

[1]) Die Werte sind willkürlich gewählt und für die Praxis nicht immer anwendbar.

Tabelle 15.

Zeittabelle für Schleifarbeiten.

Durchm. in mm	n bei 12 m/min Umfangsgeschwindigkeit		Länge in mm 25	50	75	100	125	150	175	200	225	250	275	300	325	350
20	192	1	0,50	0,50	0,50	0,65	0,65	0,65	0,80	0,80	0,80	0,95	0,95	0,95	1,10	1,10
		2	1,0	1,0	1,20	1,20	1,40	1,40	1,60	1,60	1,80	1,80	2,0	2,0	2,20	2,20
		3	0,12	0,23	0,35	0,47	0,60	0,70	0,80	0,95	1,05	1,15	1,25	1,40	1,50	1,60
		4	1,62	1,73	2,05	2,32	2,65	2,75	3,2	3,35	3,65	3,90	4,20	4,35	4,8	4,9
30	127	1	0,50	0,50	0,50	0,65	0,65	0,65	0,80	0,80	0,80	0,95	0,95	0,95	1,10	1,10
		2	1,0	1,0	1,20	1,20	1,40	1,40	1,60	1,60	1,80	1,80	2,0	2,0	2,20	2,20
		3	0,18	0,35	0,52	0,7	0,88	1,05	1,20	1,40	1,57	1,75	1,90	2,10	2,25	2,45
		4	1,68	1,85	2,22	2,55	2,93	3,10	3,60	6,80	4,17	4,50	4,35	5,05	5,55	5,75
40	96	1	0,55	0,55	0,55	0,70	0,70	0,70	0,85	0,85	0,85	1,0	1,0	1,0	1,0	1,0
		2	1,20	1,20	1,40	1,40	1,65	1,65	1,90	1,90	2,15	2,15	2,40	2,40	2,65	2,65
		3	0,23	0,46	0,70	0,95	1,16	1,40	1,60	1,85	2,10	2,30	2,55	2,80	3,0	3,25
		4	1,98	2,21	2,65	3,05	3,51	3,75	4,35	4,60	5,10	5,45	5,95	6,20	6,80	7.05
50	76,5	1	0,60	0,60	0,60	0,75	0,75	0,75	0,90	0,90	0,90	1,05	1,05	1,05	1,20	1,20
		2	1,20	1,20	1,45	1,45	1,70	1,70	1,95	1,95	5,20	2,20	2,50	2,50	2,80	2,80
		3	0,30	0,60	0,90	1,15	1,45	1,75	2,05	2,30	2,60	2,90	3,20	3,50	3,80	4,05
		4	2,10	2,40	2,95	3,35	3,70	4,20	4.90	5,15	5,70	6,15	6,75	7,05	7,80	8,05
60	63,5	1	0,70	0,70	0,70	0,90	0,90	0,90	1,10	1,10	1,10	1,30	1,30	1,30	1,50	1,50
		2	1,30	1,30	1,55	1,55	1,80	1,80	2,05	2,05	2,30	2,30	2,60	2,60	2,90	2,90
		3	0,35	0,70	1,05	1,40	1,75	2,10	2,45	2,80	3,20	3,50	3,85	4,25	4,60	4,95
		4	2,35	2,70	3,30	3,85	4,45	4,80	5,60	5,95	6,60	7,10	7,75	8,15	9,00	9,35
70	54,5	1	0,75	0,75	0,75	0,95	0,95	0,95	1,15	1,15	1,15	1,35	1,35	1,35	1,55	1,55
		2	1,35	1,35	1,60	1,60	1,85	1,85	2,10	2,10	2,35	2,35	2,65	2,65	2,95	2,95
		3	0,40	0,80	1,20	1,65	2,05	2,45	2,85	3,30	3,70	4,10	4,50	4,90	5,30	5,70
		4	2,50	2,90	3,55	4,20	4,85	5,25	6,10	6,55	7,20	7,80	8,50	8,90	9,80	10,20

1 = Ein- und Ausspannen. | 2 = Schnitte anstellen und messen. | 3 = Laufzeit nach der Formel: $\frac{L \cdot 0{,}89}{n}$ | 4 = Gesamtzeit.
Für Einstellen der Anschläge sind 2 bis 3 min einzusetzen.

Bei Anfertigung über 5 Stück **entfällt** die Zeit für Einrichten bzw. Anschlägeeinstellen.

Beispiele für Schleifarbeiten.

1. Beispiel. Eine Welle, 50 mm Durchm., 350 mm lang, Materialzugabe = 0,4 mm, schleifen.

Nach Tabelle 15 ist $T =$

1. für Ein- und Ausspannen	1,2 min
2. „ Schnitte anstellen und messen	2,8 „
3. „ Schleifen nach der Formel $\frac{l \cdot 0{,}89}{n} =$	4,0 „
4. „ Einrichten der Maschine	3,0 „
Summa	11,0 min

2. Beispiel. Eine Welle (Fig. 5, siehe unter Drehen) mit einer 35 mm breiten Schleifscheibe schleifen. Materialzugabe ist = 0,5 mm, Schnittiefe = 0,03 mm.

Umfangsgeschwindigkeit „U“ ist nach Tabelle 14 = 6 m/min.

Die Umdrehungszahl n ist laut Tabelle 6 = 27,3.

Der Vorschub ist $^3/_4$ der Schleifscheibenbreite = 26,5 mm. $_1$

Die Arbeitszeit beträgt:

Für Ein- und Ausspannen	5,0 min
Für Umspannen 50% vom Ein- und Ausspannen	2,5 „
Für 2 Seiten Schnitte anstellen und messen à 3 min = ...	6,0 „
Für beide Seiten schleifen nach der Formel $\frac{l \cdot z \cdot Ks}{n \cdot s_1 \cdot y} = \left(\frac{1000 \cdot 0{,}5}{27{,}3 \cdot 26{,}5 \cdot 0{,}03} + \frac{480 \cdot 0{,}5}{27{,}3 \cdot 26{,}5 \cdot 0{,}03}\right) \cdot 1{,}5 =$ . . .	51,0 „
Für Einrichten der Maschine (2 mal Anschläge stellen)	4,5 „
Summa	69,0 min

3. Beispiel. Eine Kurbelwelle nach Fig. 8 (siehe unter Drehen) bei Anfertigung von 10 Stück schleifen.

a) 1 Mittellager, 2 Kugellager, 1 Flanschzapfen und 1 Endzapfen.

b) 4 Kurbellager.

Die Umfangsgeschwindigkeit U der Kurbelwelle beträgt nach Tabelle 14 6 m/min = 100 mm/sk.

Die Umdrehungszahl „n“ ist nach Tabelle 6 bei 44 mm Durchm. = 43,5, bei 30 mm Durchm. = 63,5 und bei 20 mm Durchm. = 95,5.

Die Materialzugabe ist im Durchm. = 0,75 mm und seitlich an den Lagerstellen = 0,3 mm.

Verwendet wird eine Schleifscheibe von 60 mm Breite.

Die Zuspannung erfolgt radial und beträgt pro Umdrehung des Arbeitsstückes 0,005 mm. Die geringe Zuspannung ist infolge der großen Genauigkeit auf absoluten Rundlauf einerseits und des breiten Eingriffes der Schleifscheibe anderseits bedingt.

Die Arbeitszeit beträgt:

a) Für Maschine einrichten = 30 min und pro Welle = $\frac{30}{10}$ = . . .	3,0 min
Für Welle einspannen	5,0 „
Für Welle umspannen	3,0 „
Für Mittellager Durchm. 44 mm = T nach der Formel $\frac{z}{n \cdot y}$, ks $= \frac{0{,}75}{43{,}5 \cdot 0{,}005} \cdot 1{,}5 = 5{,}2$ min + 100% Zuschlag für seitlich schleifen und Hohlkehle ausschleifen	10,4 „
Übertrag	21,4 min

Übertrag	21,4 min
Für Schnitte anstellen und messen	1,5 „
Für zwei Endlager Durchm. 44 mm und 85 bzw. 84 mm Länge. Hier muß der Tischvorschub, wegen den kurzen Schleifstellen, von Hand erfolgen und kann hierfür ca. 50% der für das Schleifen erforderlichen Zeit eingesetzt werden: $T = \frac{0{,}75}{43{,}5 \cdot 0{,}005} \cdot 1{,}5 \cdot 2 = 10{,}4$ min + 100% für seitlich schleifen und Hohlkehlen ausschleifen	20,8 „
Für Tischvorschub von Hand ist $T = 50\%$ von $\cdot 10{,}4$ min = . .	5,2 „
Für 2 Lager Schnitte anstellen und messen à 1,5 min = . . .	3,0 „
Für Flanschzapfen, Durchm. 20 mm, ist $T = \frac{0{,}75}{95{,}5 \cdot 0{,}005} \cdot 1{,}5 =$ 2,4 min + 50% für seitlich schleifen und Hohlkehle ausschleifen	3,6 „
Für Schnitte anstellen und messen	1,5 „
Für Endzapfen, Durchm. 30 mm, ist $T = \frac{0{,}75}{63{,}5 \cdot 0{,}005} \cdot 1{,}5 = 3{,}6$ min + 50% für seitlich schleifen und Hohlkehle ausschleifen . .	5,4 „
Für Schnitte anstellen und messen	1,5 „
b) 4 Hublager, 44 mm Durchm.	
Für 2 mal Maschine einrichten à 45 min ist $T = 90$ min und pro Welle $= \frac{90}{10}$	9,0 „
Für 2 mal Welle einspannen à 7,5 min ist $T =$	15,0 min
Für 4 Hublager schleifen ist $T = \frac{0{,}75}{43{,}5 \cdot 0{,}005} \cdot 1{,}5 \cdot 4 = 21$ min + 100% für seitlich schleifen und Hohlkehlen ausschleifen .	42,0 „
Für Schnitte anstellen und messen à 1,5 min ist $T =$	6,0 „
Für Schleifscheibe nach 5 Stück abziehen = 20 min und pro Stück $\frac{20}{5} =$	4,0 „
Summa	~ 140,0 min

4. Beispiel. Eine Büchse, deren Bohrung 49,75 mm beträgt und 175 mm lang ist, soll auf 50 mm Durchm. ausgeschliffen werden.

Material ist S.M.St. (Einsatzmaterial gehärtet).

Die Breite der Schleifscheibe ist mit 25 mm und der Vorschub mit ²/₃ der Schleifscheibenbreite, d. i. 16 mm, angenommen.

Die Schnittiefe beträgt wegen starker Durchfederung der Schleifspindel 0,01 mm.

Die Umfangsgeschwindigkeit der Büchse ist nach Tabelle 14 = 6 m/min.

Die Umdrehungszahl nach Tabelle 6 für 50 mm Durchm. = 38.

Die Schleifzeit beträgt nach der Formel $T = \frac{l \cdot z}{n \cdot s_1 \cdot y} \cdot Ks$

$= \frac{175 \cdot 0{,}25}{38 \cdot 16 \cdot 0{,}01} \cdot 1{,}5 =$	11,0 min
Für Einrichten der Maschine = ...	5,0 „
Für Einspannen im Amerikaner = ...	1,5 „
Für Schnitte anstellen und messen = ...	2,0 „
Summa	19,5 min

Bohrmaschine.

Bei Bohrarbeiten empfiehlt es sich, um die Bohrerbrüche nach Möglichkeit zu vermeiden, die höchstzulässige Schnittgeschwindigkeit bzw. Umdrehungszahl und einen kleinen Vorschub zu wählen, da hierdurch der Spanquerschnitt verringert und die Bruchgefahr vermindert wird. Denn je stärker der Span ist, um so mehr wird der Bohrer auf Verdrehung beansprucht und die Bruchgefahr erhöht.

Fig. 18. Radial-Bohrmaschine (Raboma-Maschinenfabrik, Berlin).

Die Laufzeitberechnung beim Bohren geschieht in derselben Weise wie beim Drehen nach der log. Tafel I oder nach der Formel:

$$T = \frac{d \cdot \pi \cdot l}{60 \cdot v_1 \cdot s_1} \qquad \text{oder} \qquad T = \frac{l}{n \cdot s_1},$$

hierbei ist:

d = Lochdurchm. in mm,
l = Lochtiefe in mm,
v_1 = Schnittgeschwindigkeit in mm/sk,
s_1 = Vorschub pro Umdrehung des Bohrers,
n = Umdrehungen des Bohrers pro min.

Nachstehende Tabellen 16 und 17 geben die Umdrehungen und Vorschübe für Spiralbohrer aus Werkzeugstahl und Schnellschnittstahl an.

Bei Benutzung der Tabellen 16 und 17 ist die Laufzeitberechnung sehr einfach. In diesem Falle ist die Lochtiefe l + dem Anschnittswerte des Bohrers, welcher rund $\frac{d}{2}$ beträgt, durch den minutlichen Vorschub s zu dividieren. d = Bohrerdurchm.

Tabelle 16.

Schnittgeschwindigkeits- und Umdrehungstabelle für Spiralbohrer.

Werkzeugstahl:

Ist Material	dann ist	Wz.St.	St.G.	G.E.	S.M.St.	Temp.G.	Mess.
weich	V =	10 m/min	15 m/min	20 m/min	18 m/min	18 m/min	32 m/min
	n =	3200/Bohrer ∅	4800/Bohrer ∅	6350/Bohrer ∅	5750/Bohrer ∅	5750/Bohrer ∅	10 200/Bohrer ∅
mittel	V =	8 m/min	12 m/min	15 m/min	15 m/min	14 m/min	26 m/min
	n =	2550/Bohrer ∅	3850/Bohrer ∅	4800/Bohrer ∅	4800/Bohrer ∅	4450/Bohrer ∅	8250/Bohrer ∅
hart	V =	6 m/min	10 m/min	10 m/min	12 m/min	10 m/min	20 m/min
	n =	1900/Bohrer ∅	3200/Bohrer ∅	3200/Bohrer ∅	3850/Bohrer ∅	3200/Bohrer ∅	6350/Bohrer ∅

Schnellschnittstahl:

Ist Material	dann ist	Wz.St.	St.G.	G.E.	S.M.St.	Temp.G.	Mess.
weich	V =	13 m/min	18 m/min	25 m/min	28 m/min	25 m/min	60 m/min
	n =	4150/Bohrer ∅	5750/Bohrer ∅	8000/Bohrer ∅	8950/Bohrer ∅	6000/Bohrer ∅	19 100/Bohrer ∅
mittel	V =	10 m/min	15 m/min	18 m/min	23 m/min	18 m/min	50 m/min
	n =	3200/Bohrer ∅	4800/Bohrer ∅	5750/Bohrer ∅	7350/Bohrer ∅	5750/Bohrer ∅	15 900/Bohrer ∅
hart	V =	8 m/min	10 m/min	10 m/min	20 m/min	10 m/min	40 m/min
	n =	2550/Bohrer ∅	3200/Bohrer ∅	3200/Bohrer ∅	6350/Bohrer ∅	3200/Bohrer ∅	12 700/Bohrer ∅

Tabelle 17.

Minutliche Umdrehungen (= n) und Vor-

Werkzeugstahl:

Bohrer ∅ mm	Wz.St.		St.G.		G.E.		S.M.St.		Temp.G		Mess.	
	n	S	n	S	n	S	n	S	n	S	n	S
3	850	17	1280	38,5	1600	48	1600	48	1480	44,5	2750	138
4	540	19	960	34	1200	48	1200	48	1120	44,5	2060	124
6	425	15	640	32	800	40	800	40	740	37	1370	96
8	320	12,7	480	26,5	600	33	600	33	550	30,5	1030	82,5
10	255	11,5	385	23	480	28,5	480	28,5	445	27	825	74
12	212	10,5	465	26,5	400	28	400	28	370	26	690	69
14	182	10	275	22	340	27	340	27	315	25,5	590	65
16	160	9,5	240	19	300	27	300	27	278	25	520	62
18	141	9	214	19	267	27	267	27	245	24,5	460	60
20	127	9	193	19	240	26	240	26	220	24,5	412	58
22	116	9	175	19	218	25	218	25	202	23,5	375	56,5
24	106	8,5	160	18,5	200	24	200	24	185	22	342	55
26	98	8	148	18	185	24	185	24	170	22	318	54
28	91	8	138	18	170	24	170	24	160	22	295	53
30	85	8	128	18	160	24	160	24	148	22	275	52
32	80	8	120	18	150	23	150	23	140	22	258	50,5
34	75	8	113	17,5	141	22,5	141	22,5	130	21	243	49
36	71	8	107	17	134	22	134	22	124	20,5	230	47
38	67	7,5	101	17	125	21,5	125	21,5	116	20	216	46
40	64	7,5	97	16,5	120	21	120	21	111	19,5	205	45,5
42	61	7,5	91	16	115	20,5	115	20,5	106	19	196	44
44	58	7,5	87	16	109	19	109	19	101	19	186	43
46	56	7,5	83	15	102	19	102	19	96	18	180	42
Ist Mat.	dann multipliziere Tabellenwert mit											
weich	1,2		1,25		1,33		1,2		1,28		1,23	
hart	0,75		0,83		0,665		0,8		0,415		0,77	

Tabelle 18.

Zeittabelle für unproduktive Arbeiten beim Bohren.[1])

Loch-Durchm. mm	Bohrer einspannen min	Nachkörnen nach Riß min	Lochtiefe in mm 25	50	75	100
			Bohrer mehrmals herausheben min			
bis 5	0,5	0,5	0,5	0,75	1,0	1,25
„ 10	0,5	0,5	0,25	0,50	0,75	1,0
„ 15	0,5	0,5	—	0,50	0,75	1,0
„ 20	0,5	0,75	—	0,75	1,0	1,25
„ 25	0,75	0,75	—	0,75	1,0	1,25
„ 30	0,75	1,0	—	0,75	1,25	1,5
„ 40	1,0	1,25	—	0,75	1,25	1,5
„ 50	1,0	1,5	—	0,75	1,5	2,0

[1]) Bei Verwendung {von Schnellspannfutter entfällt die Zeit für Bohrer einspannen. / von Bohrschablonen entfällt die Zeit für Nachkörnen.

Tabelle 17.

schübe (= S) für Spiralbohrer aus Schnellschnittstahl:

Bohrer ∅ mm	Wz.St.		St.G.		G.E.		S.M.St.		Temp.G.		Mess.	
	n	S	n	S	n	S	n	S	n	S	n	S
3	1060	29	1600	50	1916	57,5	2450	73,5	1916	57,5	5300	265
4	800	28	1200	42	1420	57,5	1820	73,5	1420	57,5	3960	240
6	533	28	800	40	960	48	1210	61	960	48	2650	190
8	400	26	600	36	719	39,5	920	50	719	39,5	2000	160
10	320	19	480	29	575	34,5	735	44	575	34	1560	140
12	266	19	400	28	480	33,5	612	43	480	33,5	1310	120
14	229	13	340	27,5	410	33	522	42	410	33	1102	120
16	200	12	300	24	360	32	460	41,5	360	32	990	120
18	177	11,5	265	24	320	32	410	41	320	32	885	110
20	160	11	240	24	287	31,5	378	41	287	31,5	795	110
22	146	11	229	24	262	30	335	38,5	262	30	722	110
24	132	11	200	23	250	28,5	306	37	250	28,5	660	110
26	122	10,5	184	22	222	26	282	37	222	26	610	100
28	114	10	171	22	206	24,5	262	37	206	24,5	568	100
30	106	10	160	18	194	21	245	36,5	194	21	530	100
32	100	10	150	17	180	19	230	36	180	19	498	90
34	94	10	141	15	165	18,5	215	35	165	18,5	468	90
36	89	9	133	14	159	17	205	34	159	17	440	90
38	84	8	126	13,5	151	16,5	192	33	151	16,5	420	90
40	80	7,5	120	13	144	15	182	32	144	15	397	90
42	76	7	114	12	137	15	175	32	137	15	379	80
44	73	5,5	109	12	130	14	167	31	130	14	360	80
46	70	5	102	11	125	14	160	30,5	125	14	345	80
Ist Mat.	dann multipliziere Tabellenwert mit											
weich	1,3		1,2		1,39		1,22		1,39		1,2	
hart	0,8		0,665		0,55		0,87		0,55		0,8	

Beispiel: Ein Gleichstromgehäuse (Fig. 19) bohren. Material: St.G.

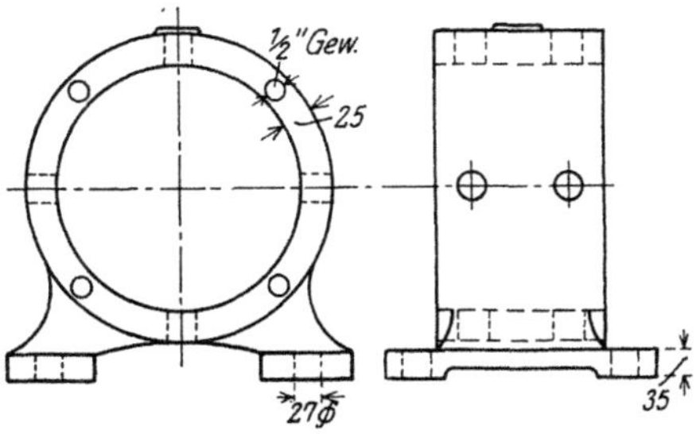

Fig. 19.

a) Bohren der Füße:

4 Befestigungslöcher von 27 mm Durchm. und 35 mm Tiefe nach Anriß bohren und anflächen für Schraubenkopf. Werkzeug: Schnelldrehstahl.

Aufspannen nach Tabelle 19, Rubrik II		15,0 min
$l = 35 + \text{Anschnitt} = 35 + 14 = 49$ mm		
$T = \frac{l}{s} \cdot 4 = \frac{49}{22} \cdot 4 = 10{,}8$ min	$\sim$	11,0 „
4 mal anflächen für Schraubenkopf		2,0 „
8 mal Bohrer wechseln		6,0 „
4 mal nachkörnen nach Anriß		2,0 „

b) 8 Polbefestigungslöcher 20 mm Durchm. und 25 mm tief nach Anriß bohren und anflächen für Schraubenkopf.

Einrichten der Maschine		10,0 „
Gehäuse aufspannen und 4 mal ausrichten, nach Tabelle 19, Rubrik III		40,0 „
$l = 25 + \text{Anschnitt} = 25 + 10 = 35$ mm		
$T = \frac{}{s} \cdot 8 = \frac{35}{24} \cdot 8 =$	$\sim$	12,0 „
8 mal anflächen für Schraubenkopf		4,0 „
8 mal Bohrer wechseln		6,0 „
8 mal nachkörnen nach Anriß		6,0 „
Gehäuse abspannen = 25% der Zeit für Aufspannen und Ausrichten		10,0 „

c) 8 Befestigungslöcher für Lagerschilder 9 mm Durchm., 25 mm tief nach Bohrschablone bohren und Gewinde schneiden.

2 mal aufspannen nach Tabelle 19		16,0 „
2 mal Bohrschablone auflegen à 2 min		4,0 „
$l = 25 + \text{Anschnitt } 25 + 4{,}5 = 29{,}5$ mm		
$T = \frac{l}{s} \cdot 8 = \frac{29{,}5}{29} \cdot 8 =$	$\sim$	8,0 „
	Summa	152 min

Für Bohrer schleifen wurden keine Zeiten eingesetzt, da bei der Bearbeitung von 1 Stück die Werkzeuge nicht geschliffen werden brauchen bzw. von der Werkzeugausgabe geschärft ausgegeben werden sollen.

Die Zeit für das Schleifen der Bohrer hängt von den Betriebsverhältnissen und der Schleifeinrichtung ab.

Tabelle 19.

Zeittabelle für das Aufspannen von Gehäusen auf der Bohrmaschine.

Type DM		10-12	21-23	31-32	41-43	51-53	61-62	71-72	81-82	91-92	101-103	111-113	123-125
I	min	2	2	3	3	5	5	6	6	6	12	18	
II	„	5	5	7	7	10	10	12	12	12	15	15	
III	„												
	kg	10	19,3	25	33	45	65	97	120	160	350	400	
Type G		1/8-1/4	1/2-3/4	1	3	4	4,5	5	6	7	8	9	10
I	min	2	2	3	3	3	3	5	5	5	6	6	12
II	„	5	5	7	7	7	7	7	7	8	10	10	12
III	„	3	3	5	5	10	10	15	15	15	20	20	30
	kg	7	9	25	28	32	55	40	60	75	130	150	250
Type G		11	12	13	14	15	16						
I	min	12	18	18	18	18	18						
II	„	12	15	15	15	18	18						
III	„	30	40	40	40	50	50						
	kg	285	380	460	540	570	810						

I = Aufspannen für Lagerschild-Befestigungslöcher bohren.
II = „ „ Füße bohren.
III = „ „ Pollöcher bohren.

Von obigen Werten ist einzusetzen bei:

2 bis 4 Stück 80%
5 „ 10 „ 70%
11 u. mehr „ 60%

Die Fräsmaschine.

Die Bearbeitungsmöglichkeit auf der Fräsmaschine ist eine derart vielseitige, wie sie sonst auf keiner anderen Werkzeugmaschine erreicht wird.

Fig. 20. Fräsmaschine S. D. U. von Schütte.

Man unterscheidet:

a) Das Langfräsen glatter oder profilierter Flächen.

b) Das Nuten- und Schlitzfräsen auf der Nutenfräsmaschine mittels Fräsbohrer.

c) Das Rundfräsen von glatten und Fassonstücken auf der Rundfräsmaschine.

d) Das Gewindefräsen mit walzenförmigen Gewindefräsern, die die ganze Länge des Gewindes mit einem Schnitt fertigstellen, oder mit Scheibenfräsern (z. B. bei Flachgewinden oder Schnecken), wobei der Fräser den Gewindegang mit einem Schnitt auf seine Tiefe und Fasson fertigstellt.

e) Das Fräsen von Zahnrädern nach dem Teil- oder Abwälzverfahren.

Schnittgeschwindigkeit und Vorschub[1]).

Der erhöhte Kraftverbrauch eines mit hoher Schnittgeschwindigkeit arbeitenden Fräsers sowie dessen höhere Erwärmung und dadurch rascheres Stumpfwerden bedingen der Wirtschaftlichkeit halber, speziell bei Schrupparbeiten, ein Arbeiten mit niedriger Schnittgeschwindigkeit und großem Vorschub, wofür auch der hohe Zeitverlust spricht, der sich durch das öftere Ein- und Ausspannen des Fräsers zum Schleifen ergibt.

Je höher die Schnittgeschwindigkeit ist, desto größer ist bei gleichbleibendem Vorschub der Kraftbedarf, und desto unwirtschaftlicher arbeitet die Maschine.

---

1) Siehe auch Reindl, Schnittgeschwindigkeit und Vorschübe in der Zeitschr. f. prakt. Maschinenbau 1910, Heft 2, S. 55.

Nur für Schlichtarbeiten empfiehlt es sich, da hierbei die Schnitttiefe nur eine geringe ist, eine höhere Schnittgeschwindigkeit bei kleinem Vorschub zu wählen.

Die Schnittgeschwindigkeit ist für Fräser aus Schnellschnitt- oder Werkzeugstahl die gleiche, es ändert sich nur der Vorschub.

Der Vorzug des Fräsers aus Schnellschnittstahl besteht also nicht in der Zulässigkeit höherer Schnittgeschwindigkeit, da auch der Fräser aus Schnellschnittstahl bei hoher Schnittgeschwindigkeit einer stärkeren Erwärmung ausgesetzt ist und dadurch öfter nachgeschliffen werden muß, sondern in der Zulässigkeit größerer Vorschübe und der längeren Schnitthaltigkeit, die ein selteneres Nachschleifen bedingt.

Reichliche Kühlung der Werkzeuge über die ganze Fräsbreite ist beim Fräsen unbedingt erforderlich.

Der Vorschub kann pro Fräserumdrehung (s_1) oder pro min (S) ausgedrückt werden. Derselbe ist vom Spanquerschnitt $q =$ (Fräsbreite $\times$ Frästiefe) und der Stoffzahl des Materials abhängig und wird am besten durch Versuche ermittelt.

Der Vorschub pro Umdrehung des Fräsers ist außer von der Fräsbreite und Frästiefe sowie von der Zähigkeit bzw. Härte des Materials, auch vom Fräserdurchmesser bzw. seiner Zahnteilung abhängig, da bei einem Fräser mit grober Zahnteilung ein kräftigerer Vorschub pro Fräserumdrehung gewählt werden kann, als bei einem feingezahnten Fräser.

Die Größe des Vorschubes ist, wie bereits angeführt, vom Spannquerschnitt und vom Werkstoff bzw. vom Schnittdruck abhängig und kann unter Berücksichtigung der verschiedenen Faktoren[1]) genau bestimmt werden.

Diese Berechnung ist jedoch für die Praxis zu umständlich. Auch können die Vorschübe in so engen Grenzen, wie es die Berechnung ergibt, bei den meisten Fräsmaschinen nicht eingeschaltet werden.

Für den praktischen Gebrauch genügen die in den Tabellen 20 und 23 angeführten, unter der Berücksichtigung von Spannquerschnitt und Werkstoff abgestuften Vorschübe vollkommen. Diesen Tabellen sind die nachstehend angeführten Werte, die sich bei den verschiedenen Versuchen als für den praktischen Gebrauch genügend genau erwiesen haben, zugrunde gelegt.

Die Versuche haben ergeben, daß bei Verwendung von Walzenfräsern aus Werkzeugstahl bei einem Durchmesser von 50 mm, einer Fräsbreite von 50 bis 100 mm und einer Spanntiefe von 2 bis 6 mm, der Vorschub s_1 im Mittel mit 0,275 mm angenommen werden kann.

---

[1]) Siehe Hülle, Die Werkzeugmaschine.

Bei Walzenfräsern aus Schnellschnittstahl ist unter derselben Annahme wie beim Werkzeugstahl $s_1 = 0{,}4$ mm.

Bei Fräsbreiten über 100 bis 200 mm ist s_1 um 20% und über 200 bis 300 mm um 35% kleiner zu wählen als bei Fräsbreiten von 50 bis 100 mm.

In den Tabellen 20 und 23 sind die praktisch erprobten Mittelwerte für den Vorschub pro Minute angegeben. Desgleichen sind in diesen Tabellen die Schnittgeschwindigkeiten für verschiedene Materialsorten und die Umrechnungsfaktoren für die Umdrehungen der Fräser enthalten.

Da sich der Vorschub pro Umdrehung des Fräsers proportional dem Fräserdurchmesser ändert, während sich die minutlichen Umdrehungen des Fräsers umgekehrt proportional zum Fräserdurchmesser verhalten, so bleibt bei Fräsern verschiedener Durchmesser, eine bestimmte Fräsbreite und Frästiefe, sowie gleiches Material und gleiche Schnittgeschwindigkeit vorausgesetzt, der minutliche Vorschub unverändert.

Beispiel: Bei einem Fräser von 50 mm Durchm. sei der Vorschub s_1 mit 0,275 mm bestimmt. Wie groß sind die minutlichen Vorschübe „S" bei Fräsern von 50 und 100 mm Durchmesser?

Die Vorschübe stehen direkt proportional im Verhältnis der Fräserdurchmesser von $50 : 100 = 1 : 2$, folglich ist bei einem Fräser von 100 mm Durchmesser $s_1 = 0{,}275 \cdot 2 = 0{,}55$ mm.

Nach Tabelle 20 ist die minutliche Umdrehungszahl „n" für S.M.St. $= \frac{5000}{\text{Fräserdurchmesser}}$, folglich ist

bei einem Fräser von 50 mm Durchm. $n = \frac{5000}{50} = 100$ und

„ „ „ „ 100 „ „ $n = \frac{5000}{100} = 50$.

Der minutliche Vorschub $S = n \cdot s_1$; demnach ist

bei einem Fräser von 50 mm Durchm. $S = 100 \cdot 0{,}275 = 27{,}5$ mm,

„ „ „ „ 100 „ „ $S = 50 \cdot 0{,}55 = 27{,}5$ „ ,

in beiden Fällen also gleich.

Nach dem Handbuch für Fräserei von Jurthe und Mietzschke wird die Anzahl der Zähne für hinterdrehte Fräser nach der Formel

$$Z = 8 + \left(\frac{d_1 - 20}{7}\right) \quad \text{oder} \quad Z = 7 + \left(\frac{d_1 - 20}{9}\right) \text{ bestimmt.}$$

Ein Fräser von 50 mm Durchm. hat demnach $8 + \left(\frac{50-20}{7}\right) \approx 12$ Zähne.

„ „ „ 100 „ „ „ „ $8 + \left(\frac{100-20}{7}\right) \approx 19$ Zähne.

Der Vorschub pro Zahn ist $\frac{s_1}{Z}$:

bei einem Fräser von 50 mm Durchm. $= \frac{0{,}275}{12} = 0{,}023$ mm,

„ „ „ „ 100 „ „ $= \frac{0{,}55}{19} = 0{,}029$ „ ,

also bis auf die kleine Differenz von 0,006 mm gleich.

Die Laufzeitberechnung.

Die Berechnung der Laufzeit kann auf zweierlei Art erfolgen:

a) Nach Schnittgeschwindigkeit und Vorschub pro Umdrehung des Fräsers.

b) Nach dem Vorschub pro Minute.

a) Nach Schnittgeschwindigkeit und Vorschub pro Umdrehung des Fräsers.

Die Berechnung kann nach der log. Tafel I oder nach folgenden Formeln erfolgen:

1. Für Langfräser

$$T = \frac{(l + y) \cdot d_1 \cdot \pi}{60 \cdot v_1 \cdot s_1} \cdot x\,.$$

2. Für Schlitzefräsen mittels Fräsbohrer

$$T = \frac{l \cdot d_1 \pi}{60 \cdot v_1 \cdot s_1} \cdot x\,.$$

3. Für Rundfräsen

$$T = \frac{d \cdot d_1 \cdot \pi^2}{60 \cdot v_1 \cdot s_1} \cdot x$$

Hierbei ist:

l = Fräslänge in mm,
d = Durchmesser des Arbeitsstückes in mm,
d_1 = Durchmesser des Fräsers in mm,
v_1 = Schnittgeschwindigkeit in mm/sk,
s_1 = Vorschub pro Umdrehung des Fräsers in mm,
x = Anzahl der Schnitte,
y = Zusatzwert für den Anschnitt bzw. Auslauf des Fräsers.

Der Zusatzwert y für den Anschnitt des Fräsers (Tabelle 22) hängt vom Fräserdurchmesser und der Frästiefe ab und wird nach der Formel

$$y = \sqrt{r^2 - (r - x)^2} = \sqrt{d x - x^2}$$

bestimmt.

Der Zusatzwert y für den Auslauf des Stirnfräsers (Messerkopf), Tabelle 22, ist von der Breite des Arbeitsstückes und vom Fräserdurchmesser abhängig und bestimmt sich nach der Formel

$$y = r - 0{,}5\sqrt{4 r^2 - s^2}\,.$$

Es ist:

r = Radius des Fräsers in mm,
s = Fräsbreite des Arbeitsstückes in mm.

b) Nach dem Vorschub pro Minute.

Diese Berechnungsart ist infolge ihrer Einfachheit der Berechnung nach Schnittgeschwindigkeit und Vorschub pro Fräserumdrehung vorzuziehen.

Man hat hierbei nur die Arbeitslänge l + dem Anschnitt- bzw. Auslaufwerte y durch den minutlichen Vorschub S zu dividieren, um die Laufzeit T in min für einen Schnitt zu erhalten.

Die Formel für den minutlichen Vorschub S lautet:

$$S = \frac{v_1 \cdot s_1 \cdot 60}{d_1 \cdot \pi} \quad \text{oder} \quad S = \frac{v_1 \cdot s_1 \cdot 19}{d_1}$$

oder bei bekannten n:

$$S = s_1 \cdot n$$

und für die Laufzeit:

$$T = \frac{l + y}{S}.$$

Die in der Tabelle 20 angegebenen Werte für die Berechnung der Laufzeit nach Vorschub pro min bei Verwendung von Walzenfräsern und Messerköpfen sind Mittelwerte. Bei Verwendung von Hochleistungs-Walzenfräsern lassen sich weit höhere Vorschübe, auch bei großer Schnittiefe, erzielen, als in Tabelle 20 angegeben sind, vorausgesetzt ist kräftige Bauart der Maschine oder Hochleistungs-Fräsmaschine.

Die Größe des Vorschubes ist so von der Härte, Form und Aufspannung des Arbeitsstückes, dann der Bauart der Maschine und dem Genauigkeitsgrad des Arbeitsstückes abhängig, daß eine allgemeingültige Vorschubtabelle nicht aufgestellt werden kann.

Fig. 21. Hochleistungswalzenfräßer. Fa. W. Krause-Wien.

Die in der Tabelle 21 enthaltenen Zusatzwerte y gelten für den Auslauf des Fräsers, bei Verwendung von Stirnfräsern und Messerköpfen.

Tabelle 20.

Vorschub- und Schnittgeschwindigkeitstabelle für Fräsmaschinen bei Verwendung von Walzenfräsern und Messerköpfen:

Material	Schnittgeschwindigkeit m/minutl.						Werkzeugstahl									Schnellschnittstahl								
	Schruppen			Schlichten			Bei einer Fräsbreite von mm									Bei einer Fräsbreite von mm								
							50 bis 100	100 bis 200	200 bis 300	50 bis 100	100 bis 200	200 bis 300	50 bis 100	100 bis 200	200 bis 300	50 bis 100	100 bis 200	200 bis 300	50 bis 100	100 bis 200	200 bis 300	50 bis 100	100 bis 200	200 bis 300
							beträgt der Vorschub pro Minute									beträgt der Vorschub pro Minute								
							bei einer Schnittiefe von						beim Schlichten			bei einer Schnittiefe von						beim Schlichten		
	weich	mittel	hart	weich	mittel	hart	2 bis 6 mm			7 bis 15 mm						2 bis 6 mm			7 bis 15 mm					
Gußeisen . . .	11	9	6—8	14	12	10	19	16	14	14	13	11	23	20	17	27	22	20	20	18	16	35	29	24
Stahlguß . . .	10	9	6—8	13	10	8	17	15	12	12	11	10	22	19	16	24	21	19	19	17	14	32	26	22
Chr.N.St. . . .	9	8	7	12	11	10	15	13,5	12	12	10,5	9	19	16,5	14	21,5	19	16,5	16,5	15	13	27	24	21
Schm.E. S.M.St.	16	14	12	20	18	16	23	20	17	17	15	13	30	25	21	35	30	25	26	23	10	45	38	32
Bronze, Messing	25	20	15	35	30	25	36	30	25	25	23	20	46	40	33	53	46	40	40	35	30	70	60	50
Aluminium . .	75	65	—	90	85	—	150	135	120	120	105	90	190	165	145	215	190	165	165	150	130	280	240	200

Die Umdrehungszahl „n“ des Fräsers ergibt sich durch Division untenstehender Verhältniszahlen durch den Fräserdurchmesser:

Material	Schrupp	Schlicht	Material	Schrupp	Schlicht
Gußeisen	3500	4500	Schm.E., S.M.St. . .	5 000	6 500
Stahlguß	3200	4000	Bronze, Messing . .	9 500	12 000
Chr.N.St.	2850	3930	Aluminium	23 800	28 000

Tabelle 21.

Tabelle über Zusatzwerte für den Auslauf bei Stirnfräsern.

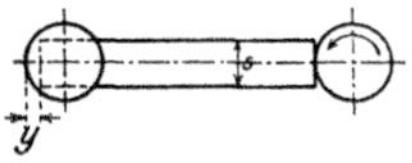

Zusatzwert $y = r - 0{,}5\sqrt{4r^2 - 5^2}$.

	Fräserdurchmesser in mm												
	50	75	100	125	150	175	200	225	250	275	300	325	350
	Zusatzwerte in m/m												
40	10	5,8	4,2	3,5	2,8	2,2	2	—	—	—	—	—	—
60	—	25,8	10	7,5	6,3	5,5	4,6	4	3,5	—	—	—	—
80	—	—	20	14,5	11,5	9,5	8,2	7,5	6,5	6	5,5	—	—
100	—	—	50	25	19,1	15,5	13,2	11,5	10,5	9,5	8,5	8	7
120	—	—	—	44,3	30,1	23,7	20	17	15,5	14	12,5	11,5	10,5
140	—	—	—	—	66,2	34,8	28,5	24,5	21,5	19	17,5	16	15
160	—	—	—	—	—	51,3	40	33,5	29	25,5	23	21	19,5
180	—	—	—	—	—	—	56	44,5	38	33,5	30	27	25
200	—	—	—	—	—	—	100	60,5	50	43	38	34	31
220	—	—	—	—	—	—	—	87	65,5	55	48	42	38,5
240	—	—	—	—	—	—	—	—	90	70	60	52	47,5
260	—	—	—	—	—	—	—	—	—	92	75	65	58
280	—	—	—	—	—	—	—	—	—	—	99	79	70
300	—	—	—	—	—	—	—	—	—	—	150	99	85
320	—	—	—	—	—	—	—	—	—	—	—	132	104
340	—	—	—	—	—	—	—	—	—	—	—	—	133

Fig. 22. Messerkopf.

Tabelle 22.

Wert y für Anschnitt des Fräsers beim 1. Schnitt.

Für den 2. Schnitt sind $^1/_3$ der Werte einzusetzen:

$y = \sqrt{r^2 - (r - x)^2} = \sqrt{dx - x^2}$.

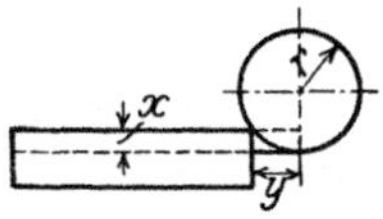

Fräserdurchmesser.

Frästiefe	40	45	50	55	60	65	70	75	80	85	90	95	100	105	110	115	120
2	8,7	9,3	9,75	10,3	10,8	11,2	11,7	12	12,5	12,9	13,3	13,6	14	14,4	14,7	15	15,4
3	10,5	11,3	11,8	12,5	13	13,6	14,2	14,7	15,2	15,7	16,2	16,6	17	17,5	17,9	18,3	18,7
4	12	12,9	13,6	14,3	15	15,6	16,4	17	17,4	18	18,6	18,9	19,6	20,2	20,6	21,2	21,6
5	13	14	15	15,8	16,6	17,3	18	18,7	19,4	20	20,6	21,2	21,8	22,5	22,9	23,4	24
6	14,3	15,3	16,3	17	18	19	19,6	20,4	21	21,8	22,5	23,2	23,8	24,4	25	25,6	26,2
7	15	16,3	17,3	18,3	19	20,2	21	21,8	22,6	23,4	24	24,8	25,5	26	26,9	27,5	28,2
8	16	17,2	18,3	19,4	20,4	21,4	22,3	23,2	24	24,8	25,6	26,4	27,2	27,9	28,6	29,3	30
9	16,7	18	19,2	20,3	21,4	22,5	23,4	24,4	25,3	26,2	27	27,9	28,6	29,3	30,2	30,9	31,6
10	17,3	18,7	20	21,2	22,3	23,5	24,5	25,5	26,5	27,4	28,3	29,2	30	30,8	31,6	32,4	33,2
11	—	19,3	20,7	22	23,2	24,5	25,4	26,5	27,6	28,5	29,5	30,4	31,3	32,2	33	33,8	34,6
12	—	—	21,3	22,7	24	25,2	26,4	27,5	28,6	29,6	30,6	31,6	32,4	33,3	34,2	35,1	36
13	—	—	—	23,4	24,7	26	27,2	28,4	29,5	30,6	31,6	32,6	33,6	34,5	35,6	36,4	37,3
14	—	—	—	—	25,4	26,7	28	29,2	30,4	31,6	32,7	33,6	34,7	35,7	36,7	37,6	38,5
15	—	—	—	—	—	27,4	28,7	30	31,2	32,4	33,5	34,6	35,7	36,8	37,8	38,5	39,7
16	—	—	—	—	—	—	29,4	30,7	32	33	34,5	35,6	36,7	37,7	38,7	39,8	40,8
17	—	—	—	—	—	—	—	31,4	32,7	34	35,2	36,5	37,6	38,6	39,7	40,8	41,9
18	—	—	—	—	—	—	—	—	33,4	34,7	36	37,2	38,5	39,5	40,7	41,8	42,6
19	—	—	—	—	—	—	—	—	—	35,4	36,7	38	39,2	40,5	41,6	42,6	43,7
20	—	—	—	—	—	—	—	—	—	—	37,4	38,7	40	41,2	42,4	43,5	44,7
21	—	—	—	—	—	—	—	—	—	—	—	39,4	40,7	42	43,2	44,4	45,6

Das Nutenfräsen.

Keilnuten können sowohl mittels Scheibenfräser als auch mittels Fräsbohrer hergestellt werden.

Fig. 23. Scheibenfräser.

Bei Verwendung eines Scheibenfräsers kann der Vorschub und die Schnittiefe bedeutend größer genommen werden, als es der Fräsbohrer gestattet.

Es empfiehlt sich daher, alle Nuten, die nicht unbedingt an den Enden ausgerundet sein müssen, mit dem Scheibenfräser herzustellen, oder man fräst die Nuten mit dem Scheibenfräser auf richtige Tiefe und rundet nur die Enden mit dem Fräsbohrer aus.

Bei Verwendung von Scheibenfräsern, deren Breite < 50 mm ist, gilt für den

Vorschub s_1 pro Fräserumdrehung dasselbe wie das unter „Vorschub“ für Walzenfräser Gesagte.

Für die Berechnung des minutlichen Vorschubes S bei hinterdrehten Nutenfräsern gilt:

Bis zu einer Schnittiefe von 3 mm (gute Kühlung der Werkzeuge vorausgesetzt) ist der Vorschub pro Fräserzahn:

für Schnellschnittstahl. . . . . 0,065 mm
„ Werkzeugstahl . . . . 0,05 „

Über 3 mm Schnittiefe vermindert sich der Vorschub im Verhältnis der Schnittiefen $t : t_1$, wobei $t = 3$ mm und $t_1 > 3$ mm ist.

Die Zähnezahl bestimmt sich aus der Formel:

$$z = 8 + \left(\frac{(d_1 - 20)}{7}\right); \text{ oder } 7 + \left(\frac{d_1 - 20}{9}\right); \quad d_1 = \text{Fräserdurchmesser.}$$

Der minutliche Vorschub S ist demnach = Zähnezahl × Vorschub pro Zahn × dem Verhältnis der Schnittiefen × den Umdrehungen pro min.

Die Formel hierfür lautet:

$$S = 8 + \left(\frac{(d_1 - 20)}{7}\right) \cdot \frac{s_1 \cdot t \cdot n}{t_1} \quad \text{oder} \quad s = 7 + \left(\frac{d_1 - 20}{9}\right) \cdot \frac{s_1 \cdot t \cdot n}{t_1}$$

$$= \frac{z \cdot s_1 \cdot t \cdot n}{t_1}.$$

$$n = \frac{v_1 \cdot 60}{d_1 \cdot \pi}.$$

Beispiel. 1. Wie groß ist der minutliche Vorschub S bei einem Fräser (aus Werkzeugstahl) von 100 mm Durchm. bei einer Schnittiefe von 6 mm?

$$V = 15 \text{ m/min}, \quad v_1 = 250 \text{ mm/sk.}$$

Bei 3 mm Schnittiefe ist der Vorschub s_1 pro Fräserumdrehung $= 0{,}05 \cdot Z$. Die Schnittiefen $t : t_1$ stehen im Verhältnis von 3 : 6 mm.

$$n = \frac{250 \cdot 60}{100 \cdot 3{,}14} = 48.$$

$$S = 8 + \left(\frac{100 - 20}{7}\right) \frac{0{,}05 \cdot 3}{6} \cdot 48 = \frac{19 \cdot 0{,}05 \cdot 3}{6} \cdot 48 = \mathbf{23} \text{ mm.}$$

2. Wie groß ist S bei einem Fräser (aus Schnellschnittstahl) von 75 mm Durchm. bei einer Schnittiefe von 4 mm?

$$V = 16 \text{ m/min}, \quad v_1 = 267 \text{ mm/sk}$$

$$n = \frac{267 \cdot 60}{75 \cdot 3{,}14} = 68.$$

Das Verhältnis der Schnittiefen $t : t_1 = 3 : 4$.
Bei einer Schnittiefe von 3 mm ist $S = 0{,}065 \cdot Z$.

$$S = 8 + \left(\frac{75 - 20}{7}\right) \cdot \frac{0{,}065 \cdot 3}{4} \cdot 68 = \frac{16 \cdot 0{,}065 \cdot 3}{4} \cdot 68 = \mathbf{53} \text{ mm.}$$

Bei Verwendung von Fräsbohrern aus Schnellschnitt- oder Werkzeugstahl ist der Vorschub pro Fräserumdrehung = 0,045 mm.

Bei Fräsbohrern ändert sich statt des Vorschubes die Schnittgeschwindigkeit:

V = für Schnellschnittstahl = 35 m/min,
V = „ Werkzeugstahl = 20 „

Die Formeln für die Berechnung der Laufzeiten lauten:

a) Für Scheibenfräser:

$$T = \frac{\text{Länge in mm} + 2 \text{ mal den Zusatzwert für Fräseranschnitt}}{\text{minutlicher Vorschub}} = \frac{l + 2y}{S}.$$

Über Zusatzwerte für Fräseranschnitt siehe Tabelle 22.

b) Für Fräsbohrer:

$$T = \frac{\text{Länge in mm}}{\text{minutlicher Vorschub}} = \frac{l}{S}$$

Die minutlichen Vorschübe und Umdrehungszahlen zur Berechnung der Laufzeiten sind der Tabelle 23 zu entnehmen.

Für das Aufspannen von Wellen kann Tabelle 7 verwendet werden. Für Wellen mit doppelten Nuten ist die Aufspannzeit nur einmal zu rechnen. Für das Umspannen der Welle zum Fräsen der zweiten Nute sind ca. 50% der Werte aus Tabelle 7 zu rechnen.

Tabelle 23.

Vorschübe und Umdrehungen für das Fräsen von Keilnuten bei Verwendung von Fräsern aus Schnellschnitt- und Werkzeugstahl.

Nuten		Fräser Ø	Umdrehungszahlen $n = \frac{4800}{\text{Fräser Ø}}$	Vorschub S pro min in mm für					
				hinterdrehte scheibenförmige Nutenfräser aus		Fräsbohrer aus			
Breite mm	Tiefe mm			Schnell-schnitt stahl	Werkzeug-stahl	Schnell-schnitt-stahl	$n = \frac{11\,127}{\text{Fr. Ø}}$	Werkzeug-stahl	$n = \frac{\text{Fr. Ø}}{6400}$
12	2	65	74	80	60	37	940	21	530
14	3	75	64	80	60	32	816	17	455
16	3						705		400
18	4	100	48	62	48	25	625	13	354
20	4						565		320
22	5	150	32	47	36	22	512	12,5	290
24	5						480		266
26	6	150	32	39	30	19	434	10,5	245
28	6						405		227
30	7	200	24	32	25	18	376	10	213
32	7						354		200
35	8	200	24	28	22	16	322	8,5	182
40	8						283		159

Die in der Tabelle 23 angeführten Werte sind Mittelwerte. Bei kräftiger Konstruktion der Maschine und geeignetem Werkzeuge können weit größere Vorschübe und Schnittiefen gewählt werden.

Mit den von der Firma Albert Kämmerer in Düsseldorf erzeugten sog. Hanseat-Nutenfräsern lassen sich weit höhere Leistungen erzielen, vorausgesetzt ist eine kräftige Bauart der Maschine, da die Keilnuten auch bei großer Tiefe mit nur einem Schnitt fertiggestellt werden können. Die von der Firma herausgegebenen Leistungsangaben (siehe Tabelle 23 a für Hanseat-Nutenfräser lauten:

Tabelle 24.

Zeittabelle

Formel für die Laufzeitberechnung: $= \frac{\text{Länge}}{10} \times$ der Zeit für

Wellen-durchm.	Keilnuten mm	Umdrehungen der Fräser pro min			Spantiefe		
		Ch.N.St.	Bronze Messing GrauG.	S.M.Fl. S.M.St. Temp.G. StahlG.	Ch.N.St.	Bronze Messing GrauG.	S.M.Fl. S.M.St. Temp.G. StahlG.
10 bis 12	5 × 2,25	800	1200	1000	0,6	0,65	0,55
14	6 × 2,5	666	1000	833	0,7	0,65	0,6
16 „ 18	6 × 3	666	1000	833	0,7	0,65	0,6
20 „ 24	7 × 3,5	571	857	714	0,7	0,7	0,6
26 „ 28	8 × 3,5	500	750	625	0,7	0,7	0,6
30 „ 34	10× 4	400	600	500	0,8	0,8	0,65
36 „ 44	11 × 4,5	362	545	454	0,8	0,85	0,65
46	12 × 4,5	333	500	416	0,8	0,9	0,65
48	12 × 5	333	500	416	0,8	0,9	0,65
50 „ 55	13 × 5	307	461	384	0,8	1,0	0,65
56	15 × 5	266	400	333	0,8	1,2	0,65
58 „ 60	15 × 5,5	266	400	333	0,8	1,2	0,65
62	16 × 4,5	250	373	312	0,8	1,3	0,65
64	16 × 5,5	250	373	312	0,8	1,3	0,65
65	16 × 6	250	373	312	0,8	1,3	0,65
66	17 × 4	235	352	294	0,8	1,5	0,65
70 „ 76	18 × 6	222	333	277	0,8	1,5	0,65
78	20 × 7	200	300	250	0,8	1,5	0,65
80	20 × 8	200	300	250	0,8	1,5	0,65
85	21 × 8,5	190	295	238	0,8	1,5	0,65

Tabelle 23a.

Nutenbreite mm	Spannhöhe mm	Umdrehungen		Vorschub pro min	
		Spezialstahl	Schnelldrehstahl	Spezialstahl mm	Schnelldrehstahl mm
5	1,75 bis 3,5	1000	2550	50 bis 100	125 bis 250
8	2,75 „ 5,5	625	1600	30 „ 60	80 „ 160
10	3,25 „ 6,5	500	1300	25 „ 50	65 „ 130
15	5 „ 10	340	850	17 „ 35	40 „ 85
20	7 „ 14	250	635	12 „ 25	30 „ 65
25	9 „ 18	200	510	10 „ 20	25 „ 50
30	10 „ 20	170	425	8 „ 17	20 „ 40
40	14 „ 28	125	320	6 „ 13	16 „ 32
50	17 „ 34	100	255	5 „ 10	13 „ 26
60	20 „ 40	85	210	4 „ 8	11 „ 22

Tabelle 24.

ür Keilnutenfräsen.

10 mm Fräslänge.

Vorschub pro min			Zeit in min für 10 mm Fräslänge und Frästiefe der Rubrik 2		
Ch.N.St.	Bronze Messing GrauG.	S.M.Fl. S.M.St. TempG. StrahlG.	Ch.N.St.	Bronze Messing GrauG.	S.M.Fl. S.M.St. Temp.G. StahlG.
26	80	80	1,53	0,63	0,63
26	80	80	1,53	0,63	0,63
26	80	80	1,95	0,63	0,75
26	80	80	2,30	0,75	0,75
26	80	80	2,30	0,75	0,75
46	140	80	1,25	0,43	0,88
46	140	80	1,25	0,43	0,88
46	140	80	1,52	0,43	0,88
46	140	80	1,52	0,43	1,0
46	140	80	1,52	0,43	1,0
46	140	80	1,52	0,36	1,0
46	140	80	1,52	0,36	1,12
46	140	80	1,25	0,29	0,88
46	140	80	1,52	0,36	1,12
46	140	80	1,74	0,36	1,25
46	140	80	1,25	0,22	0,88
46	140	80	1,74	0,36	1,25
46	140	80	1,95	0,36	1,38
46	140	80	2,16	0,43	1,63
48	140	80	2,40	0,43	1,75

Auch die Firma Grosset & Co. in Ottensen bei Hamburg bringt Fräsbohrer auf den Markt, die die Nuten in einem Schnitt mit 80 bis 150 mm Vorschub pro min fertigstellen.

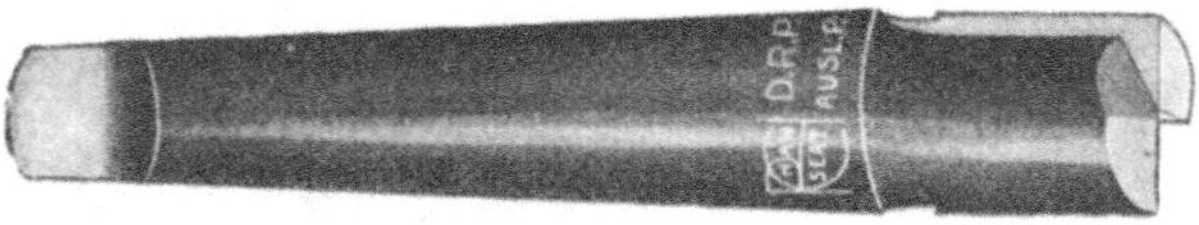

Fig. 24. Nutenfräser von Grosset & Co.

Für Nutenfräsmaschinen mit automatischer Zuspannung ist die Tabelle 23 nicht gültig; hierfür ist die Charakteristik der Maschine auf Vorschub und Umdrehungen aufzunehmen und eine Tabelle nach Muster 24 anzufertigen.

Beispiele:

1. Eine Keilnute 26 × 6 × 150 mm mit einem Scheibenfräser fräsen.

$$T = \frac{l + 2y}{S}.$$

y = nach Tabelle 22 bei 6 mm Frästiefe und 150 mm Fräserdurchmesser nach der Formel

$$y = \sqrt{r^2 - (r - x)^2} = \sqrt{75^2 - (75 - 6)^2} = 29 \text{ mm}.$$

S = nach Tabelle 23 = 39 mm.

$$T = \frac{150 + 58}{39} = \frac{208}{39} = \mathbf{5{,}5} \text{ min}.$$

2. Eine Keilnute 13 × 5 × 80 mm in eine Welle aus Ch.N.St. mit einem Fräsbohrer fräsen.

Nach Tabelle 24 ist

$$T = \frac{\text{Länge der Nute in mm} \times \text{der Zeit für 10 mm Fräslänge}}{10} = \frac{80 \cdot 1{,}52}{10} = \mathbf{12} \text{ min}.$$

Die Zeiten obiger Beispiele verstehen sich ohne alle Nebenarbeiten, wie Maschine einrichten, Welle ein- und ausspannen, Schnitt anstellen usw.

Das Rundfräsen.

Das Rundfräsen wird speziell bei Fasson- und jenen Stücken angewandt, bei denen mittels eines Fasson- oder Satzfräsers zwei oder mehrere Flächen zu gleicher Zeit bearbeitet werden können und ein Mann mehrere Maschinen zu bedienen imstande ist (z. B. den Außendurchmesser und zwei Seiten am Radkranz bei einem Stirnrade fräsen).

Die Formel für die Berechnung der Laufzeit lautet:

$$T = \frac{d \cdot \pi + y}{S}.$$

Die Werte für y siehe Tabelle 22.

Die Werte für S siehe Tabelle 20.

Für das Einrichten der Maschine kann in der Regel durchschnittlich ca. 45 min angenommen werden.

Beispiel. Ein gußeisernes Stirnrad 300 mm Durchm. und 35 mm Breite, die Höhe des Kranzes = 20 mm, mit 2 Schnitten fräsen.

Auf- und Abspannen	5 min
Maschine einrichten	45 „
1. Schnitt: $T = \frac{300 \cdot 3{,}14 + 35}{27}$	36 „
2. Schnitt: $T = \frac{300 \cdot 3{,}14 + 35}{35}$	28 „
Summa	**114** min

Bei Anfertigung einer größeren Stückzahl ist die Einrichtzeit durch die Stückzahl zu teilen; so beträgt z. B. bei 50 Stück Stirnrädern für obiges Beispiel die Einrichtzeit $\frac{45}{50} = 0{,}9$ min pro Stück.

Die Gesamtlaufzeit für obiges Beispiel würde demnach bei Anfertigung von 50 Stück statt 114 min = $\sim$ 87 min betragen.

Das Fräsen von Spitzgewinde, Flachgewinde und Schnecken.

a) Mit walzenförmigem Gewindefräser (Gewindelänge und Tiefe in einem Schnitt).

Die Konstruktion der meisten Gewindefräsmaschinen mit direktem Riemenantriebe auf die Arbeitsspindel gestattet nicht den Vorschub pro min bei allen Durchmessern der Arbeitsstücke konstant zu wählen, da bei den meisten Gewindefräsmaschinen im günstigsten Falle für den Vorschub bzw. für die Umdrehungen der Arbeitsspindel nur drei Geschwindigkeiten vorgesehen sind.

Dasselbe gilt auch für die Schnittgeschwindigkeit des Fräsers.

Eine Ausnahme hiervon bilden die Gewindefräsmaschinen der Wanderer-Werke, Pratt & Whithney und W. Hilbert & Co., die nebst den verschiedenen Geschwindigkeiten für den Fräser 54 bis 64 verschiedene Vorschübe bzw. Umdrehungen der Arbeitsspindel aufweisen, so daß

Fig. 25. Fräsmaschine von W. Hilbert & Co.

man in der Lage ist, Arbeitsstücke mit dem größtzulässigen Durchmesser genügend langsam und Arbeitsstücke bis zum zulässigen kleinsten Durchmesser herunter entsprechend schnell laufen zu lassen.

Zwecks Anfertigung von Tabellen für Maschinen mit direktem Riemenantrieb auf die Fräserspindel (siehe Fig. 25) ist es deshalb notwendig, die Charakteristik der Gewindefräsmaschinen auf Umdrehungen der Fräserspindel und der Zeit in min für eine Umdrehung der Arbeitsspindel auf allen Stufenscheiben aufzunehmen.

Fig. 26. Gewindefräser von Schütte.

Tabelle 25 zeigt, wie derartige Tabellen angefertigt werden können. Die praktisch erprobten minutlichen Vorschübe für die erstgenannten Maschinen können hierbei für die verschiedenen Materialien und Durchmesser wie folgt angenommen werden.

Minutliche Vorschübe für

St.G., Ch.N.St. und S.M.St. über 80 kg Festigkeit	S.M.St. und S.M.Fl. bis 80 kg Festigkeit	T.G., G.E. und Br.G.	M.G. und Messing
39 bis 94 mm	52 bis 112 mm	52 bis 112 mm	52 bis 140 mm

b) Mit Scheiben- oder Modul- bezw. Profilfräsern.

Zur Herstellung von Flachgewinden und Schnecken werden Scheiben- bzw. Profilfräser verwendet. Die Größe der Schnittgeschwindigkeit kann aus der Tabelle 20 und der Zusatzwert für den Anschnitt des Fräsers aus der Tabelle 22 entnommen werden.

Diese Arbeitsmethode eignet sich besonders für Serien oder Massenfabrikation und stellt sich, unter der Annahme daß ein Arbeiter mehrere Maschinen bedient, wesentlich billiger als die Herstellung auf der Drehbank.

Bei der Einzelfabrikation ist das Fräsen von Flachgewinden oder Schnecken nur dann rentabel, wenn für die betreffende Teilung bereits ein Fräser vorhanden ist.

Die Berechnung der Laufzeit ist für Flachgewinde und Schnecke gleich und erfolgt nach der Formel 1:

$$T = \frac{d \cdot \pi \cdot (l + y)}{S \cdot t}.$$

Tabelle 25.

Gewindefrästabelle für Fräsmaschinen von Hilbert & Co.

Zeit für eine Umdrehung der Arbeitsspindel in min auf:

Stufe C = 1,5
„ B = 2,33
„ A = 4

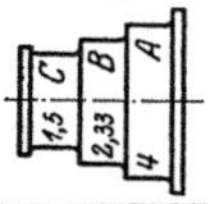

Durchm. des Arbeitsstückes in mm	Min.-Vorschub auf Stufenscheibe			Die Bearbeitung erfolgt bei					Die Zeit in min beträgt bei				
				St.G.	T.G. S.M.St. G.E.	Sch. E.	Br. G.	Mess.					
	a	b	c	auf Stufenscheibe					St.G	T.G. S.M.St. G.E.	Schm. E.	Br. G.	Mess.
25	19,5	33,5	52	b	c	c	c	c	2,33	1,5	1,5	1,5	1,5
30	23,4	39,8	42,5	b	c	c	c	c	2,33	1,5	1,5	1,5	1,5
35	27,5	46,6	73,5	b	c	c	c	c	2,33	1,5	1,5	1,5	1,5
40	31,3	53	83	b	c	c	c	c	2,33	1,5	1,5	1,5	1,5
45	35,5	60,8	95	b	c	c	c	c	2,33	1,5	1,5	1,5	1,5
50	39	66,5	104	b	b	b	b	c	2,33	2,33	2,33	2,33	1,5
55	43	74	124,3	a	b	b	b	c	4	2,33	2,33	2,33	1,5
60	47	80	126	a	b	b	b	b	4	2,33	2,33	2,33	2,33
65	50,5	87	136	a	b	b	b	b	4	2,33	2,33	2,33	2,33
70	55	94	148	a	b	b	b	b	4	2,33	2,33	2,33	2,33
75	58,7	100	156	a	b	b	b	b	4	2,33	2,33	2,33	2,33
80	62,5	107	166	a	a	a	a	b	4	4	4	4	2,33
85	66,5	114	176	a	a	a	a	b	4	4	4	4	2,33
90	70	120	188	a	a	a	a	b	4	4	4	4	2,33
95	74,5	127	198	—	a	a	a	a	—	4	4	4	4
100	78	134	208	—	a	a	a	a	—	4	4	4	4

Umdrehungen des Fräsers pro min auf:

Stufe A = 380
„ B = 240
„ C = 170.

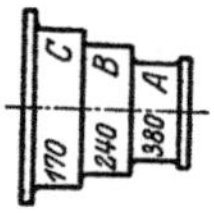

Bei Fräserdurchmesser von												
Fräserdurchm.	20	25	30	35	40	45	50	55	60	65	70	75
ist die Schnittgeschwindigkeit in m/min												
Stufe a . . .	23,8	29	38,8	41,5	47,5	53,5	59,9	65,6	71,3	77,5	83	89,5
„ b . . .	15	18,8	22,6	26,3	30	33,9	37,6	41,5	45	49	52,5	56,2
„ c . . .	10,6	13,4	16	18,6	21,25	24	26,6	29,4	31,8	34,75	37,3	40

bei	Die Schnittgeschwindigkeit kann gewählt werden auf Stufe											
Stahlguß . .	b	c	c	c	c	c	—	—	—	—	—	—
T.G., S.M.St., G.E., Schm.E.	b	b	b	c	c	c	c	—	—	—	—	—
Bronzeguß .	a	b	b	c	c	c	c	c	—	—	—	—
Messing . .	a	a	b	b	b	c	c	c	c	—	—	—

Hierbei ist:

d = äußerer Durchmesser des Arbeitsstückes in mm,

l = Gewindelänge in mm,

y = Anschnittswert (aus Tabelle 22),

t = bei einem Flachgewinde gleich der Steigung, bei einer Schnecke gleich der Teilung = (Modul · π),

S = Vorschub pro min.

Auch bei zwei- bzw. drei- oder mehrgängigen Flachgewinden oder Schnecken ist nicht die Steigung, die bei eingängigen gleich der Teilung, bei zweigängigen gleich der doppelten und bei dreigängigen gleich der dreifachen Steigung ist, in die Formel einzusetzen, sondern nur die Teilung.

Bei Einsetzung der Werte bei einem mehrgängigen Gewinde für die Gängigkeit und Steigung müßte die Formel 2 lauten:

$$T = \frac{d \cdot \pi (l + y) \cdot x}{S \cdot St},$$

wobei

x = Gängigkeit (zwei- oder mehrgängig),

St = Steigung (Modul · π · Gängigkeit)

bedeutet.

Da aber der Wert aus Formel 2

$$\frac{(l + y) \cdot x}{S \cdot St}$$

gleich ist dem Werte aus Formel 1

$$= \frac{(l + y)}{t},$$

so kann der Einfachheit halber auch bei einem mehrgängigen Gewinde nach der Formel 1 gerechnet werden.

Beispiel zur Berechnung der Laufzeit nach der Formel 1 und 2 für einen Schnitt bei einer dreigängigen Schnecke aus S.M.St., Durchm. = 150 mm, Länge = 200 mm, Modul = 16.

Für Modul 16 ist der Fräserdurchmesser = 160 mm.

Die Schnittgeschwindigkeit des Fräsers sei 16 m/min = 266 mm/sk, und die minutlichen Umdrehungen:

$$n = \frac{v_1 \cdot 60}{d_1 \cdot \pi} = \frac{266 \cdot 60}{160 \cdot 3{,}14} = 32\,.$$

Die Gangtiefe ist:

$$\text{Mod.} \cdot 2{,}167 = 16 \cdot 2{,}167 = 34{,}67 \text{ mm}\,.$$

Bei einer Frästiefe von 34,67 mm (den Fräser aus Werkzeugstahl angenommen) ist der Vorschub pro Umdrehung des Fräsers = 0,25 mm und der minutliche Vorschub:

$$S = s_1 \cdot n = 0{,}25 \cdot 32 = 8 \text{ mm}\,,$$
$$t = \text{Mod.}\,\pi = 16 \cdot 3{,}14 = 50{,}25 \text{ mm}\,,$$
$$St = \text{Mod.}\,\pi \cdot 3 = 16 \cdot 3{,}14 \cdot 3 = 150{,}75 \text{ mm}\,,$$
$y =$ bei 160 mm Fräserdurchmesser nach der Formel der Tabelle 22
$$= \sqrt{r^2 - (r - x)^2} = \sqrt{80^2 - (80 - 34{,}6)^2} = 62 \text{ mm}.$$

Die Werte in Formel 1 eingesetzt ergeben:

$$T = \frac{150 \cdot 3{,}14 \cdot (200 + 62)}{8 \cdot 50{,}25} = \frac{150 \cdot 3{,}14 \cdot 262}{8 \cdot 50{,}25\,,} = 295 \text{ min}$$

und nach Formel 2:

$$T = \frac{150 \cdot 3{,}14\,(200 + 62) \cdot 3}{8 \cdot 150{,}75} = \frac{150 \cdot 3{,}14 \cdot 262 \cdot 3}{8 \cdot 150{,}75} = 295 \text{ min.}$$

Das Resultat ist also in beiden Fällen gleich.

Tabelle 26.

Vorschübe pro min beim Fräsen von Schnecken- und Flachgewinden aus S.M.St., 60 bis 70 kg Festigkeit.

Fräser aus Schnellschnittstahl.

Modul	Zahntiefe	Anzahl der Schnitte	Frästiefe und Vorschub: 1. Schnitt: Frästiefe mm	1. Schnitt: Vorschub mm	2. Schnitt: Frästiefe mm	2. Schnitt: schub mm	3. Schnitt: Frästiefe mm	3. Schnitt: Vorschub mm	Schnitte anstellen u. messen pro Gang	Auf- und Abspannen	Einrichten der Maschine
1	2,17	1	2,17	65	—	—	—	—	1,5	3	
2	4,33	1	4,33	52	—	—	—	—	1,5	3	
3	6,55	1	6,55	41,6	—	—	—	—	1,5	3	
4	8,67	1	8,67	32,5	—	—	—	—	1,5	3	
5	10,83	1	10,83	26	—	—	—	—	1,5	3	
6	13	1	13	20,8	—	—	—	—	1,5	3	
7	15,17	2	12	18,2	5,17	26	—	—	3	5	
8	17,32	2	12	15,6	5,32	23,4	—	—	3	5	
9	19,5	2	14	14,3	5,5	20,8	—	—	3	5	
10	21,37	2	14	13	6,67	18,2	—	—	3	5	
11	23,88	2	14	12,35	9,88	15,6	—	—	3	5	45 min
12	26	2	15	11,7	11	15,6	—	—	3	5	
13	28,17	3	15	11	11	14,3	4,17	19,5	5	8	
14	30,33	3	15	11	11	14,3	4,33	18,2	5	8	
15	32,5	3	15	10,4	13	13	4,5	16,9	5	8	
16	34,67	3	16	10,4	13	13	5,67	15,6	5	8	
17	36,83	3	17	9,75	13	11,7	6,83	15,6	6	8	
18	39	3	18	9,75	13	11,7	8	14,3	6	8	
19	41,17	3	19	9,1	14	10,4	8,17	14,3	6	8	
20	43,33	3	20	9,1	14	10,4	9,33	13	6	8	

Für Flachgewinde ist der Vorschub gleichfalls den Tabellen 26 und 27 zu entnehmen, wobei für die Größe des Vorschubes die Gewindetiefe maßgebend ist.

Flachgewinde unter 4 mm Steigung bzw. unter 2 mm Gewindetiefe werden in der Regel nur bei kurzen Gewinden verwendet und mit walzenförmigen Gewindefräsern, selten mit Scheibenfräsern hergestellt. Im letzteren Falle beträgt der minutliche Vorschub ca. 40—45 mm.

Tabelle 27.

Vorschübe pro min beim Fräsen von Schnecken- und Flachgewinden aus S.M.St., 60 bis 70 kg Festigkeit.

Fräser aus Werkzeugstahl.

Modul	Zahntiefe	Anzahl der Schnitte	Frästiefe und Vorschub bei 1. Schnitt: Frästiefe mm	1. Schnitt: Vorschub mm	2. Schnitt: Frästiefe mm	2. Schnitt: Vorschub mm	3. Schnitt: Frästiefe mm	3. Schnitt: Vorschub mm	Schnitte anstellen u. messen pro Gang	Auf- und Abspannen	Einrichten der Maschine
1	2,17	1	2,17	50	—	—	—	—	1,5	3	45 minu
2	4,33	1	4,33	40	—	—	—	—	1,5	3	
3	6,55	1	6,55	32	—	—	—	—	1,5	3	
4	8,67	1	8,67	25	—	—	—	—	1,5	3	
5	10,83	1	10,83	20	—	—	—	—	1,5	3	
6	13	1	13	16	—	—	—	—	1,5	3	
7	15,17	2	12	14	5,17	20	—	—	3	5	
8	17,32	2	12	12	5,32	18	—	—	3	5	
9	19,5	2	14	11	5,5	16	—	—	3	5	
10	21,67	2	14	10	6,67	14	—	—	3	5	
11	23,88	2	14	9,5	9,88	12	—	—	3	5	
12	26	2	15	9	11	12	—	—	3	5	
13	28,17	3	15	8,5	11	11	4,17	15	5	8	
14	30,33	3	15	8,5	11	11	4,33	14	5	8	
15	32,5	3	15	8	13	10	4,5	13	5	8	
16	34,67	3	16	8	13	10	5,67	12	5	8	
17	36,83	3	17	7,5	13	9	6,83	12	6	8	
18	39	3	18	7,5	13	9	8	11	6	8	
19	41,17	3	19	7	14	8	8,17	11	6	8	
20	43,33	3	20	7	14	8	9,33	10	6	8	

1. Beispiel: Auf einer Spindel von 45 mm Durchm. soll auf 150 mm Länge ein Gewinde von 6 Gang pro Zoll gefräst werden. Material: S. M. St., 60 kg Festigkeit.

6 Gang pro Zoll entspricht einer Steigung von $\frac{25,4}{6} = 4,233$ mm.

Die Frästiefe ist: $\frac{\text{Steigung}}{2} = \frac{4,233}{2} = 2,116$ mm.

Den Fräser aus Schnellschnittstahl mit 70 mm Durchm. angenommen.

$n =$ bei 16 m/min = 266 mm/sk Schnittgeschwindigkeit $= \frac{v_1 \cdot 60}{d_1 \cdot \pi} = \frac{266 \cdot 60}{70 \cdot 3{,}14} = 73.$

$S =$ nach Tabelle 26 = 35 mm + 30% = 47 mm.

$y =$ nach Tabelle 22 = 18 mm.

$T = \frac{45 \cdot 3{,}14\,(150 + 18)}{47 \cdot 4{,}233} = \ldots\ldots\ldots\ldots$	∽ 119 min
Maschine einrichten	45 „
Schnitt anstellen und messen	1,5 „
Auf- und Abspannen	3 „
Summa	168,5 min

Bei Anfertigung von x gleichen Stücken ist die Einrichtzeit durch die Stückzahl zu dividieren.

2. Beispiel: 100 Stück zweigängige Schnecken Mod. 10, 100 mm Durchm., 150 mm lang, mit 2 Schnitten fräsen. Material: S.M.St., 70 kg Festigkeit.

Für Mod. 10 ist der Fräserdurchmesser 120 mm (Werkzeugstahl angenommen).

Die Schnittgeschwindigkeit ist 16 m/min = 266 mm/sk.

$$n = \frac{v_1 \cdot 60}{d_1 \cdot \pi} = \frac{266 \cdot 60}{120 \cdot 3{,}14} = 42{,}5\,.$$

$S =$ bei einer Gangtiefe von 21,67 mm nach Tabelle 27 für den 1. Schnitt = 10 mm und für den 2. Schnitt = 15 mm.

$t =$ Mod. $\cdot\, \pi = 10 \cdot 3{,}14 = 31{,}4$ mm.

$y =$ nach Tabelle 22 für den 1. Schnitt = 38 mm, für den 2. Schnitt = 28 mm.

Laufzeit für den 1. Schnitt:	
$T = \frac{100 \cdot 3{,}14 \cdot (150 + 38)}{10 \cdot 31{,}4} = \ldots\ldots\ldots\ldots$	188 min
Laufzeit für den 2. Schnitt:	
$T = \frac{100 \cdot 3{,}14\,(150 + 28)}{13 \cdot 31{,}4} = \ldots\ldots\ldots\ldots$	∽ 137 „
Einrichten der Maschine = 45 min und pro Stück $\frac{45}{100}$	0,45 „
Schnitte anstellen pro Gang 3 min	6 „
Auf- und Abspannen	5 „
Summa pro Stück	336,45 min

Das Zahnradfräsen.

Das Fräsen von Zahn- bzw. Stirnrädern kann auf zweierlei Art:

a) nach dem Teilverfahren,

b) nach dem Abwälzverfahren

ausgeführt werden. Beide Arten der Bearbeitung sind voneinander grundverschieden.

Während man nach dem Teilverfahren scheibenförmige Profil- oder Modulfräser verwendet, müssen für das Fräsen nach dem Abwälzverfahren schneckenförmige Fräser verwendet werden.

a) Das Teilverfahren:

Bei diesem Arbeitsverfahren steht das zu fräsende Rad während des Fräsens still, der Profil- oder Modulfräser schiebt sich um einen bestimmten Vorschub pro Umdrehung des Fräsers vor, fräst hierbei die Zahnlücke aus und geht hierauf automatisch in seine Anfangsstellung zurück. Das Rad dreht sich nun gleichfalls automatisch um eine Teilung weiter, worauf die nächste Zahnlücke ausgefräst wird usw.

Die Berechnung der Laufzeit erfolgt genau wie beim Fräsen von Flächen nach der Formel:

$$T = \frac{\text{Länge in mm}}{\text{Vorschub pro min}}.$$

Zu der Länge = Zahnbreite, muß noch der Zusatzwert y für den Anschnitt des Fräsers aus der Tabelle 22 oder nach der Formel

$$\sqrt{r^2 - (r - x)^2} = \sqrt{d\,x - x^2}$$

hinzugerechnet werden.

Die Formel für die Laufzeitberechnung eines Zahnrades lautet:

$$T \text{ in min} = \frac{(\text{Zahnbreite} + \text{Zusatzwert}) \times \text{Zähnezahl}}{\text{minutl. Vorschub.}} \cdot \text{Schnitte} + (\text{Zeit für Rücklauf und Schaltung pro Zahn} \times \text{Zähnezahl}).$$

Die Anzahl der Schnitte richtet sich nach der Härte des Materials und nach der Genauigkeit des Rades.

Für Modul 1 bis 5 genügt in der Regel ein Schnitt, nur wenn auf geräuschlosen Gang und hohe Tourenzahl Rücksicht genommen werden muß, ist ein zweiter Schnitt zu nehmen, bzw. müssen die Zähne auf der Stirnradhobelmaschine fertig gehobelt werden.

Die Größe des Vorschubes S ist aus der Tabelle 28 zu entnehmen. Bei größeren Profilen, bei denen, um das Profil des Modulfräsers zu schonen, ein Zahnformvorfräser benutzt wird, ist, wenn derselbe mit dem Fertigfräser parallel arbeitet, der in der Tabelle 28 angegebene minutliche Vorschub um ca. 20% niedriger zu wählen.

Für Rücklauf und Schaltung sind die Zeiten an der Maschine abzunehmen, da diese nicht bei allen Maschinen gleich sind und von der Konstruktion der Maschine abhängen.

Tabelle 28.

Tabelle für Vorschübe beim Fräsen von Zahnrädern

Fräser aus Wz.St. in S.M.St. und St.G.

Modul	Fräser-durchm.	Zahn-tiefe in mm	1. Schnitt: Frästiefe in mm	Zusatzwert mm	Vorschub mm/min	2. Schnitt: Frästiefe mm	Zusatzwert mm	Vorschub mm/min
1	40	2,17	2,17	9	80	für den 2. resp. Schlichtschnitt 0,5 mm	—	95
1,25	40	2,71	2,71	10	80		—	95
1,5	45	3,25	3,25	11,5	80		—	95
1,75	50	3,97	3,97	13,5	80		—	95
2	55	4,33	4,33	14,5	74		—	90
2,25	55	4,87	4,87	16	67		—	80
2,5	60	5,42	5,42	17	59		—	70
2,75	60	5,96	5,96	18	54		—	65
3	65	6,5	6,5	19	45		—	54
3,25	65	7,04	7,04	20	42		—	50
3,5	70	7,58	7,58	21,5	38		—	45
3,75	70	8,13	8,13	22,5	34		—	42
4	75	8,67	8,67	23,5	34		—	41
4,25	75	9,21	9,21	24,5	32		—	38
4,5	80	9,75	9,75	26	29		—	35
4,75	80	10,29	10,29	26,5	27		—	32
5	85	10,83	10,83	28,5	25		—	30
5,5	85	11,9	11,9	29,6	23		—	27
6	90	13	13	31,6	21		—	25
7	95	15,2	13	32,6	21	2,2	17	23
8	100	17,32	13	33,6	20	4,32	20	22
9	105	19,5	13	34,5	20	6,5	25	22
10	120	21,67	13	37,3	19	8,67	31	21
11	130	23,88	13	38,8	19	10,88	36	20
12	135	26	13	40	18,5	13	40	19
13	145	28,17	13	41,6	18,5	13	41,6	18
14	145	30,33	13	41,8	18,5	13	41,6	18
15	155	32,5	13	43	18,5	13	43	17
16	160	34,67	13	43,5	18,5	13	43,5	17
17	170	36,83	13	45,2	18	13	45,2	16
18	175	39	13	45,8	18	13	45,8	15
19	180	41,17	14	48,4	16,5	14	48,4	13
20	185	43,33	16	51,4	14,5	14	48,5	11

Muß jedoch das Zurückkurbeln und Umschalten von Hand erfolgen, so können hierfür ca. 30 bis 40% der Zeit die für das Fräsen errechnet wurde, eingesetzt werden.

Die Schnittgeschwindigkeit ist für Fräser aus Schnellschnittstahl oder Werkzeugstahl die gleiche, es ändert sich nur der Vorschub.

Die Größe der Schnittgeschwindigkeit ist in der Tabelle 30 für schneckenförmige Zahnradfräser enthalten.

Für die minutlichen Umdrehungszahlen des Fräsers bei Verwendung von Schnellschnitt- oder Werkzeugstahl gilt bei Bearbeitung von:

Tabelle 28.

nach dem automatischen Teilverfahren

bis 65 kg Festigkeit. $V = 12$ m/min

Frästiefe mm	3. Schnitt: Zusatzwert mm	Vorschub mm/min	Rücklauf u. Umschaltzeit pro Schnitt	Einrichten der Masch. in min	Für jed. weitere Einstellen auf Frästiefe
2,17	17	18	pro 10 mm Fräslänge 5 sec	35 50 inkl. erstmaliges Einstellen auf Frästiefe	3 min 4 min
4,33	25	18			
6,5	30,8	17			
8,67	31,7	17			
10,83	41,2	16			
13	45,8	15			
13,17	45,8	13			
13,33	48	11			

Schnittgeschwindigkeit in m/min bei		Der Vorschub für obige Materialien ist: Tabellenwert × Konstante.	Konstante
Bronze	20		1,665
Ch.N.St.,S.M.St. über 60kg	9		0,75
G.E.	15		1,25

Ch.N.St. und S.M.St. über 65 kg Festigkeit $n = \frac{2850}{\text{Fräserdurchm.}}$

G.E. . . . . $n = \frac{4800}{\text{Fräserdurchm.}}$

St.G. und S.M.St. bis 60 kg Festigkeit . . $n = \frac{3840}{\text{Fräserdurchm.}}$

Bronze . . . . $n = \frac{6400}{\text{Fräserdurchm.}}$

Bei Verwendung von Fräsern aus Schnellschnittstahl gilt für den Vorschub Tabellenwert + 30%.

Tabelle 29 enthält Zeiten in min für das Aufspannen und Ausrichten von Stirn- und Kegelrädern bei Anfertigung von 1 bis 5 Stück.

Tabelle 29.

Zeittabelle in min für das Auf- und Abspannen von Zahnrädern.

Durchm. bis	Zahnbreite 30	40	50	60	70	80	90	100	
100	3	3	3	—	—	—	—	—	
200	4	4	4	5	—	—	—	—	ohne Kr.
300	5	5	5	6	6	—	—	—	
400	6	6	6	7	7	7	10	—	
500	7	7	7	8	10	10	11	11	
600	—	8	10	10	11	11	12	12	
700	—	10	11	11	12	12	14	14	
800	—	11	12	12	14	14	16	16	
900	—	12	14	14	16	16	18	18	
1000	—	—	16	16	18	18	20	20	mit Kran
1100	—	—	18	18	20	20	22	22	
1200	—	—	20	20	22	22	24	24	
1300	—	—	22	22	24	24	26	26	
1400	—	—	24	24	26	26	28	28	
1500	—	—	26	26	28	28	30	30	

Von obigen Tabellenwerten sind einzusetzen:

Bei Anfertigung von 6 bis 10 Stück 80%
Über 10 Stück . . . . 70%.

Für das Aufspannen auf Maschinen mit Horizontaltisch sind 70% des Tabellenwertes einzusetzen.

Beispiele für die Berechnung der Bearbeitungszeit nach Tabelle 28 und 29.

1. Beispiel: Ein Stirnrad aus Gußeisen, Mod. 12, 100 mm breit, 45 Zähne, mit 2 Schnitten fräsen. Fräser aus Werkzeugstahl.

Für den 1. Schnitt ist $S = 18{,}5 \cdot 1{,}25 = \sim 23$ mm
$y = 40$ mm
$$T = \frac{(100 + 40) \cdot 45}{23} = \ldots\ldots\ldots \quad 273{,}0 \text{ min}$$

Für den 2. Schnitt ist $S = 19 \cdot 1{,}25 = \sim 24$ mm
$y = 40$ mm
$$T = \frac{(100 + 40) \cdot 45}{24} = \ldots\ldots\ldots \quad 262{,}5 \text{ „}$$

Für Rücklauf u. Umschaltung (pro 10 mm = 5 sk) $\frac{5 \cdot 14 \cdot 45}{60} \cdot 2 =$ . . . . 111,0 „
Für Maschineeinrichten . . . . 35,0 „
Für Auf- und Abspannen (Tabelle 29) . . . . 12,0 „
Summa 693,5 min

2. Beispiel: Ein Stirnrad aus Chrom-Nickelstahl, Mod. 4, 30 mm breit, 30 Zähne, mit 2 Schnitten fräsen. Fräser aus Schnellschnittstahl.

Für den 1. Schnitt ist $S = 34 \cdot 0{,}75 + 30\% = \backsim 33$ mm

$y = 23{,}5$ mm.

$T = \dfrac{(30 + 23{,}5) \cdot 30}{38} = \ldots\ldots\ldots$ 48,5 min

Für den 2. Schnitt ist $S = 41 \cdot 0{,}75 + 30\% = 40$ mm.

$y = \theta$.

$T = \dfrac{(30 + 23{,}5) \cdot 30}{40} = \ldots\ldots\ldots$ 40,0 „

Für Rücklauf und Umschaltung $\dfrac{5 \cdot 5{,}3 \cdot 30}{60} \cdot 2 = \ldots\ldots\ldots$ 26,5 „

Für Maschineeinrichten . . . . 35,0 „

Für Auf- und Abspannen (Tabelle 29). . . . . 4,0 „

Summa 154,0 min

3. Beispiel: Ein Stirnrad aus Bronze, Mod. 10, 75 mm breit, 100 Zähne mit 2 Schnitten fräsen. Fräser aus Werkzeugstahl.

Für den 1. Schnitt ist $S = 19 \cdot 1{,}665 = \backsim 32$ mm

$y = 37$ mm

$T = \dfrac{(75 + 37) \cdot 100}{32} = \ldots\ldots\ldots$ 350,0 min

Für den 2. Schnitt ist $S = 21 \cdot 1{,}665 = 35$ mm.

$y = 31$ mm.

$T = \dfrac{(75 + 31) \cdot 100}{35} = \ldots\ldots\ldots \backsim$ 303,0 „

Für Rücklauf und Schaltung $\dfrac{5 \cdot 11{,}2 \cdot 100 \cdot 2}{60} = \ldots\ldots\ldots$ 186,0 „

Für Maschineeinrichten . . . . 35,0 „

Für Auf- und Abspannen (Tabelle 29) . . . . 18,0 „

Summa 892,0 min

Das Abwälzverfahren.

Der Vorgang beim Fräsen von Stirnrädern nach dem Abwälzverfahren ist folgender:

Hierbei erfolgt die Drehung des Stirnrades zwangläufig, der Teilung des schneckenförmigen Zahnradfräsers entsprechend, wobei sich die Teilung des Fräsers auf den Durchmesser des Stirnrades abwälzt und die Zahnlücken ausfräst. Gleichzeitig erfolgt, der Zahnteilung entsprechend, der Vorschub des Fräsers in axsialer Richtung.

Der axiale Vorschub S wird in mm pro Radumdrehung ausgedrückt und bestimmt sich aus:

Vorschub s_1 pro Fräserumdrehung $\times$ Zähnezahl des Rades.

Der Vorschub s_1 ist außer von der Härte und Zähigkeit des Materials auch vom Spanquerschnitt bzw. von der Zähnezahl des Rades abhängig.

D.h., da bei einem Rade mit geringer Zähnezahl weniger Frässergänge im Eingriff stehen (Fig. 28) als bei einem Rade gleichen Moduls mit größerer Zähnezahl (Fig. 30), so ist auch im ersten Falle, da der Spanquerschnitt kleiner ist, der Vorschub größer zu wählen als bei einem Rade mit größerer Zähnezahl.

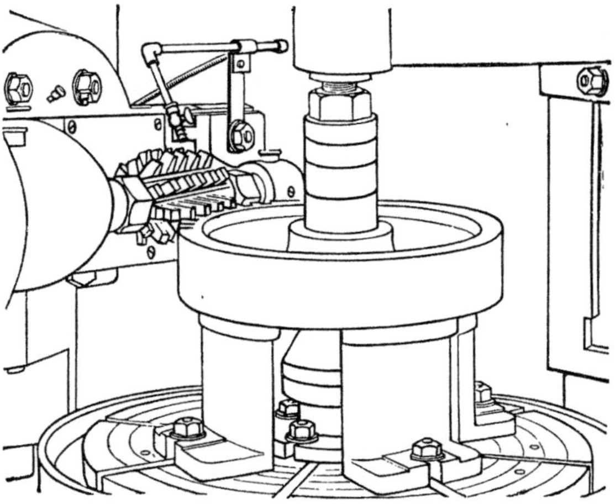

Fig. 27. Fräsen eines Zahnrades nach dem Abwälzverfahren.

45 Zähne.

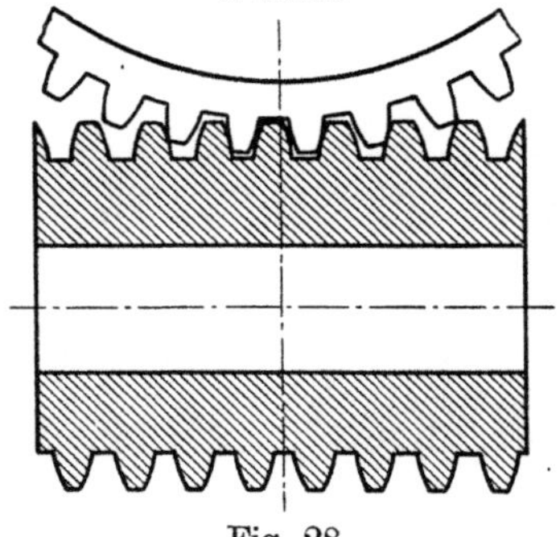

Fig. 28.

15 Zähne.

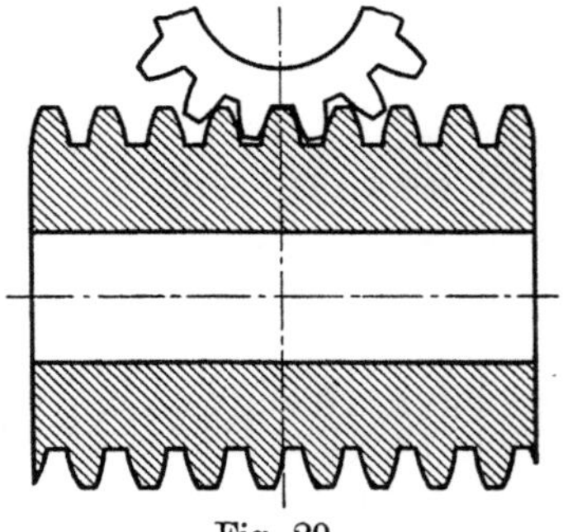

Fig. 29.

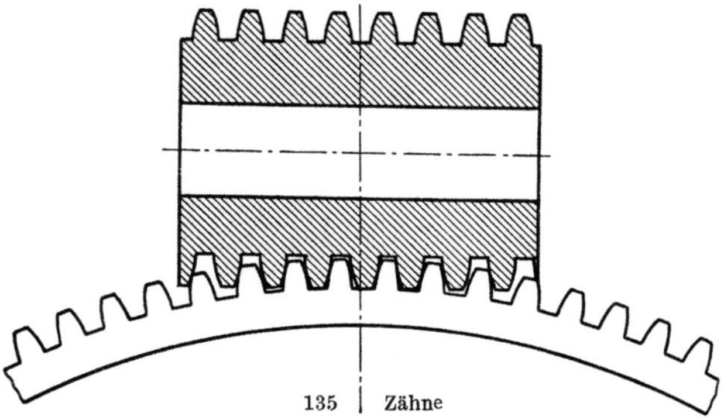

Fig. 30.

Je größer die Zähnezahl eines Rades ist, desto kleiner muß der Vorschub s_1 genommen werden, da mit der Zunahme der Zähnezahl immer mehr Fräsergänge in Eingriff kommen, wodurch auch der Spanquerschnitt größer wird. Da aber die Zahl der Fräsergänge durch die Länge des Fräsers begrenzt ist, so bleibt der Vorschub, sobald der Fräser mit seiner ganzen Länge arbeitet (Fig. 30), konstant, da auch der Spanquerschnitt bei gleichem Modul nicht mehr wächst.

Der Vorschub S pro Radumdrehung dagegen hängt von der Länge des Weges, auf den Umfang des Rades bezogen, ab.

Da der Vorschub s_1 kontinuierlich den Umdrehungen des Fräsers erfolgt und der Fräser bei einem Rade mit größerer Zähnezahl, während einer Umdrehung des Rades, mehr Umdrehungen macht als bei einem Rade mit kleinerer Zähnezahl, so muß auch bei einem Rade mit größerer Zähnezahl der Vorschub S pro Radumdrehung größer sein als im umgekehrten Falle.

Demnach ist der Vorschub $S = s_1 \cdot n$.

Da ferner der radiale Vorschub gleich ist der Teilung bzw. Steigung des Fräsers, d. h. da sich bei einer Umdrehung des Fräsers das Rad um den Betrag der Steigung des Fräsers dreht, so folgt daraus, daß die Umdrehungen des Fräsers pro Radumdrehung gleich sind der Zähnezahl des Rades.

Infolgedessen gilt auch:

$$S = s_1 \cdot z .$$

Fig. 28, 29 und 30 veranschaulichen den Eingriff der Fräsergänge bei Stirnrädern Modul 4 mit 15, 45 und 135 Zähnen.

$$\frac{\text{Zahnbreite} + \text{Zusatzwert für den Anschnitt des Fräsers}}{\text{Vorschub pro Radumdrehung}} = \frac{Zb + y}{S}$$

ergeben die Anzahl der Umdrehungen, die für die Fertigstellung des Rades erforderlich sind.

Die Zeit T_1 in min für e i n e U m d r e h u n g des Rades bestimmt sich aus:

$$\frac{\text{Zähnezahl des Rades}}{\text{Umdrehungen des Fräsers pro min}} \quad \text{nach der Formel:} \quad T_1 = \frac{z}{n} .$$

Die minutlichen Umdrehungen des Fräsers werden nach der Formel:

$$n = \frac{v_1 \cdot 60}{d_1 \cdot \pi}$$

bestimmt.

Über Zusatzbreite und Umdrehungen siehe Tabelle 30.

Daraus folgt, daß die für das Fräsen des Rades erforderliche gesamte Laufzeit gleich ist der Anzahl der Radumdrehungen $\times$ der Zeit für eine Radumdrehung.

Tabelle 30.

Tabelle über Zusatzbreite und Umdrehungen bei schneckenförmigen Zahnradfräsern.

Modul:																				
0,75	1	2	3	4	5	6	7	8	9	10	11	12	13	14	15	16	17	18	19	20
Fräserdurchmesser in mm:																				
43	43	56	65	75	85	90	102	108	114	122	130	144	148	162	168	174	183	185	198	205
Fräserlänge in mm:																				
55	55	75	90	100	115	130	145	155	170	180	195	205	215	225	235	250	260	275	285	300
Zusatzwert in mm:																				
9	9	14	19,5	24	28,5	31,6	35,7	39,7	43	46	50,5	54,5	58	63	66,5	69,6	73,6	75,5	80,5	92,5
Umdrehungen „n“ nach Formel $n = \frac{v_1 \cdot 60}{d \cdot \pi}$																				
bei Ch.N.St., St.G., S.M.St. über 70 kg Festigkeit. $V = 9$ m/min, $v_1 = 155$ mm/sk																				
65	65	57	44	38	33,5	31,7	28	26,4	25	23,5	22	19,8	19,3	17,5	17	16,4	15,5	15,4	14,4	13,9
bei G.E., Br. hart. $V = 12$ m/min, $v_1 = 200$ mm/sk																				
89	89	76,5	59	51	45	43	37,5	35,5	33,5	31,5	29,5	26,5	26	23,5	23	22	21	20,5	19,5	18,7
bei S.M.Fl., S.M.St. bis 70 kg Festigkeit. $V = 16$ m/min, $v_1 = 266$ mm/sk																				
115	115	100	77	67	59	56	49	46,5	44	41	38,5	34,5	33,6	30,6	29,6	28,6	27,4	27	25	24
bei Br. weich, Mess. $V = 20$ m/min, $v_1 = 333$ mm/sk																				
148	148	127	99	85	75	71	62,5	59	56	52,5	49	44	43	39	38	36,5	35	34,5	32	31

Tabelle 31.

Tabelle über Vorschübe beim Fräsen von Zahnrädern nach dem Abwälzverfahren.

$$T = \frac{(Zb + Zw) \cdot Z}{n \cdot S}$$

Vorschub „S" pro Umdrehung des Rades beim Fräsen von Zahnrädern in Ch.N.St., St.G., S.M.St. über 70 kg Festigkeit																				
Zähnezahl	5	10	15	20	25	30	35	40	45	50	55	60	65	70	75	80	85	90	95	100
beim Fräsen im Eingriff steh. Fräsergänge	2,2	3	3,7	4,25	4,75	5,2	5,6	6	6,3	6,7	7	7,3	7,6	7,9	8,2	8,4	8,7	8,9	9,2	9,5
Modul 1	—	—	1,2	1,2	1,4	1,4	1,6	1,6	1,8	1,8	2	2	2	2,2	2,2	2,2	2,4	2,4	2,6	2,6
2	—	1	1	1,2	1,2	1,4	1,4	1,6	1,6	1,8	1,8	2	2	2	2,2	2,2	2,2	2,4	2,4	2,4
3	—	1	1	1	1,2	1,2	1,4	1,4	1,6	1,6	1,8	1,8	1,8	2	2	2	2	2	2	2,4
4	—	1	1	1	1,2	1,2	1,4	1,4	1,6	1,6	1,8	1,8	1,8	1,8	2	2	2	2	2	2
5	—	1	1	1	1,2	1,2	1,4	1,4	1,4	1,6	1,6	1,6	1,8	1,8	1,8	1,8	1,8	1,8	1,8	1,8
6	—	1	1	1	1	1,2	1,2	1,4	1,4	1,4	1,6	1,6	1,6	1,6	1,6	1,6	1,6	1,6	1,6	1,6
7	—	1	1	1	1	1,2	1,2	1,4	1,4	1,4	1,6	1,6	1,6	1,6	1,6	1,6	1,6	1,6	1,6	1,6
8	—	0,8	0,8	1	1	1	1,2	1,2	1,4	1,4	1,4	1,4	1,4	1,4	1,4	1,4	1,4	1,4	1,4	1,6
9	—	0,8	0,8	0,8	1	1	1	1,2	1,2	1,2	1,2	1,2	1,2	1,2	1,2	1,2	1,2	1,2	1,2	1,2
10	—	0,8	0,8	0,8	1	1	1	1,2	1,2	1,2	1,2	1,2	1,2	1,2	1,2	1,2	1,2	1,2	1,2	1,2
11	—	0,6	0,6	0,8	0,8	1	1	1	1	1	1	1	1	1	1	1	1	1	1	1
12	—	0,6	0,6	0,8	0,8	1	1	1	1	1	1	1	1	1	1	1	1	1	1	1
13	—	0,6	0,6	0,8	0,8	0,8	0,8	1	1	1	1	1	1	1	1	1	1	1	1	1
14	—	0,6	0,6	0,6	0,8	0,8	0,8	1	1	1	1	1	1	1	1	1	1	1	1	1
15	—	0,6	0,6	0,6	0,7	0,8	0,8	0,8	0,8	0,8	0,8	0,8	0,8	0,8	0,8	0,8	0,8	0,8	0,8	0,8
16	—	0,6	0,6	0,6	0,7	0,8	0,8	0,8	0,8	0,8	0,8	0,8	0,8	0,8	0,8	0,8	0,8	0,8	0,8	0,8
17	—	0,55	0,6	0,6	0,7	0,7	0,8	0,8	0,8	0,8	0,8	0,8	0,8	0,8	0,8	0,8	0,8	0,8	0,8	0,8
18	—	0,5	0,55	0,6	0,6	0,7	0,7	0,7	0,7	0,7	0,7	0,7	0,7	0,7	0,7	0,7	0,7	0,7	0,7	0,7
19	—	0,5	0,5	0,55	0,6	0,6	0,6	0,6	0,6	0,6	0,6	0,6	0,6	0,6	0,6	0,6	0,6	0,6	0,6	0,6
20	—	0,4	0,5	0,5	0,6	0,6	0,6	0,6	0,6	0,6	0,6	0,6	0,6	0,6	0,6	0,6	0,6	0,6	0,6	0,6

Ist Material	dann multipliziere Tabellenwert mit:
Bronze weich Messing	1,9
S.M.St. S.M. Fl bis 70 kg Festigkeit	1,25
Gußeisen Bronze hart	1,45

Die Berechnung der Gesamtlaufzeit erfolgt nach der Formel:

$$T \text{ in min} = \frac{(Zb + y) \cdot z}{S \cdot n}.$$

Für y gelten die in der Tabelle 23 enthaltenen Zusatzwerte. Wird das Fräsen der Zahnform wegen zu großer Schnittiefe in mehrere Schnitte unterteilt, so gilt für y der Wert für die jeweilige Schnitttiefe.

In der Regel genügt für Modul 1 bis 5 ein Schnitt, während für Modul 6 bis 12 zwei Schnitte und über Modul 12 drei Schnitte erforderlich sind.

Für große Teilungen über Modul 12 ist, um das Profil des Fertigfräsers zu schonen, ein Zahnformvorfräser zu verwenden.

Werden zwei oder mehrere Stirnräder in einer Aufspannung gefräst, so ist der Zusatzwert y nur für ein Rad zu rechnen.

In Tabelle 30 sind die Fräserdurchmesser und Fräserlängen sowie die Umdrehungszahlen und Schnittgeschwindigkeiten enthalten.

Die Schnittgeschwindigkeit ist für Schnellschnitt- und Werkzeugstahl gleich, es ändert sich nur der Vorschub.

Tabelle 31 gibt für Stirnräder von 5 bis 100 Zähnen, die Anzahl der beim Fräsen im Eingriffe stehenden Fräsergänge und die Vorschübe pro Radumdrehung in Ch.N.St., S.M.St. und St.G. über 70 kg Festigkeit an.

Sollen Stirnräder aus anderem Material gefräst werden, so sind die Werte der Tabelle 31 mit der für das betreffende Material angegebenen Konstanten zu multiplizieren.

Werden an das zu fräsende Rad in bezug auf hohe Tourenzahl oder geräuschlosen Gang hohe Anforderungen gestellt, dann sind die Tabellenwerte für den Vorschub eventuell entsprechend zu reduzieren.

Vorstehende Tabelle 31 gilt für Fräser aus Schnellschnittstahl. Werden Fräser aus Werkzeugstahl verwendet, dann sind für den Vorschub 70% der Tabellenwerte zu nehmen, d. h. der Tabellenwert ist mit 0,7 zu multiplizieren.

Für das Aufspannen des Rades können die Werte aus Tabelle 29 und für das Einrichten der Maschine die Werte aus Tabelle 28 entnommen werden, wobei die Einrichtzeit stets durch die Stückzahl zu dividieren ist.

Für das Zurückkurbeln des Arbeitsschlittens in seine Anfangsstellung sind für je 100 mm Höhe = 10 sk zu rechnen.

Während das Einstellen der ersten Frästiefe zum Einrichten der Maschine gehört, ist für das Einstellen der Frästiefe für jeden weiteren Schnitt 5 min zu rechnen.

Tabelle 32.
Zahn- bzw. Frästiefen an Stirn- und Schneckenrädern nach Modulteilung.

Modul	Zahntiefe mm	Modul	Zahntiefe mm	Modul	Zahntiefe mm	Modul	Zahntiefe mm
1	2,17	6	13,00	11	23,88	16	34,67
2	4,33	7	15,17	12	26,00	17	36,83
3	6,5	8	17,32	13	28,17	18	39,00
4	8,67	9	19,5	14	30,33	19	41,17
5	10,83	10	21,67	15	32,5	20	43,33

Beispiele für die Berechnung der Laufzeit an Stirnrädern.

1. Beispiel: 1 Stirnrad aus Ch.N.St. (70 kg Festigkeit), 50 mm breit, 75 Zähne, Mod. 5, mit 1 Schnitt fräsen (Fräser aus Schnellschnittstahl).

S = für Mod. 5 und 75 Zähne nach Tabelle 31 = 1,8 mm.

Einrichten der Maschine (Tabelle 28)	35,00 min
Auf- und Abspannen des Rades (Tabelle 29)	6,00 „
Zeit für 1. Schnitt in min $T = \frac{(50 + 28{,}5) \cdot 75}{1{,}8 \cdot 33{,}5} = \ldots \backsim$	98,00 „
Zurückkurbeln des Arbeitsschlittens . . . . $\backsim$	0,20 „
Summa	139,20 min

2. Beispiel: 1 Stirnrad aus Gußeisen, Mod. 4, 30 mm breit, 45 Zähne, mit 1 Schnitt fräsen (Fräser aus Schnellschnittstahl).

S = für Mod. 4 und 45 Zähne nach Tabelle 31 = $1{,}6 \cdot 1{,}45 \backsim 2{,}3$ mm.

Einrichten der Maschine (Tabelle 28)	35,00 min
Auf- und Abspannen des Rades (Tabelle 29)	3,00 „
Zeit für 1. Schnitt in min $T = \frac{(30 + 22) \cdot 45}{2{,}3 \cdot 51} = \ldots \backsim$	20,00 „
Zurückkurbeln des Arbeitsschlittens . . . . $\backsim$	0,20 „
Summa	58,20 min

3. Beispiel: 1 Stirnrad aus S.M.Fl. (60 kg Festigkeit), 60 mm breit, 80 Zähne, Mod. 8, mit 1 Schrupp und 1 Schlichtschnitt fräsen (Fräser aus Schnellschnittstahl).

S = für Mod. 8 und 80 Zähne nach Tabelle 31 = $1{,}4 \cdot 1{,}25 = \backsim 1{,}75$ mm.

Einrichten der Maschine (Tabelle 28)	35,00 min
Auf- und Abspannen des Rades (Tabelle 29)	8,00 „
Zeit für den 1. Schnitt, Frästiefe = 15 mm	
$T = \frac{(60 + 36{,}8) \cdot 80}{1{,}75 \cdot 46{,}5} = \ldots \backsim$	95,00 „
Zurückkurbeln des Arbeitsschlittens . . . . $\backsim$	0,20 „
Einstellen der Frästiefe für den 2. Schnitt	5,00 „
Zeit für den 2. Schnitt, Frästiefe = 2,32 mm	
$T = \frac{(60 + 18) \cdot 80}{1{,}75 \cdot 46{,}5} = \ldots \backsim$	77,00 „
Zurückkurbeln des Arbeitsschlittens . . . . $\backsim$	0,20 „
Summa	220,40 min

4. Beispiel: 1 Stirnrad aus Bronze, 50 mm breit, 120 Zähne, Mod. 6, mit 1 Schnitt fräsen (Fräser aus Schnellschnittstahl).

S = für Mod. 6 und 80 Zähne nach Tabelle 31 = $1{,}8 \cdot 1{,}7 = \backsim 3$ mm.

Einrichten der Maschine (Tabelle 28)	35,00 min
Auf- und Abspannen des Rades (Tabelle 29)	8,50 „
Zeit für 1. Schnitt in min $T = \frac{(50 + 31{,}5) \cdot 120}{3 \cdot 71} = \; . \; . \; . \; \backsim$	46,00 „
Zurückkurbeln des Arbeitsschlittens . . . . $\backsim$	0,20 „
Summa	89,70 min

5. Beispiel: 1 Stirnrad aus Gußeisen, 40 mm breit, 80 Zähne, Mod. 3, mit 1 Schnitt fräsen (Fräser aus Werkzeugstahl).

S = für Mod. 4 und 80 Zähne nach Tabelle 31 = $2 \cdot 1{,}45 \cdot 0{,}7 = \backsim 2$ mm.

Einrichten der Maschine (Tabelle 28)	35,00 min
Auf- und Abspannen des Rades (Tabelle 29)	5,00 „
Zeit für 1. Schnitt in min $T = \frac{(40 + 24{,}5) \cdot 80}{2 \cdot 51} = \; . \; . \; . \; \backsim$	50,50 „
Zurückkurbeln des Arbeitsschlittens . . . . $\backsim$	0,20 „
Summa	90,70 min

Die Kaltkreissäge.

Die Berechnung der Laufzeit auf Kaltkreissägen ist, wenn der minutliche Vorschub der Säge bekannt ist, sehr einfach. Man hat nur die Länge des Schnittes, plus dem Anschnittswert der Säge, durch den minutlichen Vorschub zu dividieren, um die Laufzeit für einen Schnitt zu erhalten.

$$T = \frac{l + y}{n} + \text{Materialvorschub} + \text{Aufspannzeit}.$$

Tabelle 33.

Anschnittswerte für Kreissägen und Formel zur Berechnung derselben.

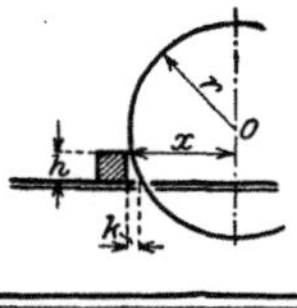

Tiefgang der Säge = $^1/_2\, r$.

Anschnitt $k = \sqrt{r^2 - \left(\frac{r}{2} - h\right)^2} - \sqrt{r^2 - \left(\frac{r}{2}\right)^2}$.

Ist „h“ gleich $\frac{r}{2}$, dann bleibt „k“ konstant.

Sägeblatt ca. 700 mm Drchm.	Höhe des Arbeitsstückes	20	30	40	50	60	70	80	90	100	120	150	180	bis	300
	Anschnittswert k . . .	10	16	21	25	29	32	34	37	40	43	46	48	48	48
Sägeblatt ca. 800 mm Drchm.	Höhe des Arbeitsstückes	20	30	40	50	60	70	80	90	100	120	150	200	bis	300
	Anschnittswert k . . .	11	16	21	25	29	32	35	38	41	46	50	54	54	54

Bei der Berechnung der Laufzeit muß auch die Art der Aufspannung und die Stückzahl berücksichtigt werden.

Tabelle 34.

Abstech- und Aufspanntabelle für [|]- und ∅-Material auf Kreissäge Nr. 1.

Sägeblattdurchm. = 800 mm. Vorschub pro min = 7 mm. Touren der Arbeitsspindel = 6. Spannbackenhöhe = 230 mm. Spannbackenöffnung = 400 m.

[|] u. ∅ in mm			40	45	50	55	60	65	70	75	80	85	90	95	100	110	120	140	150	160	180	200	240	280	320	360	400
Aufspannen erfolgt:			Zeit in min für 1 Stück inkl. Anschnittswert der Tabelle 33 plus 5% der Laufzeit für den Materialvorschub																								
Vierkant: Bei Aufspannen v. Stücken	1	Nach Art: a	9,3	10,4	11,5	12,5	13,5	14,6	15,5	16,6	17,4	18,4	19,3	20,4	21,1	23,2	25,0	28,0	30,0	31,4	34,7	37,8	43,8	49,5	55,2	61,3	67,5
	2	a	6,1	6,35	7,0	7,4	8,0	8,6	9,0	9,5	10,0	10,5	11,0	11,4	11,8	12,4	13,3	14,8	15,5	16,4	17,9	19,3	22,5	—	—	—	—
	4	a	3,6	3,85	4,15	4,3	4,6	4,75	4,9	5,2	5,4	5,6	5,8	6,1	6,3	6,7	7,1	—	—	—	—	—	—	—	—	—	—
	4	b	—	—	—	—	—	—	—	—	—	—	—	—	—	—	—	12,8	13,6	14,3	15,9	17,5	—	—	—	—	—
	6	a	2,5	2,65	2,85	3,0	3,15	3,3	3,45	3,6	3,8	—	—	—	—	—	—	—	—	—	—	—	—	—	—	—	—
	6	b	—	—	—	—	—	—	—	—	—	5,9	6,2	6,5	6,8	7,3	7,8	8,8	9,5	10,0	—	—	—	—	—	—	—
	8	a	1,9	2,1	2,2	2,3	2,4	—	—	—	—	—	—	—	—	—	—	—	—	—	—	—	—	—	—	—	—
	8	b	—	—	—	—	—	3,7	3,9	4,1	4,3	4,5	4,8	5,0	5,2	5,65	6,0	—	—	—	—	—	—	—	—	—	—
Rund: Bei Aufspannen von Stücken:	1	Nach Art: a	8,4	9,4	10,4	11,3	12,2	13,2	14,0	15,0	15,7	16,6	17,4	18,4	19,0	20,9	22,5	25,0	27,0	28,5	31,5	34,0	44,0	—	—	—	—
	2	a	5,5	5,75	6,3	6,7	7,2	7,7	8,1	8,6	9,0	9,5	10,0	10,4	10,8	11,2	12,0	13,4	—	—	—	—	—	—	—	—	—
	4	a	3,2	3,4	3,7	3,9	4,2	—	—	—	—	—	—	—	—	—	—	—	—	—	—	—	—	—	—	—	—
	4	b	—	—	—	—	—	6,2	6,5	6,9	7,4	7,8	8,2	8,5	8,9	9,5	10,4	—	—	—	—	—	—	—	—	—	—
	6	b	3,0	3,3	3,5	3,8	4,1	4,3	4,6	4,8	5,1	—	—	—	—	—	—	—	—	—	—	—	—	—	—	—	—
	8	b	2,4	2,6	2,8	3,0	3,2	—	—	—	—	—	—	—	—	—	—	—	—	—	—	—	—	—	—	—	—
			Aufspannzeiten pro lfd. m																								
	1—4		0,5	0,5	0,5	0,5	0,75	0,75	0,75	0,75	1,0	1,0	1,0	1,0	1,2	1,2	1,2	1,2	1,5	1,8	2,1	2,4	3,2	4,2	5,0	6,5	8,0
	6—8		0,55	0,55	0,55	0,55	0,8	0,8	0,8	0,8	1,1	1,1	1,1	1,1	1,3	1,3	1,3	1,3	1,6	1,9	—	—	—	—	—	—	—

Tabelle 35.

Abstech- und Aufspanntabelle für U-Eisen auf Kreissägen.

Zeit in min für 1 Stück inkl. Anschnittswert der Tabelle 33 plus 5% der Laufzeit für den Materialvorschub.

Säge	Nr. 1	Nr. 2
Spannhöhe a . . Spannweite b . .	$a = 230$ $b =$ bis 400	$a = 80$ $b =$ bis 250
Vorschub	7 mm	10 mm
Stufe	—	—
Sägeblattdurchm.	800 mm	800 mm
Touren der Arbeitsspindel	6	9

Profil			4	5	$6^1/_2$	8	10	12	14	16	18	20	22	24	26	28	30
Stegstärke			5	5	$5^1/_2$	6	6	7	7	$7^1/_2$	8	8,5	9	9,5	10	10	10
Flanschstärke . . .			7	7	$7^1/_2$	8	$8^1/_2$	9	10	$10^1/_2$	11	11,5	12,5	13	14	15	16
Breite in mm. . . .			35	38	42	45	50	55	60	65	70	75	80	85	90	95	100
Bei Aufspannen von Stücken:		Nach Art															
Nr. 1	1	*a s*	8,7	9,8	11,2	12,3	14,1	15,2	16,3	17,4	18,2	19,2	20,0	—	—	—	—
	1	*a b*	—	—	—	—	—	—	—	—	—	—	—	41,2	44,5	47,4	51,0
	2	*a s*	5,1	5,6	6,4	7,0	7,8	8,4	9,0	9,8	10,2	10,7	11,2	11,8	12,1	12,7	13,4
	4	*a s*	3,1	3,5	3,8	4,2	4,5	—	—	—	—	—	—	—	—	—	—
	4	*b s*	—	—	—	—	—	6,8	7,3	7,8	8,4	8,8	9,3	—	—	—	—
	4	*a b*	—	—	—	—	—	—	—	—	—	—	—	12,5	13,2	14,0	15,0
	6	*a s*	2,25	2,5	2,8	—	—	—	—	—	—	—	—	—	—	—	—
	6	*a b*	—	—	—	3,8	4,4	5,0	5,6	6,2	—	—	—	—	—	—	—
	8	*a s*	1,85	2,0	—	—	—	—	—	—	—	—	—	—	—	—	—
	8	*a b*	—	—	2,6	3,4	—	—	—	—	—	—	—	—	—	—	—
Nr. 2	1	*a s*	6,3	7,1	8,1	8,9	—	—	—	—	—	—	—	—	—	—	—
	1	*a b*	—	—	—	—	13,6	16,0	18,2	20,5	23,0	25,0	27,2	—	—	—	—
	2	*a s*	3,7	4,1	4,7	5,1	5,7	6,2	—	—	—	—	—	—	—	—	—
	2	*a b*	—	—	—	—	—	—	10,2	11,4	12,5	13,8	15,0	—	—	—	—
	4	*a s*	2,3	2,5	—	—	—	—	—	—	—	—	—	—	—	—	—
	4	*b s*	3,0	3,3	3,7	4,1	4,65	5,0	—	—	—	—	—	—	—	—	—
	4	*a b*	2,35	2,75	3,3	3,8	4,65	—	—	—	—	—	—	—	—	—	—

Bei Aufspannen von Stücken:	Nach Art:																
1	*a s*	6,3	7,1	8,1	8,9	10,2	11,0	—	—	—	—	—	—	—	—	—	Nr. 3; *a* = 120, *b* = bis 120; 10 mm *a* / 18 mm *b*; 700 mm; 13
2	*a s*	3,65	4,05	4,65	5,1	5,7	6,2	—	—	—	—	—	—	—	—	—	
4	*a s*	2,3	2,5	2,8	3,1	—	—	—	—	—	—	—	—	—	—	—	
4	*b s*	—	—	—	—	4,65	5,0	5,4	5,8	—	—	—	—	—	—	—	
1	*a s*	3,8	4,3	4,9	5,4	6,1	6,7	—	—	—	—	—	—	—	—	—	
2	*a s*	2,3	2,6	2,9	3,2	3,6	3,9	—	—	—	—	—	—	—	—	—	
4	*a s*	1,4	1,6	1,8	2,0	—	—	—	—	—	—	—	—	—	—	—	
4	*b s*	—	—	—	—	2,9	3,2	3,4	3,7	—	—	—	—	—	—	—	
1	*a s*	4,8	5,4	6,0	6,7	7,5	8,2	—	—	—	—	—	—	—	—	—	Nr. 4; *a* = 80, *b* = bis 350; 14 mm; —; 700 mm; 13
1	*a b*	—	—	—	—	—	—	13,4	15,0	16,5	18,5	20,0	21,5	23,5	25,0	26,5	
2	*a s*	2,8	3,1	3,5	3,9	4,3	4,7	—	—	—	—	—	—	—	—	—	
2	*a b*	—	—	—	—	—	—	7,5	8,5	9,5	10,5	11,5	12,5	13,5	14,5	15,6	
4	*a s*	1,7	1,95	—	—	—	—	—	—	—	—	—	—	—	—	—	
4	*b s*	2,2	2,5	2,8	3,1	3,5	3,8	—	—	—	—	—	—	—	—	—	

Aufspannzeiten pro lfd. m

0,5	0,5	0,75	0,75	1,0	1,0	1,2	1,2	1,5	1,5	1,8	1,8	2,1	2,1	2,4	1 bis 4 Stück gespannt
0,55	0,55	0,8	0,8	1,1	1,1	1,3	1,3	1,6	1,6	1,9	1,9	2,2	2,2	2,5	6 bis 8 Stück gespannt

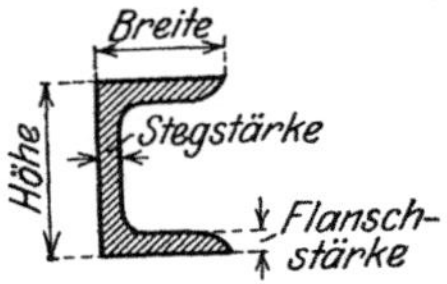

Art des Aufspannens siehe Tabelle 36.

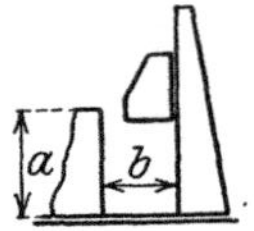

Tabelle 34 gibt für Rund- und Vierkantmaterial die für die betreffende Stückzahl günstigste Aufspannart und die Laufzeiten an.

Aufspannarten:

Art „a“ einreihig,

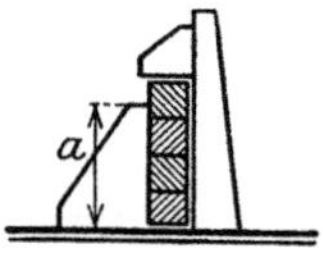

Art „b“ doppelreihig,

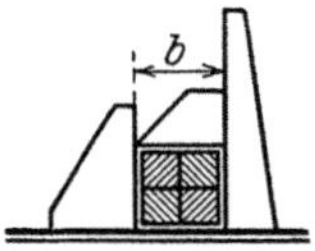

z. Bsp.: Fig. 31 = 4a. Fig. 32 = 4b.

Beispiel: Es sind 60 Stück Rundeisen, Durchm. 80 mm, in Längen von 200 mm abzuschneiden:

Hierzu sind ca. 4 Stangen à 3 m erforderlich.
Spannart: nach 6b.
Nach Tabelle 34 beträgt die Schnittzeit pro Stück 5,1 min und für 60 Stück: 5,1 · 60 = ... 306 min
Die Aufspannzeit beträgt pro m = 1,1 min; für 12 m: 1,1 · 12 = 13,2 „
Gesamtzeit für 60 Stück 319,2 min

Die leer gebliebenen Felder der Tabelle geben an, daß einerseits die Stückzahlen der betreffenden Aufspannart wegen zu niedriger Spannbacken nicht mehr eingespannt werden können, andererseits daß die Berechnung höhere Laufzeiten ergeben hat als für die anderen Aufspannarten gleicher Stückzahl und deshalb, als für die Fabrikation ungünstig, nicht in Betracht kommen.

Zum Beispiel gibt Tabelle 34 an, daß bei 4 Stück 75-mm-[]-Eisen nach Aufspannart „4a“ (d. h. 4 Stück einreihig gespannt) die Laufzeit kürzer ist als nach „4b“ (d. h. 4 Stück zweireihig gespannt).

Aufspannart „4a“ gibt in der Tabelle pro Stück 5,2 min an, während nach „4b“ die gerechnete Zeit

$$T = \frac{2 \cdot \text{Breite} + \text{Anschnittswert}}{\text{minutl. Vorschub}} + 5\% + \text{Aufspannzeit}$$

$$= \frac{2 \times 75 + 50}{7} + 5\% + 0,75 = 28,5 + 1,4 + 0,75 = \mathbf{30,65} \text{ min}$$

und pro Stück $\frac{30,65}{4} = 7,662$ min ergibt.

Bei Bearbeitung einer größeren Stückzahl, z. B. 200 Stück, würde die günstigere Aufspannart eine Verbilligung von (7,66 — 5,2) · 200 $= 2,46 \cdot 200 = 492$ min, d. i. $\frac{492}{60} = 8,2$ st. ergeben.

In gleicher Weise verhält es sich, wie nachstehende Tabellen zeigen, mit dem Absägen von ∢- und **U**-Eisen.

Beispiel: 6 **U**-Eisen, Profil $6^1/_2$, auf Masch. 1 absägen.

Nach Aufspannart „6 *a s*“, Tabelle 35 und 36 (d. h. 6 Stück einreihig Schmalseite spannen), ergibt pro Stück 2,8 min.

Nach Aufspannart „6 *a b*“ (d. h. 6 Stück einreihig Breitseite), Tabelle 36, würde die Berechnung ergeben:

$$T = \frac{\text{Breite} + \text{Anschnittswert}}{\text{minutl. Vorschub}} + 5\% + \text{Aufspannzeit.}$$

Die Schnittbreite beträgt nach „6 *a b*“

$$= \text{Höhe} + \text{Flanschstärke} = 65 + 7{,}5 = 72{,}5 \text{ mm.}$$

Die Höhe von 6 **U**-Eisen, Spannart „6 *a b*“ ist

$$3 \times \text{Breite} + 3 \times \text{Stegstärke} = 3 \cdot (42 + 5{,}5) = 142{,}5 \text{ mm.}$$

$$k = \text{nach Tabelle 33 bei } 142{,}5 \text{ mm Höhe} \sim 48 \text{ mm;}$$

demnach ist T für 6 Stück

$$\textbf{U}\text{-Eisen} = \frac{72{,}5 + 8}{7} + 5\% + 2{,}4 = 16{,}2 + 0{,}86 + 2{,}4 = 19{,}5 \text{ min,}$$

d. i. pro Stück: $\frac{19{,}5}{6} = 3{,}25$ min.

Mithin bei Aufspannart „6 *a s*“ gegenüber „6 *a b*“ pro Stück eine Zeitersparnis von 3,25 — 2,8 = 0,45 min.

Tabelle 36.

Günstigste Aufspannarten für **U** - Eisen auf Kreissägen.

Zeichnungserklärung:

Beispiel:	4 *a s* = 4 Stück gespannt.	*a* = einreihig.	*s* = Schmalseite.
	4 *a b* = 4 „ „	*a* = „	*b* = Breitseite.
	4 *b s* = 4 „ „	*b* = doppelreihig.	*s* = Schmalseite.

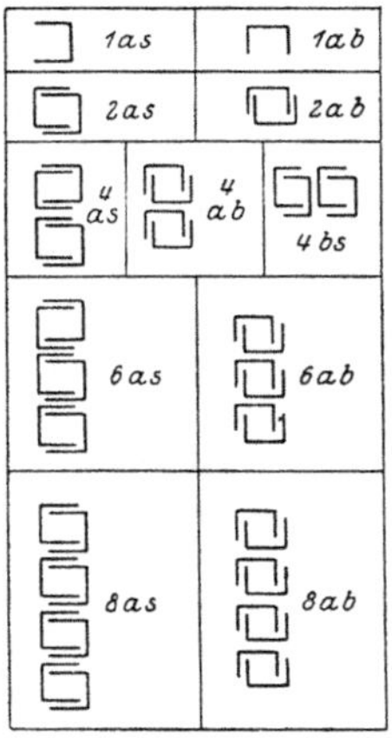

Tabelle 37.

Abstech- und Aufspanntabelle für Winkeleisen auf Kreissägen.

Zeit in min für 1 Stück.

Säge:	Nr. 1	Nr. 2	Nr. 3
Spannhöhe *a* / Spannweite *b*	230/400	80/250	120/120
Stufe:	—	—	*a*
Vorschub:	7 mm	10 mm	10 mm
Sägeblatt-durchm.:	800	700	700
Touren d. Arbeitsspindel:	6	9	9

Bei Aufspannen von Stücken:

Profil Nr.	Stärke	Diagonale	Nr. 1: 4	Nr. 1: 6	Nr. 1: 8	Nr. 1: 10	Nr. 1: 12	Nr. 2: 4	Nr. 2: 6	Nr. 2: 8	Nr. 2: 10	Nr. 2: 12	Nr. 3: 4	Nr. 3: 6	Nr. 3: 8	Nr. 3: 10	Nr. 3: 12
4	8	56	3,0	2,35	1,9	1,7	1,5	2,35	1,85	—	—	—	2,35	1,85	1,5	1,25	1,12
5	9	71	3,65	2,8	2,25	1,95	1,75	2,8	2,1	—	—	—	2,8	2,1	1,75	1,5	—
6	10	85	4,3	3,25	2,6	2,25	2,0	3,25	2,45	—	—	—	3,25	2,45	2,0	1,75	—
7	11	100	4,95	3,75	3,0	2,5	2,25	3,7	—	—	—	—	3,7	2,75	2,25	—	—
8	12	114	5,6	4,15	3,35	2,75	2,5	4,2	—	—	—	—	4,2	3,1	2,5	—	—
9	13	128	6,15	4,5	3,75	3,05	2,7	4,6	—	—	—	—	4,6	3,4	—	—	—
10	14	142	6,7	4,95	4,0	3,35	2,9	5,0	—	—	—	—	5,0	3,7	—	—	—
11	14	156	7,35	5,4	4,3	3,6	3,1	5,45	—	—	—	—	5,45	4,0	—	—	—
12	15	170	7,9	5,85	4,6	3,9	3,35	5,9	—	—	—	—	5,9	4,4	—	—	—
13	16	185	8,35	6,25	4,95	4,15	—	—	—	—	—	—	6,4	4,7	—	—	—
14	17	200	9,1	6,75	5,3	4,45	—	—	—	—	—	—	6,8	5,0	—	—	—
15	18	214	9,75	7,1	5,55	4,68	—	—	—	—	—	—	7,2	—	—	—	—
16	19	228	10,3	7,55	5,9	5,0	—	—	—	—	—	—	7,5	—	—	—	—

Bei Aufspannen von Stücken																			
	4	1,5	1,8	2,1	2,35	2,65	2,9	3,15	3,35	3,6	3,9	4,2	4,5	4,75	13,5	700	18 mm	b	$\frac{120}{120}$	Nr. 3
	6	1,15	1,4	1,6	1,8	2,0	2,2	2,4	2,6	2,8	3,0	3,2	—	—						
	8	1,0	1,15	1,3	1,5	1,65	—	—	—	—	—	—	—	—						
	10	0,9	1,05	1,2	—	—	—	—	—	—	—	—	—	—						
	12	0,85	—	—	—	—	—	—	—	—	—	—	—	—						
	4	1,8	2,15	2,5	2,8	3,2	3,45	3,8	4,1	4,45	4,8	5,15	5,45	5,75	13	700	14 mm	—	$\frac{80}{350}$	Nr. 4
	6	1,42	1,65	1,9	2,15	2,35	2,6	—	—	—	—	—	—	—						
	8	1,2	1,37	1,56	—	—	—	—	—	—	—	—	—	—						
	10	1,0	—	—	—	—	—	—	—	—	—	—	—	—						
	12	—	—	—	—	—	—	—	—	—	—	—	—	—						

Aufspannzeiten pro laufenden Meter:

0,5	0,5	0,75	0,75	1,0	1,0	1,2	1,2	1,2	1,2	1,5	1,5	1,5	4 bis 8 Stück gespannt
0,55	0,55	0,8	0,8	1,1	1,1	1,3	1,3	1,3	1,3	1,6	1,6	1,6	10 ,, 12 ,, ,,

Aufspann-Art:

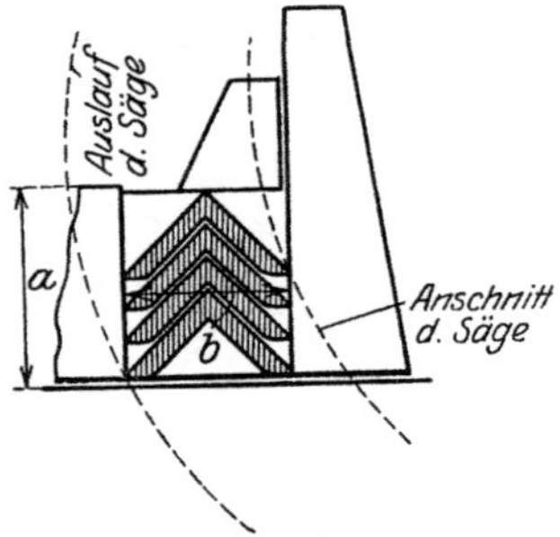

Fig. 33.

Beispiel:

Es sind 400 Stück Winkeleisen, Profil 10, in Längen von 200 mm abzuschneiden.

400 Stück à 200 mm = 80 m = 16 Stangen
(die Stange mit 5 m angenommen)

Masch. Nr. 2.

400 Stück à 5 min Schnittzeit = 2000 min
80 m à 1,2 ,, Aufspannzeit = 96 ,,

Gesamtzeit für 400 Stück 2096 min

$$\text{Pro Stück } \frac{2096}{400} = 5{,}24 \text{ min}$$

Maschinen mit hin- und hergehender Bewegung.

Die Hobelmaschine.

Die Hobelmaschine gehört, ihres unvermeidlichen Rückganges wegen, zu den weniger wirtschaftlich arbeitenden Werkzeugmaschinen. Man unterscheidet in bezug auf Konstruktion und Arbeitsweise folgende Arten:

1. Hobelmaschinen mit Riemen- oder Magnetumsteuerung,
   a) bei gleichbleibender Schnittgeschwindigkeit für Vor- u. Rücklauf,
   b) solche mit beschleunigtem Rücklauf.

Fig. 34. Hobelmaschine.

2. Kulissenhobelmaschinen.

Die Kulissenhobelmaschine wird entweder durch eine mehrfache Stufenscheibe oder durch eine einstufige Scheibe und Räderkasten für mehrere Geschwindigkeiten angetrieben. Sie ist bei gewissen Arbeiten sowohl der Shaping- als auch der Hobelmaschine überlegen, da sie die wichtigsten Eigenschaften beider Maschinengattungen in sich vereinigt, und zwar: die Starrheit der Hobelmaschine und die scharfe Hubbegrenzung der Shapingmaschine, und außerdem die große Hubgeschwindigkeit der letzteren bei kürzeren Hublängen.

3. Shapingmaschinen mit Kulisse oder Kurbelschleife mit Stufen- oder Einscheibenantrieb.

4. Stirn- und Kegelradhobelmaschinen mit Einscheibenantrieb und Wechselräderwerk für mehrere Geschwindigkeiten oder mit Stufenscheibenantrieb.

Die günstigste Schnittgeschwindigkeit für das Hobeln wäre, wenn es die Konstruktion der Langhobelmaschine zuließe, die gleiche wie für das Drehen; doch ist die Schnittgeschwindigkeit infolge der Arbeitsweise der Langhobelmaschine stark begrenzt, da einerseits das Getriebe, welches die Umsteuerung beim Vor- und Rücklauf betätigt, auch bei der besten Konstruktion eine derart starke Beanspruchung, wie es die hohe Schnittgeschwindigkeit erfordert, nicht zuläßt und andererseits die tote Masse des Tisches bei einer großen Geschwindigkeit und in einer so kurzen Zeit, wie es die Umsteuerung von einer Richtung in die andere erfordert, nicht bewerkstelligt werden könnte.

Um eine richtige Berechnung der Bearbeitungszeiten auf der Langhobelmaschine oder Shapingmaschine durchführen zu können, ist vor allem die Kenntnis der Schnittgeschwindigkeiten der im Werk befindlichen Hobelmaschinen notwendig.

Zu diesem Zwecke müssen von jeder Hobel- und Shapingmaschine mit einer Stoppuhr folgende Daten aufgenommen werden.

1. Die Zeit in sk für je 10 bzw. 5 Doppelhübe bei verschiedenen Hublängen, vom kleinsten einstellbaren Hub angefangen, stufenweise um 100 bis 200 mm verlängert, bis zum größten Hub. (Siehe Tabelle 39 und 40.)

2. Der Horizontal- und Vertikalvorschub pro Doppelhub in mm. (Siehe Tabelle 39a und 40a.)

Bei der Zusammenstellung der aufgenommenen Werte zeigt es sich, daß selbst Maschinen gleicher Gattung bedeutende Unterschiede in der Zahl der minutlichen Doppelhübe aufweisen und infolgedessen eine einheitliche Akkord- bzw. Laufzeittabelle nicht aufgestellt werden kann; es sei denn, daß die Antriebsscheiben der Maschinen so abgeändert werden können, daß die Maschinen gleicher Gattung gleichmäßig schnell laufen bzw. gleiche Hubzahl pro min aufweisen, da ja die Anzahl der Doppelhübe pro min unter Berücksichtigung des Vorschubes bei der Berechnung der Laufzeit ausschlaggebend sind.

In gleicher Weise müßten auch die Schalträder für den Vorschub geändert werden.

Ist die Änderung nicht durchführbar, dann sind die Laufzeiten für jede Maschine getrennt zu berechnen.

Zur Berechnung der Werte für Schnittgeschwindigkeit, Doppelhübe pro min und Laufzeit gelten nachstehende Formeln:

Für die Schnittgeschwindigkeit V in m/min und v_1 in mm/sk:

$$V = \frac{\text{Hublänge in m} \cdot 2}{\text{Zeit für 1 Doppelhub in min}} \quad \text{und} \quad v_1 = \frac{\text{Hublänge in mm} \cdot 2}{\text{Zeit für 1 Doppelhub in sk}}$$

oder:

$$V = \text{Hublänge in m} \cdot 2 \cdot \text{minutl. Doppelhübe},$$

$$v_1 = \frac{\text{Hublänge in mm} \cdot 2 \cdot \text{minutl. Doppelhübe}}{60}.$$

Die Zahl der minutlichen Doppelhübe

$$= \frac{V \text{ in m/min}}{2 \cdot \text{Hublänge in m}} \quad \text{oder} \quad \frac{v_1 \text{ in mm/sk}}{2 \cdot \text{Hublänge in mm}}.$$

$$\text{Die Zeit für 1 Doppelhub in min} = \frac{\text{Hublänge in m} \cdot 2}{V \text{ in m/min}}.$$

$$\text{Die Zeit für 1 Doppelhub in sk} = \frac{\text{Hublänge in mm} \cdot 2}{v_1 \text{ in mm/sk}}.$$

Die Laufzeit in min für x Schnitte bei gleicher Geschwindigkeit für den Vor- und Rücklauf ist:

Formel 1:

$$T = \frac{h \cdot 2 \cdot b \cdot x}{v_1 \cdot 60 \cdot s_1},$$

hierbei ist:

h = Hublänge in mm,
v_1 = Schnittgeschwindigkeit in mm/sk,
b = Hobelbreite in mm,
s_1 = Vorschub pro Doppelhub in mm,
x = Schnittzahl.

Bei beschleunigtem Rücklauf ist die Laufzeit bei x Schnitten:

Formel 2:

$$T = \left(\frac{h}{v_1} + \frac{h}{v_2}\right) \cdot \frac{b \cdot x}{s_1 \cdot 60} \quad \text{oder} \quad \frac{h}{v_1 \cdot 60}\left(1 + \frac{v_1}{v_2}\right)\frac{b}{s_1} \cdot x,$$

wobei

v_1 = Schnittgeschwindigkeit in mm/sk für den Vorlauf

und

v_2 = Schnittgeschwindigkeit in mm/sk für den Rücklauf

bedeutet.

Ist die Zahl der minutlichen Doppelhübe „n“ bekannt, dann ist die Laufzeit bei x Schnitten:

Formel 3:

$$T = \frac{b \cdot x}{n \cdot s_1}.$$

Die in manchen Betrieben noch übliche Akkordberechnung nach Flächeninhalt ist gänzlich falsch, was auch aus den Berechnungen im nachfolgenden Beispiel (siehe Fig. 36) klar hervorgeht.

Diese Art der Berechnung mag höchstens als Hilfsmittel zur rohen Schätzung dienen, ist aber sonst von jedem Kalkulationsbureau grundsätzlich zu verwerfen.

Am einfachsten geschieht die Berechnung der Laufzeiten nach log. Tafeln (siehe log. Tafel II) oder nach Zeittabellen für 1 mm Hobelbreite. Im letzteren Falle ist der Tabellenwert mit der Breite der Arbeitsfläche zu multiplizieren, um die Laufzeit in min für einen Schnitt zu erhalten.

Wie derartige Tabellen anzufertigen sind, soll an zwei Hobelmaschinen, die mit einer Schnittgeschwindigkeit von 5 bzw. 8 m/min für den Vorlauf und 10 bzw. 16 m/min für den Rücklauf arbeiten, gezeigt werden.

Tabelle 39.

Zeittabelle für Doppelhübe einer Langhobelmaschine mit Riemenumsteuerung. $V_1 = 5$ m/min $V_2 = 10$ m/min.

Hublänge mm	Anzahl d. Doppelhübe	Zeit in sk	Zeit für 1 Doppelhub in min	Doppelhüb. pro min
400	10	54	0,09	11,1
600	10	80	0,1333	7,5
800	5	48	0,16	6,25
1000	5	60	0,2	5
1200	5	70	0,2334	4,3
1400	5	76	0,2534	3,95
1600	5	84	0,28	3,575
1800	5	93	0,31	3,225
2000	5	102	0,341	2,95

Tabelle 39a.

Vorschub pro Doppelhub.

bei Zähnen									
1	2	3	4	5	6	7	8	9	10
ist Horizontalvorschub mm									
0,5	1	1,5	2	2,5	3	3,5	4	4,5	5
ist Vertikalvorschub mm									
0,3	0,6	0,9	1,2	1,5	1,8	2,1	2,4	2,7	3

Tabelle 40.

Zeittabelle für Doppelhübe einer Langhobelmaschine mit Magnetumsteuerung. $V_1 = 8$ m/min $V_2 = 16$ m/min.

Hublänge mm	Anzahl d. Doppelhübe	Zeit in sk	Zeit für 1 Doppelhub in min	Doppelhüb. pro min
300	10	46	0,0768	13
500	10	66	0,11	9
700	10	86	0,143	7
900	10	106	0,177	5,65
1100	10	126	0,21	4,75
1300	10	146	0,243	4,1
1500	10	166	0,277	3,85
1700	10	186	0,31	3,22
1900	10	206	0,343	2,9
2100	10	226	0,3775	2,65
2300	10	246	0,41	2,43
2500	10	266	0,443	2,25

Tabelle 40a.

Vorschub pro Doppelhub.

bei Zähnen									
1	2	3	4	5	6	7	8	9	10
ist der Vorschub mm									
0,2	0,4	0,6	0,8	1	1,2	1,4	1,6	1,8	2

Tabelle 41.

Zeittabelle für 1 mm Hobelbreite. $V_1 = 5$ m/min, $V_2 = 10$ m/min.

Hublänge in mm	Horizontal-Vorschub in mm										Schnittgesch. in	
	0,5	1	1,5	2	2,5	3	3,5	4	4,5	5	mm/sk	m/min
400	0,18	0,09	0,05	0,045	0,0357	0,03	0,0257	0,0225	0,02	0,018	148	8,9
600	0,2666	0,1333	0,08886	0,06665	0,05322	0,04443	0,038	0,033325	0,02666	0,022215	150	9,0
800	0,32	0,16	0,1067	0,08	0,064	0,0533	0,0457	0,04	0,032	0,02665	166	10,0
1000	0,4	0,2	0,1333	0,1	0,08	0,0666	0,0571	0,05	0,04	0,0333	166	10,0
1200	0,4668	0,2334	0,1556	0,1167	0,09336	0,0778	0,0667	0,05835	0,04668	0,0389	172	10,3
1400	0,5068	0,2534	0,1689	0,1267	0,10136	0,08447	0,0724	0,06335	0,05068	0,042235	184	11,0
1600	0,560	0,280	0,187	0,140	0,112	0,0935	0,080	0,070	0,0625	0,047235	190	11,4
1800	0,62	0,31	0,2066	0,155	0,124	0,103	0,0885	0,0775	0,062	0,0515	194	11,6
2000	0,68	0,34	0,227	0,17	0,136	0,113	0,0975	0,085	0,0756	0,058	197	11,8

Tabelle 42.

Zeittabelle für 1 mm Hobelbreite. $V_1 = 5$ m/min, $V_2 = 10$ m/min.

Hublänge in mm	Vertikal-Vorschub in mm										Schnittgesch. in	
	0,3	0,6	0,9	1,2	1,5	1,8	2,1	2,4	2,7	3	mm/sk	m/min
400	0,3	0,15	0,1	0,075	0,06	0,05	0,0425	0,0375	0,03325	0,03	148	8,9
600	0,4443	0,2221	0,1481	0,111	0,08886	0,07405	0,0635	0,05554	0,04936	0,0444	150	9,0
800	0,5333	0,26665	0,17776	0,13332	0,10666	0,08888	0,0762	0,0666	0,05925	0,05333	166	10,0
1000	0,6675	0,3337	0,2225	0,1668	0,1335	0,11125	0,0955	0,0834	0,0741	0,06675	166	10,0
1200	0,778	0,389	0,2593	0,1945	0,1556	0,1297	0,1111	0,0965	0,0864	0,0778	172	10,3
1400	0,8447	0,4223	0,2815	0,2112	0,1689	0,1408	0,1207	0,1056	0,0938	0,08447	184	11,0
1600	0,935	0,4675	0,312	0,233	0,186	0,155	0,133	0,1165	0,1035	0,0935	190	11,4
1800	1,033	0,516	0,3443	0,258	0,2066	0,172	0,1475	0,129	0,115	0,1033	194	11,6
2000	1,13	0,5675	0,3775	0,283	0,226	0,189	0,161	0,141	0,126	0,113	197	11,8

Die gestoppten Zeiten in sk für je 5 bzw. 10 Doppelhübe sind in der Tabelle 39, 40 und die Werte für den Vorschub pro Doppelhub in mm in Tabelle 39a und 40a enthalten.

Aus den gestoppten Zeiten in sk für je 5 bzw 10 Doppelhübe ist. der Wert in min für 1 Doppelhub errechnet und gleichfalls in der Tabelle 39 bzw. 40, Spalte 4, eingetragen.

Dividiert man nun die Werte der Spalte 4 aus Tabelle 39 bzw. 40 durch die Vorschübe pro Doppelhub Tabelle 39a bzw. 40a, so erhält man die Zeit für 1 mm Hobelbreite bei einer bestimmten Hobellänge. Die Tabellen 41 und 42 sind von den Tabellen 39 und 39a und die Tabelle 43 von den Tabellen 40 und 40a abgeleitet.

Die Zeit für 1 mm Hobelbreite kann auch, wenn die Schnittgeschwindigkeit für den Vor- und Rücklauf bekannt ist, nach der Formel:

$$\left(\frac{h}{v_1} + \frac{h}{v_2}\right) \frac{1}{60 \cdot s_1} \quad \text{oder} \quad \frac{h}{v_1 \cdot 60} \left(1 + \frac{v_1}{v_2}\right) \frac{s_1}{1}$$

gefunden werden, doch ist die Berechnung nach obiger Formel nicht ganz richtig, da hierbei die Umschaltzeit für Vor- und Rücklauf nicht berücksichtigt ist.

Tabelle 40 enthält Hobelzeiten für 1 mm Hobelbreite bei Vorschüben von 0,2 bis 2 mm und Hobellängen von 300 bis 2500 mm.

Bei Berechnung der Laufzeit nach Tabelle 41 bis 43 ist der Wert der Tabelle aus Länge der Arbeitsfläche + Tischüberlauf und gewähltem Vorschub mit der Breite der Arbeitsfläche zu multiplizieren.

Die Formel für die Berechnung der Bearbeitungszeit in min bei x Schnitten lautet:

$$T = \text{Konstante} \times \text{Hobelbreite} \times \text{Schnitte}.$$

Der Wert für den Überlauf des Tisches kann im Mittel mit ca. 150 mm angenommen werden. Da derselbe jedoch für jede Länge verschieden ist und von der Konstruktion der Mschine abhängt, so empfiehlt es sich, auch hierfür die Werte tabellarisch festzulegen.

Spantiefe und Vorschub stehen wie beim Drehen in steten Wechselbeziehungen zueinander und hängen von der Größe bzw. Konstruktion der Maschine ab.

Nachstehende Tabelle 44 gibt beiläufige Werte für Spantiefen und Vorschübe bei Langhobelmaschinen mit verschiedenen Tischlängen an.

Für das sog. Breitschlichten verwendet man vorteilhaft einen Hobelstahl, der so weit nach rückwärts gekröpft ist, daß die Spitze der Schneide die zur Schnittrichtung im Winkel von 45° steht, mit der rückwärtigen Fläche des Hobelstahles in einer Ebene liegt (siehe Fig. 35).

Durch diese eigenartige Form des Schlichtstahles können, ohne Rücksicht auf die verschiedenen Materialsorten, Vorschübe bis zur ganzen Breite der Schneide erzielt werden, ohne daß hierbei der Stahl

Tabelle 43.

Zeittabelle für Hobelmaschine.

$V_1 = 8$, $V_2 = 16$ m/min. Zeit in min = Konstante × Breite der Arbeitsfläche.

$$\text{Formel: } \frac{\left(\frac{h}{V_1} + \frac{h}{V_2}\right)}{60 \cdot s} = \text{Zeit für 1 mm Hobelbreite in min.}$$

Hublänge in mm	Zeit für 10 Doppelhübe in sk	Zeit für 1 m/m Hobelbreite in min bei einem Vorschub von										Schnittgeschwindigk.	
		0,2	0,4	0,6	0,8	1,0	1,2	1,4	1,6	1,8	2,0	m/min	mm/sk
300	46	0,38	0,19	0,126	0,096	0,077	0,064	0,055	0,048	0,0425	0,0385	7,8	130
400	56	0 465	0,233	0,155	0,117	0,0935	0,078	0,065	0,058	0,052	0,0465	8,5	141
500	66	0.55	0 275	0,184	0,138	0,11	0,092	0,078	0,069	0,061	0,055	9	150
600	76	0,635	0,318	0,212	0,159	0,127	0,106	0,092	0,078	0,07	0,0635	9,5	158
700	86	0,715	0,358	0,238	0,178	0,143	0,119	0,102	0,089	0,079	0,0715	9,8	163
800	96	0,8	0,4	0,266	0,2	0,1595	0,133	0,114	0,1	0,0885	0,08	10	166
900	106	0,88	0,44	0,294	0,22	0,176	0,147	0,126	0,11	0,098	0,088	10,11	169
1000	116	0,97	0,485	0,323	0,242	0,194	0,161	0,138	0,121	0,107	0,097	10,3	172
1100	126	1,05	0,525	0,35	0,262	0,21	0,175	0,15	0,131	0,117	0,105	10,4	175
1200	136	1,14	0,57	0,38	0,285	0,227	0,189	0,162	0,142	0,126	0,114	10,6	177
1300	146	1,22	0,61	0,406	0,305	0,243	0,203	0,174	0,152	0,135	0,122	10,7	178
1400	156	1,3	0.65	0,435	0,325	0,26	0,216	0,186	0,163	0,144	0,13	10,8	180
1500	166	1,38	0,69	0,462	0,345	0,277	0,23	0,198	0,173	0,154	0,138	10,8	180
1600	176	1,42	0,71	0,475	0,354	0,283	0,235	0,201	0,177	0,157	0,142	10,9	182
1700	186	1,55	0,775	0,515	0,388	0,31	0,258	0,222	0,194	0,172	0,155	10,9	182
1800	196	1,64	0,82	0,545	0,41	0,3275	0,272	0,233	0,205	0,182	0,164	11	184
1900	206	1,73	0,86	0,57	0,429	0,343	0,285	0,245	0,214	0,19	0,173	11	184
2000	216	1,8	0,9	0,6	0,45	0,36	0,3	0,257	0,225	0,2	0,18	11	184
2100	226	1,89	0,945	0,63	0,474	0,3775	0,315	0,27	0,236	0,21	0,189	11,1	185
2200	236	1,96	0,98	0,653	0,49	0,393	0,327	0,28	0,245	0,218	0,196	11,2	187
2300	246	2,05	1,025	0,685	0,515	0,41	0,342	0,293	0,256	0,228	0,205	11,2	187
2400	256	2,14	1,07	0,71	0,535	0,4275	0,355	0,305	0,267	0,237	0,214	11,2	187
2500	266	2,21	1,11	0,74	0,552	0,443	0,369	0,316	0,276	0,246	0,221	11,2	187

Vorschub

Zähne	1	2	3	4	5	6	7	8	9	10
mm	0,2	0,4	0,6	0,8	1,0	1,2	1,4	1,6	1,8	2,0

Tabelle 44.

Bei Tischlänge in m	Beträgt im Durchschnitt die Schnittgeschwindigkeit für den Vorlauf		Bei einer Spantiefe von mm					
			5	6	7	8	9	10
	V in m/min	v_1 in mm/sk	kann der Vorschub genommen werden in mm					
bis 2	8 bis 9	133 bis 150	1,2	1	0,8	0,7	0,6	0,4
„ 3	7 „ 8	117 „ 133	1,6	1,4	1,2	1	0,8	0,6
„ 4	6 „ 7	100 „ 117	2,4	2,2	2,0	1,8	1,6	1,4

einhackt oder rattert, was bei einem Hobelstahl, der mit seiner Breitseite arbeitet, nicht immer möglich ist.

Beispiel zur Berechnung der Laufzeiten an Hobelmaschinen mit beschleunigtem Rücklauf nach der Formel 2:

$$T = \left(\frac{h}{v_1} + \frac{h}{v_2}\right)\frac{b \cdot x}{60 \cdot s_1} \qquad \text{oder} \qquad T = \frac{h}{v_1 \cdot 60}\left(1 + \frac{v_1}{v_2}\right)\frac{b}{s_1} \cdot x\,.$$

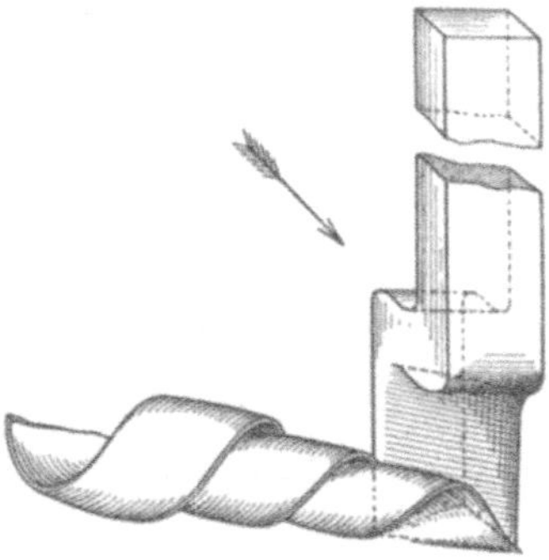

Fig. 35.

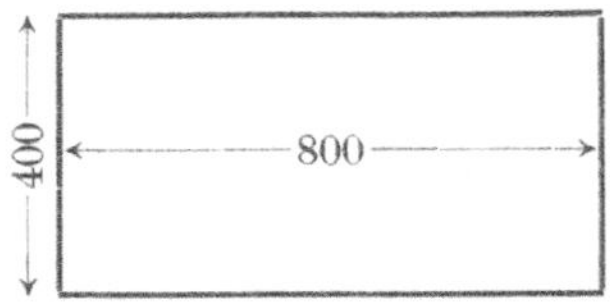

Fig. 36.

Die Bearbeitung der Hobelfläche Fig. 36 soll mit je einem Schnitt auf zwei Maschinen mit verschiedenen Schnittgeschwindigkeiten und in beiden Richtungen (Längs- und Querrichtung) erfolgen, und zwar:

1. auf einer Hobelmaschine, deren Schnittgeschw. $v_1 = 133$ mm und $v_2 = 266$ mm
2. „ „ „ „ „ $v_1 = 100$ „ „ $v_2 = 200$ „

beträgt.

a) Bearbeitung in der Längsrichtung.

Der Tischüberlauf sei bei beiden Maschinen 150 mm, folglich die Hublänge $800 + 150 = 960$ mm.

s_1 ist für beide Richtungen mit 0,8 mm angenommen.

Im 1. Falle ist

$$T \text{ in min} = \left(\frac{950}{133} + \frac{950}{266}\right) \cdot \frac{400 \cdot 1}{60 \cdot 0{,}8} = \frac{(7{,}15 + 3{,}575) \cdot 400}{48} = \frac{10{,}725 \cdot 400}{48} = \backsim \mathbf{90{,}0}\,\text{min}.$$

Im 2. Falle ist

$$T \text{ in min} = \left(\frac{950}{100} + \frac{950}{200}\right) \cdot \frac{400 \cdot 1}{60 \cdot 0{,}8} = \frac{(9{,}5 + 4{,}75) \cdot 400}{48} = \frac{14{,}25 \cdot 400}{48} = \backsim \mathbf{119{,}0}\,\text{min}.$$

b) Bearbeitung in der Querrichtung.

Die Hublänge beträgt $400 + 150 = 550$ mm.

Im 1. Falle ist

$$T \text{ in min} = \left(\frac{550}{133} + \frac{550}{266}\right) \cdot \frac{800 \cdot 1}{60 \cdot 0{,}8} = \frac{(4{,}15 + 2{,}07) \cdot 800}{48} = \frac{6{,}22 \cdot 800}{48} = \backsim \mathbf{104{,}0}\,\text{min}.$$

Im 2. Falle ist

$$T \text{ in min} = \left(\frac{550}{100} + \frac{550}{200}\right) \cdot \frac{800 \cdot 1}{60 \cdot 0{,}8} = \frac{(5{,}5 + 2{,}75) \cdot 800}{48} = \frac{8{,}25 \cdot 800}{48} = \backsim \mathbf{137}\,\text{min}.$$

Aus obigen Beispielen ist zu ersehen, daß

1. die Hobelflächen, wo es angängig ist, stets in der Längsrichtung

bearbeitet werden sollen, da die Bearbeitung in der Querrichtung eine bedeutend längere Laufzeit beansprucht;

2. daß die Akkordbestimmung nach Flächeninhalt gänzlich falsch ist, da die Rechnungen trotz gleichgebliebenem Flächeninhalt, vier stark voneinander abweichende Laufzeiten ergeben.

Beispiel zur Berechnung der Laufzeiten beim Hobeln nach der Zeittabelle 43. Eine gußeiserne Grundplatte, Fig. 37, beide Seiten mit je 2 Schnitten hobeln.

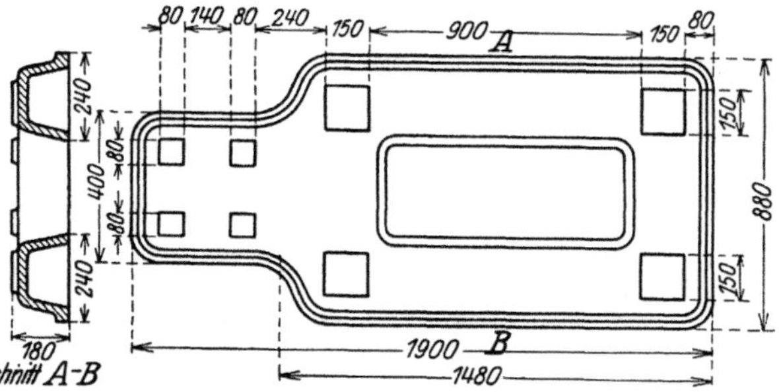

Fig. 37.

s_1 = für den 1. Schnitt 0,8 mm
„ „ 2. „ 2,0 „

Der Tischüberlauf sei 150 mm.

1. Hobeln der unteren Seite.

Bei 2 × 240 mm Hobelbreite ist die Hublänge = 1480 + 150 = 1630 mm
„ 400 „ „ „ „ „ = 1900 + 150 = 2050 „

Für eine Hublänge von ∾1600 mm ist die Zeit für 1 mm Hobelbreite
bei 0,8 mm Vorschub = 0,354 min
„ 2,0 „ „ = 0,142 „
in Summa 0,496 min

Für eine Hublänge von 2100 mm ist die Zeit für 1 mm Hobelbreite
bei 0,8 mm Vorschub = 0,474 min
„ 2,0 „ „ = 0,189 „
in Summa 0,663 min.

folglich ist T für 2 × 240 mm Hobelbreite = 0,496 · 480 = ... 238 min
und „ 400 „ „ = 0,663 · 400 = ... 265 „

2. Hobeln der oberen Seite.

Die Arbeitsflächen der oberen Seite sollen, um unnötige Leerlaufarbeit von einer Arbeitsfläche zur anderen zu vermeiden, einzeln mit der kürzesten Hublänge von 300 mm bearbeitet werden. Der Tischüberlauf ist in den 300 mm bereits inbegriffen.

Für eine Hublänge von 300 mm ist die Zeit für 1 mm Hobelbreite
bei 0,8 mm Vorschub = 0,126 min
„ 2,0 „ „ = 0,0385 „
in Summa 0,1645 min.

folglich ist T für 4 × 150 + 2 × 80 = 760 mm Hobelbreite = 0,1645 760 = 125 min
Summa 628 min.

Erklärung der logarithmischen Tafel II für Maschinen mit hin- und hergehender Bewegung.

Die log. Tafel für Hobeln und Stoßen ist analog der Tafel I für Drehen angefertigt, nur ist die Stellung der Markierungslinien für „n“ und „T“ eine andere, und statt der π-Linie die „$2\,h$“-Linie eingezeichnet. Ferner sind am log. Zeitmaßstab, um denselben auch für Maschinen mit beschleunigtem Rücklauf verwenden zu können, die log. Strecken „δ“ die sich aus der Differenz des beschleunigten Rücklaufes zum Vorlauf ergeben und für die 1,5-, 2-, 3- und 4fache Rücklaufgeschwindigkeit gelten, angeführt. Im übrigen gilt für die log. Tafel II dasselbe wie für die Tafel I und können auch hier mit Hilfe der Markierungslinien folgende Werte abgelesen werden:

1. die Zeit für 1 Doppelhub,
2. die Doppelhübe pro min,
3. die Zeit T in min für einen Schnitt.
4. die bei x mm Vorschub auf 1 mm Hobelbreite entfallenden Doppelhübe,
5. die Schnittgeschwindigkeiten von m/min in mm/sk und umgekehrt.

ad 1. Bestimmung der Zeit für 1 Doppelhub.

Die Zeit für 1 Doppelhub wird bei Maschinen mit gleicher Geschwindigkeit für den Vor- und Rücklauf durch die Formel:

$$T_1 = \frac{2 \cdot h}{60 \cdot v_1}$$

und bei Maschinen mit beschleunigtem Rücklauf durch die Formel

$$T_1 = \frac{h}{v_1 \cdot 60} + \frac{h}{v_2 \cdot 60} = \frac{h}{v_1 \cdot 60}\left(1 + \frac{v_1}{v_2}\right)$$

ausgedrückt.

In der log. Tafel ist der Wert für T_1 bei Maschinen mit gleicher Geschwindigkeit für den Vor- und Rücklauf durch die Länge der Strecke vom Schnittpunkte der „h“- mit der „$2\,h$“-Linie bis zum Schnittpunkte der „h“- mit der „v“-Linie gegeben.

Für Maschinen mit beschleunigtem Rücklauf ist die Strecke für T_1 um die Strecke δ die sich aus der Differenz $\frac{2 \cdot h}{v_1 \cdot 60} - \frac{h}{v_1 \cdot 60}\left(1 + \frac{v_1}{v_2}\right)$ ergibt, zu kürzen. Die Länge δ, um die die Strecke $\frac{2\,h}{v_1 \cdot 60}$ bei 1, 5-, 2-, 3- und 4facher Rücklaufgeschwindigkeit gekürzt werden muß, ist am log. Zeitmaßstabe Teilung E mit $\delta = 1{,}5,\ 2,\ 3,\ 4$ bezeichnet.

Für das Ablesen der Zeit für einen Doppelhub gilt:

a) bei Maschinen mit gleicher Geschwindigkeit für den Vor- und Rücklauf: Nehme die Strecke vom Schnittpunkte der „h"- mit der „$2h$"-Linie bis zum Schnittpunkte der „h"- mit der „v"-Linie im Zirkel, steche am log. Zeichenmaßstabe in „1" der zugehörigen Teilung ein (siehe Regel) und lese den Zeitwert für 1 Doppelhub ab;

b) bei Maschinen mit beschleunigtem Rücklauf: Nehme die Strecke wie bei a) im Zirkel, gehe mit dem um T_1 geöffneten Zirkel in Teilung E am log. Zeitmaßstab, kürze die Zirkelstellung um die Strecke „δ", die für die beschleunigte Rücklaufgeschwindigkeit gilt, steche mit der Zirkelstellung $T_1 - \delta$ in „1" jener Teilung ein, die dem Stellenwerte von h entspricht und lese den Wert für einen Doppelhub ab.

Hierbei ist zu beachten:

Ist der Stellenwert der Hublänge	liegt der Schnittpunkt oberhalb | unterhalb der „$2h$"-Linie, so erfolgt die Ablesung nach Links | Rechts von „1" der Teilung
10	H
100	T
1000	ZT

1. Beispiel: $h = 60$ mm, $V = 8$ m/min oder $v_1 = 133$ mm/sk. Der Stellenwert der Hublänge $h = 10$.

Der Schnittpunkt von h und v liegt unterhalb der „$2h$"-Linie, die Ablesung erfolgt nach „Rechts".

Steche mit dem um T_1 geöffneten Zirkel mit der einen Spitze in „1" der Teilung „H" am log. Zeitmaßstab ein und lese nach „Rechts" an der anderen Zirkelspitze den Wert für $T_1 =$ **0,015** min ab.

2. Beispiel: $h = 1500$ mm, $V = 9$ m/min oder $v_1 = 150$ mm/sk.

Der Stellenwert von $h = 1000$.

Der Schnittpunkt von h und v liegt oberhalb der „$2h$"-Linie, die Ablesung erfolgt nach „Links".

Steche mit dem um T_1 geöffneten Zirkel mit der einen Spitze in „1" der Teilung „ZT" am log. Zeitmaßstab ein und lese nach „Links" an der anderen Zirkelspitze den Wert für $T_1 =$ **0,333** min ab.

3. Beispiel für eine Maschine mit beschleunigtem Rücklauf:
$h = 2300$ mm, $v_1 = 83,3$ mm/sk oder 5 m/min und $v_2 = 166,6$ mm/sk oder 10 m/min.

Der Stellenwert von $h = 1000$.

Der Schnittpunkt von h und v_1 liegt oberhalb der „$2h$"-Linie, die Ablesung erfolgt nach „Links".

Steche mit dem um T_1 geöffneten Zirkel in Teilung „E" am log. Zeitmaßstab ein, kürze die Zirkelstellung um die Strecke δ = 2fache Rücklaufgeschwindigkeit, steche nun in „1" der Teilung „ZT" ein und lese nach „Links" am anderen Zirkelende den Wert $T_1 =$ **0,69** min ab.

ad 2. Bestimmung der Doppelhübe pro min.

Die Bestimmung der Doppelhübe pro min erfolgt bei Maschinen mit gleicher Schnittgeschwindigkeit für den Vor- und Rücklauf nach der Formel:

$$n = \frac{v_1 \cdot 60}{2 \cdot h}$$

und bei Maschinen mit beschleunigtem Rücklauf nach der Formel:

$$n = \frac{v_1 \cdot 60}{h \cdot \left(1 + \frac{v_1}{v_2}\right)}.$$

In der log. Tafel sind bei Maschinen mit gleicher Schnittgeschwindigkeit für den Vor- und Rücklauf die Doppelhübe pro min durch die Schnittpunkte der unter 45° geneigten „n"-Linien mit der senkrechten Markierungslinie für „n" gegeben und können am log. Maßstabe für V m/min abgelesen werden.

Hat jedoch die Maschine beschleunigten Rücklauf, so wird die Anzahl der Doppelhübe um die Differenz „δ", die sich aus

$$\frac{v_1 \cdot 60}{2h} - \frac{v_1 \cdot 60}{h\left(1 + \frac{v_1}{v_2}\right)}$$

ergibt, größer. Infolgedessen ist zu dem Wert „n" bzw. zum Log. der Strecke $\frac{v_1 \cdot 60}{2 \cdot h}$, der Log. der Strecke „$\delta$" zuzuschlagen.

Für die Bestimmung der Stellenwerte für „n" gilt:

Ist der Stellenwert der Hublänge	dann gilt für den Stellenwert von „n"
10	Skalawert × 10
100	Skalawert
1000	$\frac{\text{Skalawert}}{10}$

1. Beispiel: Wieviel Doppelhübe pro min macht eine Hobelmaschine bei 1500 mm Hublänge, deren Schnittgeschwindigkeit 9 m/min für den Vor- und Rücklauf beträgt?

Verfolge von 15 = 1500 der Skala „h" die senkrechte Linie bis zum Schnittpunkte mit der Linie „V" = 9 m/min, von da die unter 45° geneigte „n"-Linie bis zu ihrem Schnittpunkte mit der senkrechten Markierungslinie für „n" und lese von diesem Schnittpunkte auf der Skala im Maßstab für V m/min den Wert 30 ab.

Der Stellenwert für $h = 1000$, folglich ist $n = \frac{30}{10} = \mathbf{3}$.

2. Beispiel: Wieviel Doppelhübe pro min macht eine Hobelmaschine mit $v_1 = 100$ mm/sk oder 6 m/min für den Vorlauf und $v_2 = 200$ mm/sk oder 12 m/min für den Rücklauf, bei einer Hublänge von 2000 mm?

Verfolge von 20 = 2000 der Skala „h" die senkrechte Linie bis zum Schnittpunkte mit der Linie „V" = 6 m/min, von da die unter 45° geneigte „n"-Linie bis zu ihrem Schnittpunkte mit der senkrechten Markierungslinie für „n" und lese von diesem Schnittpunkte auf der Skala im Maßstab für V m/min den Wert 15 ab. Nehme vom Zeitmaßstab die Strecke δ für 2fache Rücklaufgeschwindigkeit im Zirkel, steche in 15 am Maßstab V m/min ein und lese am anderen Zirkelende den Wert 20 ab.

Der Stellenwert für $h = 1000$, folglich ist $n = \frac{20}{10} = 2$.

a d 3. Bestimmung der Laufzeit T in min für einen Schnitt.

Durch die Gleichung $\frac{2 \cdot h \cdot b}{v_1 \cdot 60 \cdot s_1}$ ist die Zeit T in min, die für die Bearbeitung eines Werkstückes bei einem Schnitt auf Maschinen mit gleicher Geschwindigkeit des Stößels oder Tisches für den Vor- oder Rücklauf bestimmt.

Für Maschinen mit beschleunigtem Rücklauf ist für T in min die Gleichung

$$\left(\frac{h}{v_1} + \frac{h}{v_2}\right) \cdot \frac{b}{60 \cdot s_1} \text{ oder } \frac{h}{v_1 \cdot 60}\left(1 + \frac{v_1}{v_2}\right) \cdot \frac{b}{s_1}$$

einzusetzen.

In der log. Tafel ist der Wert für T in min bei 1 mm Hobelbreite durch die Länge der Strecke vom Schnittpunkte der „s_1"-Linie mit der unter 45° geneigten „n"-Linie bis zur „T"-Linie gegeben und kann am log. Zeitmaßstab von „1" jener Teilung, die dem Stellenwerte von „h" entspricht, sofort abgelesen werden.

Ist die Hobelbreite >1 mm, so ist zum Log. der Strecke für 1 mm Hobelbreite der Log. der Hobelbreite von x mm hinzuzuzählen, d. h man muß mit der einen Zirkelspitze des um T geöffneten Zirkels statt in „1" im Log. der Hobelbreite jener Teilung einstechen, die dem Stellenwerte der Hublänge entspricht und an der anderen Zirkelspitze den Wert für T ablesen. Demnach ist bei Maschinen mit gleicher Geschwindigkeit für den Vor- und Rücklauf die Zeit T in min für einen Schnitt:

$$T = \lg \frac{2h}{v_1 \cdot 60 \cdot s_1} + \lg b\,.$$

Bei Maschinen mit beschleunigtem Rücklauf ist die Laufzeit für 1 mm Hobelbreite um die Differenz „δ", die sich aus dem Vor- und Rücklauf ergibt, kürzer:

$$\delta = \frac{2 \cdot h}{v_1 \cdot 60} \cdot \frac{1}{s_1} - \frac{h}{v_1 \cdot 60}\left(1 + \frac{v_1}{v_2}\right)\frac{1}{s_1}\,.$$

Infolgedessen muß der Wert T für 1 mm Hobelbreite bzw. der Log. der Strecke $\frac{2 \cdot h \cdot 1}{v_1 \cdot 60 \cdot s_1}$ um den Log. der Strecke „δ" für den beschleunigten

Rücklauf gekürzt und hierauf mit der einen Zirkelspitze des um $T-\delta$ geöffneten Zirkels am log. Zeitmaßstab im Log. der Hobelbreite jener Teilung eingestochen werden, die dem Stellenwerte von h entspricht, und an der anderen Zirkelspitze (siehe Regel) nach links oder rechts der Wert für die Laufzeit abgelesen werden. Die Strecken für δ bei 1,5-, 2-, 3- und 4facher Beschleunigung sind am log. Zeitmaßstab in Teilung E angeführt.

Beim Ablesen der Laufzeiten gilt als Regel:

Liegt der Schnittpunkt der „s_1"-Linie mit der um 45° geneigten „n"-Linie **„rechts"** der T-Linie, so ist der Wert für T nach **„rechts"** abzulesen.

Liegt der Schnittpunkt jedoch **„links"** der T-Linie, so ist der Wert für T nach **„links"** abzulesen.

1. Beispiel: Die Hublänge = 160 mm, der Vorschub = 0,6 mm, die Hobelbreite = 120 mm, die Schnittgeschwindigkeit = 8 m/min. Wie groß ist T in min für einen Schnitt? (Siehe auch eingezeichnetes Beispiel in der log. Tafel II.)

Verfolge von 16 = 160 mm der h-Skala die senkrechte Linie bis zum Schnittpunkte mit der Linie „V" = 8 m/min, von da die unter 45° geneigte „n"-Linie bis zu ihrem Schnittpunkte mit der Linie „s_1" = 0,6 mm, nehme die Strecke von diesem Schnittpunkte bis zur „T"-Linie im Zirkel, steche mit der einen Zirkelspitze am log. Zeitmaßstab im Log. der Hobelbreite von 120 mm, d. i. in der Teilung „H", in 0,12 ein und lese, da der Schnittpunkt der s_1-Linie „rechts" der T-Linie liegt, nach „rechts" an der anderen Zirkelspitze den Wert $\backsim$ 0,08 ab. Der Stellenwert für $b = 100$, folglich ist $T = 0{,}08 \cdot 100 = \mathbf{8}$ min für einen Schnitt.

2. Beispiel: Die Hublänge = 2400 mm, der Vorschub = 6 mm, die Hobelbreite = 950 mm, die Schnittgeschwindigkeit = 10 m/min. Wie groß ist T in min für einen Schnitt?

Verfolge von 24 = 2400 mm der h-Skala die senkrechte Linie bis zum Schnittpunkte mit der Linie „V" = 10 m/min, von da die unter 45° geneigte „n"-Linie bis zu ihrem Schnittpunkte mit der Linie „s_1" = 6 mm, nehme die Strecke von diesem Schnittpunkte bis zur „T"-Linie im Zirkel, steche mit der einen Zirkelspitze am log. Zeitmaßstab im Log. der Hobelbreite von 950 mm, d. i. in der Teilung „T", in 0,95 ein und lese, da der Schnittpunkt von s_1 „links" der T-Linie liegt, nach „links" an der anderen Zirkelspitze den Wert 0,76 ab. Der Stellenwert für $b = 100$, folglich ist $T = 0{,}76 \cdot 100 = \mathbf{76}$ min.

3. Beispiel: Die Hublänge = 2500 mm, der Vorschub = 0,8 mm, die Hobelbreite = 1500 mm, die Schnittgeschwindigkeit für den Vorlauf = 5 m/min und für den Rücklauf = 7,5 m/min. Wie groß ist T in min für einen Schnitt?

Verfolge von 25 = 2500 der h-Skala die senkrechte Linie bis zum Schnittpunkte mit der Linie „V" = 5 m/min, von da die unter 45° geneigte „n"-Linie bis zu ihrem Schnittpunkte mit der Linie „s_1" = 0,8 mm, nehme die Strecke von diesem Schnittpunkte bis zur „T"-Linie im Zirkel, gehe in Teilung „E" am log. Zeitmaßstab, kürze die Zirkelstellung um die Strecke δ für 1,5fache Rücklaufgeschwindigkeit, steche nun mit dem um „$T - \delta$" geöffneten Zirkel im Log. der Hobelbreite von 1500 mm, d. i. in der Teilung „T", in 0,15 ein und lese, da der Schnittpunkt von s_1 „rechts" der T-Linie liegt, nach „rechts" am anderen Zirkelende den Wert 1,56 ab. Der Stellenwert für $b = 1000$, folglich ist

$$T = 1{,}56 \cdot 1000 = \mathbf{1560} \text{ min oder } \frac{1560}{60} = \mathbf{26} \text{ st.}$$

ad 4. Bestimmung der erforderlichen Doppelhübe.

Will man die Anzahl der Doppelhübe $\frac{b}{s_1}$, die für eine bestimmte Hobelbreite bei x mm Vorschub erforderlich sind, an Hand der log. Tafel bestimmen, so benutze man hierzu die Vorschubskala s_1 und die Skala 1 : n und verfahre hierbei folgendermaßen:

Man nehme in der Skala s_1 von „1" (Mitte) ausgehend die Strecke für den Vorschub im Zirkel, steche in der Skala 1 : n im Log. der Hobelbreite ein und lese den Wert für „n" in der Pfeilrichtung am anderen Zirkelende ab.

Als Regel gilt: Ist $s_1 < 1$, so steche mit der Strecke „s_1" im Log. der Hobelbreite in der Skala 1 : n ein und lese den Wert für „n" nach „oben" in der Pfeilrichtung ab.

Ist $s_1 > 1$, so steche gleichfalls im Log. der Hobelbreite ein und lese den Wert für „n" nach „unten" in der Pfeilrichtung ab.

Da die Werte der Skala 1 : n für den Stellenwert 1 gelten, so sind dieselben, wenn die Hobelbreite $\geqq 10$ ist, mit dem Stellenwert der Hobelbreite zu multiplizieren.

1. Beispiel: $s_1 = 0{,}6$ mm, die Hobelbreite = 120 mm; wieviel Doppelhübe sind zur Bearbeitung notwendig?

Steche in „1" der Skala s_1 ein, nehme die Strecke „1 bis 0,6" im Zirkel, steche in der Skala 1 : n im Log. der Hobelbreite = 1,2 ein und lese nach „oben" in der Pfeilrichtung den Wert 2 ab. Der Stellenwert der Hobelbreite = 100, folglich ist die Anzahl der Doppelhübe $2 \cdot 100 =$ **200**.

2. Beispiel: $s_1 = 3$ mm, die Hobelbreite = 220 mm; wieviel Doppelhübe sind zur Bearbeitung notwendig?

Steche in „1" der Skala s_1 ein, nehme die Strecke „1 bis 3" im Zirkel, steche in der Skala 1 : n im Log. der Hobelbreite = 2,2 ein und lese nach „unten" in der Pfeilrichtung den Wert 0,735 ab. Der Stellenwert der Hobelbreite = 100, folglich ist die Anzahl der Doppelhube $0{,}735 \cdot 100 =$ **73,5**.

ad 5. Ablesen der Schnittgeschwindigkeit in mm/sk bei gegebener Schnittgeschwindigkeit in m/min und umgekehrt.

Die Skala v_1 mm/sk neben der Skala v m/min gibt die zugehörigen Werte für die gesuchte Schnittgeschwindigkeit an.

Z. B.: 8 m/min = 133,33 mm/sk oder 100 mm/sk = 6 m/min oder 25 m/min = 416,6 mm/sk.

Die in den vorstehenden Beispielen errechneten Zeiten sind reine Laufzeiten, zu denen noch die Zeiten für die sogenannten unproduktiven Arbeiten (siehe Artikel über „Handarbeiten") hinzugerechnet werden müssen.

Bietet auch die Berechnung der Laufzeiten an Hand der Formeln und Tabellen keine Schwierigkeiten, so ist doch die Bestimmung der Aufspannzeiten nicht so leicht, weil hierbei nicht nur auf die Art der Aufspannung, sondern auch auf die Betriebsverhältnisse Rücksicht genommen werden muß.

Da man bei der Zeitbestimmung für das Aufspannen auf reine Schätzung angewiesen ist, so empfiehlt es sich, um große Differenzen zu vermeiden, die Arbeit für das Aufspannen in mehrere Operationen zu unterteilen und die Zeiten hierfür getrennt zu schätzen.

Die Arbeit für das Aufspannen unterteilt man am besten in 3 Operationen, und zwar in:

1. Hochheben des Arbeitsstückes und Auflegen auf den Tisch.
2. Festspannen und Ausrichten.
3. Abspannen.

1. Das Hochheben.

Das Hochheben des Arbeitsstückes auf den Tisch erfolgt bei leichten Stücken, bis ca. 50 kg, von Hand, bei schwereren Stücken mittels Flaschenzug oder Kran. Die hierfür aufgewendete Zeit richtet sich nach der Form, der Größe und dem Gewicht des Körpers.

Für einfache und leichte Stücke, die vom Arbeiter ohne jede Hilfe auf den Tisch gehoben werden können, kann man folgende Zeiten annehmen:

Gewicht in kg	bis 10	20	30	40	50
Zeit in min	0,5	1	1,5	2	3.

Für Stücke gleichen Gewichts, die aber infolge ihrer Form und Größe unhandlich sind und mit Hilfe eines zweiten Arbeiters (Hilfsarbeiter) hochgehoben werden müssen, ist zu den obigen Zeiten ein Zuschlag von 50% zu machen.

Bei schwereren Stücken, zu deren Aufspannung ein Flaschenzug erforderlich ist, ist die Zeit für das Hochheben außer vom Gewicht auch von der Form des Stückes abhängig. Für das Hochheben gilt (vorausgesetzt, daß der Arbeiter auf den Kran nicht warten muß):

Bei einfacher Befestigung mit Seil oder Kette kann bis zu einem Stückgewicht von 500 kg ca. 8 bis 10 min gerechnet werden.

Bei komplizierten oder schweren Stücken, die auch eine solidere Befestigung (2 oder mehrere Seile) erfordern, ist für das Hochheben 10 bis 30 min zu rechnen.

2. Das Festspannen und Ausrichten.

Das Festspannen und Ausrichten ist so von der Form, Größe, Wandstärke, dann von der Anzahl der auszurichtenden Flächen, der genauen Materialverteilung und von den Aufspanneinrichtungen, sowie vom

Gewicht des Körpers abhängig, daß auch hierfür eine allgemeingültige Tabelle nicht aufgestellt werden kann.

Die einfachste Art des Aufspannens ist die Befestigung im Schraubstock oder zwischen Spannbacken. Diese Aufspannung kommt aber nur bei kleineren Stücken und auf kleinen Hobelmaschinen in Betracht und kann man hierfür ca. 2 bis 5 min, je nach Größe der Fläche und nach der Art der Aufspannung, ob das Stück nach rohen Flächen ohne genaue Materialverteilung, oder nach Anriß, oder nach bearbeiteten Flächen ausgerichtet werden muß, rechnen.

a) Erfolgt das Aufspannen am Tisch mittels Spanneisen

1. nach rohen oder bearbeiteten Flächen, jedoch ohne genaue Materialverteilung;
2. nach Anriß oder nach bearbeiteten Flächen unter Berücksichtigung der Anzahl auszurichtender Flächen, die nicht in einer Ebene liegen und infolgedessen genaue Materialverteilung beanspruchen,

so kann hierfür gerechnet werden:

ad 1. Für einfaches, rohes Aufspannen und Ausrichten bis zu einer Grundfläche

von 12 dm^2 bei einer Höhe	bis 200 mm	pro dm^2	= 0,35 min
	,, 400 ,,	,, ,,	= 0,6 ,,
25 ,, ,, ,, ,,	,, 200 ,,	,, ,,	= 0,3 ,,
	,, 400 ,,	,, ,,	= 0,35 ,,
	,, 600 ,,	,, ,,	= 0,4 ,,
42 ,, ,, ,, ,,	,, 200 ,,	,, ,,	= 0,2 ,,
	,, 400 ,,	,, ,,	= 0,25 ,,
	,, 600 ,,	,, ,,	= 0,3 ,,
64 ,, ,, ,, ,,	,, 200 ,,	,, ,,	= 0,15 ,,
	,, 400 ,,	,, ,,	= 0,2 ,,
	,, 600 ,,	,, ,,	= 0,25 ,,
	darüber ,,	,, ,,	= 0,3 ,,
90 ,, ,, ,, ,,	,, 200 ,,	,, ,,	= 0,1 ,,
	,, 400 ,,	,, ,,	= 0,15 ,,
	,, 600 ,,	,, ,,	= 0,20 ,,
	darüber ,,	,, ,,	= 0,25 ,,
120 ,, ,, ,, ,,	bis 200 ,,	,, ,,	= 0,095 ,,
	,, 400 ,,	,, ,,	= 0,1 ,,
	,, 600 ,,	,, ,,	= 0,15 ,,
	darüber ,,	,, ,,	= 0,20 ,,
155 ,, ,, ,, ,,	bis 200 ,,	,, ,,	= 0,09 ,,
	,, 400 ,,	,, ,,	= 0,095 ,,
	,, 600 ,,	,, ,,	= 0,1 ,,
	darüber ,,	,, ,,	= 0,15 ,,

ad 2. auf die Zeiten ad 1 erfolgt ein Zuschlag von 50%, wenn die zu bearbeitenden Flächen in einer Ebene liegen. Für jede Abstufung von Flächen ist ein weiterer Zuschlag von 25% zu machen.

b) Für das Aufspannen am Spannwinkel mittels Spanneisen kann unter denselben Voraussetzungen wie bei a (Aufspannen am Tisch) für Position 1 und 2 gerechnet werden:

ad. 1. Für einfaches rohes Aufspannen und Ausrichten bis zu einer Grundfläche

von 12 dm²	bei	einer	Höhe	bis	200	mm	pro	dm²	=	0,4	min
				„	400	„	„	„	=	0,75	„
25	„	„	„	„	200	„	„	„	=	0,35	„
				„	400	„	„	„	=	0,4	„
				„	600	„	„	„	=	0,45	„
42	„	„	„	„	200	„	„	„	=	0,25	„
				„	400	„	„	„	=	0,3	„
				„	600	„	„	„	=	0,35	„
64	„	„	„	„	200	„	„	„	=	0,2	„
				„	400	„	„	„	=	0,25	„
				„	600	„	„	„	=	0,3	„
90	„	„	„	„	200	„	„	„	=	0,15	„
				„	400	„	„	„	=	0,20	„
				„	600	„	„	„	=	0,25	„
				darüber		„	„	„	=	0,3	„
120	„	„	„	bis	200	„	„	„	=	0,1	„
				„	400	„	„	„	=	0,15	„
				„	600	„	„	„	=	0,2	„
				darüber		„	„	„	=	0,25	„
155	„	„	„	bis	200	„	„	„	=	0,095	„
				„	400	„	„	„	=	0,1	„
				„	550	„	„	„	=	0,15	„
				darüber		„	„	„	=	0,2	„

ad 2. Wie unter b.

Bei dünnwandigen und langen Arbeitsstücken, die bei der Aufspannung leicht verspannt werden können, kann, da bei deren Aufspannung eine besondere Sorgfalt verwendet werden muß, die Aufspannzeit ad 1 und 2 entsprechend erhöht werden.

3. Das Abspannen.

Für das Abspannen können dieselben Werte wie für das Hochheben eingesetzt werden.

Vorgenannte Werte tabellarisch zusammengestellt ergeben nachstehende Zeittabellen für das Auf- und Abspannen von Arbeitsstücken auf der Langhobelmaschine.

Tabelle 45. Zeit in min für Hochheben des Arbeitsstückes.

Einfache, leichte Stücke ohne Kran:						
Bei kg		10	20	30	40	50
Ohne Hilfe		0,5	1	1,5	2	3
Mit Hilfe		—	1,5	2,25	3	4,5
Schwere Stücke mit Kran:						
Bei kg		100	300	500	1000	1500	2000
Seilanzahl	1	4	5	6	7	8	9
	2	5	6	7	9	11	13
	3	—	—	—	11	13	15
Bei kg		3000	4000	5000	6000	8000	10 000
Seilanzahl	1	10	12	14	16	18	20
	2	15	17	19	21	23	25
	3	18	20	22	24	26	28

Für das Abspannen gelten dieselben Zeiten.

Für das Umspannen nach bearbeiteten Flächen sind von den Werten der Tabelle 46, 50% der Aufspannart III zu rechnen.

Die Werte der Tabelle 46 verstehen sich für das Aufspannen und Ausrichten (ohne Hochheben und Abspannen) des Arbeitsstückes und ohne Benützung von Spezialspannvorrichtungen.

Aus bereits angeführten Gründen kann die Tabelle 46 nicht allgemein benützt werden; dieselbe ist lediglich ein Hilfsmittel, um allzu großen Differenzen bei der Schätzung der Aufspannzeiten vorzubeugen.

Die Zeit für das Schleifen der Stähle hängt, wie bereits wiederholt angeführt, so von den Betriebsverhältnissen ab, daß hierfür keine allgemein brauchbaren Werte angegeben werden können. Im übrigen sollen in einem modern geleiteten Betriebe die Stähle nur in der Werkzeugausgabe geschliffen werden. Aus diesem Grunde wurden in den nachfolgenden Beispielen für das Schleifen der Stähle keine Zeiten eingesetzt.

Beispiele zur Berechnung der Hobelzeiten:

1. Beispiel nach der Formel 1; $T = \frac{h \cdot 2 \cdot b \cdot x}{60 \cdot v_1 \cdot s_1}$.

25 Spannschienen (Fig. 38) auf einer Hobelmaschine mit gleichbleibender Schnittgeschwindigkeit für den Vor- und Rücklauf von 8 m/min = 133 mm/sk mit 2 Schnitten hobeln.

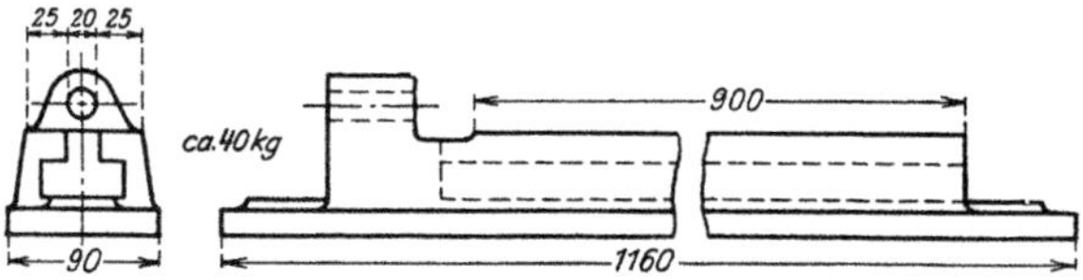

Fig. 38.

Tabelle 46. Zeittabelle in min pro dm² für das Aufspannen und Ausrichten von Arbeitsstücken auf der Hobelmaschine.

Grundfläche in dm² bis	Aufspann Art	Höhe in mm bis 200	bis 400	bis 600	darüber
4	I	0,35	0,6	—	—
	II	0,4	0,75	—	—
	III	0,525	0,9	—	—
12	I	0,35	0,6	—	—
	II	0,4	0,75	—	—
	III	0,525	0,9	—	—
25	I	0,3	0,35	0,4	—
	II	0,35	0,4	0,5	—
	III	0,45	0,525	0,6	—
42	I	0,20	0,25	0,3	—
	II	0,25	0,30	0,4	—
	III	0,3	0,38	0,45	—
64	I	0,15	0,2	0,25	0,3
	II	0,2	0,25	0,30	0,35
	III	0,25	0,3	0,38	0,45
90	I	0,1	0,15	0,2	0,25
	II	0,15	0,2	0,25	0,3
	III	0,15	0,25	0,3	0,38
120	I	0,095	0,1	0,15	0,2
	II	0,1	0,15	0,20	0,25
	III	0,15	0,15	0,25	0,3
150 und darüber	I	0,09	0,095	0,1	0,15
	II	0,095	0,1	0,15	0,2
	III	0,135	0,15	0,15	0,25

I = Aufspannen am Tisch und Ausrichten nach rohen Flächen ohne genaue Materialverteilung.

II = dto. am Spannwinkel. Ist Aufspannart II nach Anriß oder bearbeiteten Flächen auszurichten, dann sind die Werte von II + 50% zu nehmen.

III = Aufspannen am Tisch und Ausrichten bei genauer Materialverteilung nach Anriß oder bearbeiteten Flächen.

Für weitere Flächen, die nicht in derselben Ebene liegen, sind bei II und III 20% zuzuschlagen.

Tabelle 47.

Zeittabelle in min für unproduktive Arbeiten an Hobelmaschinen.

*) 1 = roh vorschruppen. *) 2 = nach Anriß, Kaliber oder Lehren.

Tischlänge in m	Maschine einrichten inkl. Support hochkurbeln und Späne abkehren	Aufspannwinkel am Tisch anschrauben mit Kran	ohne Kran	Schraubstock am Tisch anschrauben mit Kran	ohne Kran	Stahlhalterverlängerung an- und abschrauben 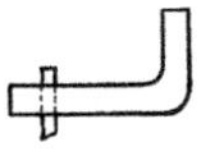	Einen Support nach Grade einstellen	Hobelstahl befestigen mit 1 Schrauben	2 Schrauben	Span einstellen *) 1	*) 2	Messen *) 1	*) 2
1,5	12	—	5	—	5	8	2	1	1,5	0,5	1	0,5	1
2	15	10	5	10	5	10	3	1	2	0,5	1	0,5	1
2,5	15	10	5	10	5	10	3	1	2	0,5	1	0,5	1
3	20	15	8	15	8	10	4	1,5	3	0,75	1,5	0,75	1,5
3,5	20	15	8	15	8	10	5	1,5	3	0,75	1,5	0,75	1,5
4	25	18	10	18	10	10	5	2	4	1	2	1	2

Der Tischüberlauf ist mit 100 mm angenommen.

s_1 = für den 1. Schnitt 0,8 mm und für den Breitschlichtschnitt 5 mm.

Nach Tabelle 47 ist für das Einrichten der Maschine = 15 min,

auf 25 Stück aufgeteilt ergibt pro Stück $\frac{15}{25}$ = ... 0,6 min

Für das Hochheben und Auflegen der Spannschienen auf den Tisch ist nach Tabelle 45 pro Stück = ... 2,0 „

Für das Aufspannen und Ausrichten bei einer Grundfläche von $11{,}6 \cdot 0{,}9 = 10{,}5\ \text{dm}^2$ ist nach Tabelle 46, Aufspannart I
$T = 0{,}35 \cdot 10{,}5 =$ . . . . 3,65 „

2 mal den Hobelstahl mit 2 Schrauben befestigen, nach Tabelle 47 à 2 min = 4 min; angenommen, daß 6 Stück nebeneinander gespannt werden können, so ergibt dies pro Stück $= \frac{4}{6} = 0{,}66$. 0,66 „

2 mal den Schnitt anstellen und 2 mal messen, nach Tabelle 47 à $0{,}5 \cdot 2 \cdot 2 = 2$ min für 6 Stück; und pro Stück $\frac{2}{6}$ = ... 0,34 „

Die Laufzeit für den 1. Schnitt ist:

$T = \frac{1000 \cdot 2 \cdot 50}{60 \cdot 133 \cdot 0{,}8} =$ . . . . $\sim$ 16,0 „

Die Laufzeit für den 2. Schnitt ist:

$T = \frac{1000 \cdot 2 \cdot 50}{60 \cdot 133 \cdot 5} =$ . . . . 2,5 „

6 mal den Stahl über die Schlitze und 5 mal von einer Spannschiene zur anderen kurbeln à 10 sk = 110 sk = 1,83 min, d. i. pro Stück

$\frac{1{,}83}{6} =$ . . . . $\sim$ 0,3 „

Abspannen nach Tabelle 45 = ... 2,0 „

Summa $\sim$ 28,0 min

2. Beispiel nach der Formel 2; $T = \left(\frac{h}{v_1} + \frac{h}{v_2}\right) \frac{\cdot b \cdot x}{60 \cdot s_1}$.

1 Supportschlitten (Fig. 39) auf einer Hobelmaschine mit beschleunigtem Rücklauf hobeln.

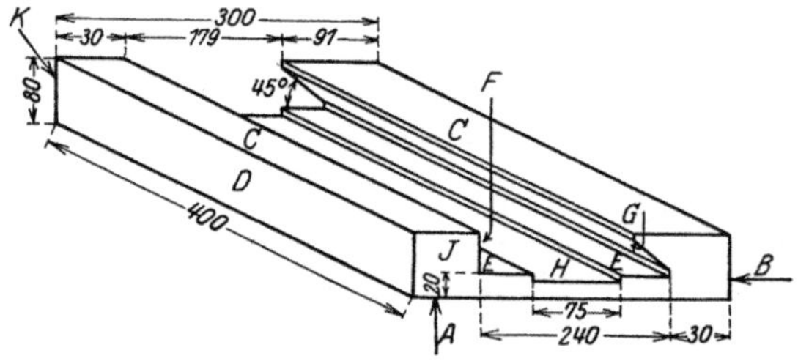

Fig. 39.

v_1 = für den Vorlauf 6 m/min = 100 mm/sk.

v_2 = für den Rücklauf 12 m/min = 200 mm/sk

Die Bearbeitungszugabe beträgt an allen Flächen 5 mm.

Der Tischüberlauf ist mit 150 mm angenommen.

Die Außenflächen sollen mit je 2 Schnitten, das Prisma und die inneren Flächen, mit Ausnahme der Aussparung, mit je 3 Schnitten bearbeitet werden.

Für die Bearbeitung der Außenflächen ist s_1 für den 1. Schnitt 0,8 mm, für den 2. Schnitt 2 mm.

a) Untere Fläche „A" = 300 × 400 mm und eine Seitenfläche B hobeln.

Einrichten der Maschine nach Tabelle 47	15,0 min
Arbeitsstück hochheben und auf den Tisch auflegen, nach Tabelle 45 (mit Hilfe)	4,5 „
Aufspannen und Ausrichten nach Anriß, bei einer Grundfläche von $3 \cdot 4 = 12$ dm² nach Tabelle 46, Aufspannart III pro dm² = 0,525 min = $0{,}525 \cdot 12$ = ...	6,4 „
2 mal Hobelstahl einspannen, Befestigung mit 2 Schrauben = nach Tabelle 47 à 2 min = ...	4,0 „
2 mal Schnitt anstellen und 2 mal messen = nach Tabelle 47 à 1 min =	4,0 „

Die Laufzeit ist für den 1. Schnitt:

$$T = \left(\frac{550}{100} + \frac{550}{200}\right) \cdot \frac{310}{60 \cdot 0{,}8} = \frac{(5{,}5 + 2{,}75) \cdot 310}{48} = \frac{8{,}25 \cdot 310}{48} = \quad \sim 53{,}5 \text{ „}$$

für den 2. Schnitt:

$$T = \frac{8{,}25 \cdot 310}{60 \cdot 2} = \ldots\ldots \sim 21{,}0 \text{ „}$$

Die Bearbeitung der Seitenfläche „B" wird nicht gerechnet, da dieselbe mit dem Vertikalsupport, parallel mit der Fläche „A" bearbeitet wird.

b) Beide Leisten „C" von 90 und 30 mm Breite und die Seitenfläche „D" hobeln.

Für Umspannen = 50% der Zeit vom Aufspannen = ...	3,2 min
2 mal Hobelstahl einspannen à 2 min = ...	4,0 „
2 mal Schnitt anstellen und 2 mal messen à 1 min = ...	4,0 „
2 mal von einer Leiste zur anderen kurbeln à 10 sk	∼ 0,35 „

Die Laufzeit für beide Flächen ist:

$$\text{für den 1. Schnitt } T = \frac{8{,}25 \cdot (101 + 40)}{60 \cdot 0{,}8} = \frac{8{,}25 \cdot 141}{48} = \ldots\ldots 24{,}5 \text{ „}$$

$$\text{„ „ 2. „ } T = \frac{8{,}25 \cdot 141}{60 \cdot 2} = \ldots\ldots \sim 10{,}0 \text{ „}$$

Die Bearbeitung der Seitenfläche „D" wird nicht gerechnet, da dieselbe mit dem Vertikalsupport, parallel mit den Flächen „C" bearbeitet wird.

c) Die Schlittenführung mit 2 Schruppschnitten (Vorschub 0,8 mm) und 1 Schlichtschnitt (Vorschub 0,5 mm), die Aussparung „H" mit 1 Schnitt (Vorschub 0,8 mm) aushobeln.

2 Spanneisen für seitl. Spannen umwechseln = 50% der Aufspannzeit =	3,2 min

Die Laufzeit für das Vorhobeln mit je 2 Schnitten ist:

$$\text{für Grundfläche „}E\text{" . . . . . } T = \frac{8{,}25 \cdot 240 \cdot 2}{0{,}8 \cdot 60} = \ldots\ldots 83{,}0 \text{ „}$$

$$\text{„ Aussparung „}H\text{" mit 1 Span } T = \frac{8{,}25 \cdot 75}{0{,}8 \cdot 60} = \ldots\ldots 13{,}0 \text{ „}$$

$$\text{„ Seitenfläche „}F\text{" . . . . . } T = \frac{8{,}25 \cdot 60 \cdot 2}{0{,}8 \cdot 60} = \ldots\ldots \sim 20{,}5 \text{ „}$$

$$\text{„ Prisma „}G\text{" . . . . } T = \frac{8{,}25 \cdot 88 \cdot 2}{0{,}8 \cdot 60} = \ldots\ldots \sim 30{,}0 \text{ „}$$

Übertrag 304,15 min

Übertrag 304,15 min

Die Laufzeit für das Schlichten ist:

für Prisma „G" . . . . $T = \frac{8{,}25 \cdot 88}{0{,}5 \cdot 60} =$ . . . . . . 24,0 „

„ Flächen „E" . . . . $T = \frac{8{,}25 \cdot (240 - 75)}{0{,}5 \cdot 60}$

$= \frac{8{,}25 \cdot 165}{30} =$ . . . . . . $\sim$45,5 „

„ Seitenfläche „F" . . . . . $T = \frac{8{,}25 \cdot 60}{0{,}5 \cdot 60} =$ . . . . . . 16,5 „

„ Kante brechen und Ecken aushobeln . . . . 5,0 „

ca. 10 mal Stahl einspannen à 2 min = ... 20,0 „

10 mal Schnitt anstellen und 10 mal messen à 1 min = ... 20,0 „

2 mal Support nach Graden einstellen, nach Tabelle 47 à 3 min = 6,0 „

d) Die Stirnseiten „J" und „K" mit Horizontal- und Vertikalsupport mit je 1 Schrupp- und 1 Schlichtschnitt zu gleicher Zeit bearbeiten. s_1 für den 1. Schnitt 0,8 mm, für den 2. Schnitt 2 mm.

Für Umspannen zum Hobeln der Stirnseiten = 50% der Aufspannzeit = 3,2 min

4 mal Stahl einspannen à 2 min = ... 8,0 „

4 mal Schnitt anstellen à 1 min = ... 4,0 „

Die Laufzeit ist:

für den 1. Schnitt $T = \left(\frac{450}{100} + \frac{450}{200}\right) \cdot \frac{80}{60 \cdot 0{,}8} = \frac{4{,}5 + 2{,}25 \cdot 80}{48}$

$= \frac{6{,}75 \cdot 80}{48} =$ . . . . 11,0 „

„ „ 2. „ $T = \frac{6{,}75 \cdot 80}{60 \cdot 2} =$ . . . . 4,5 „

Abspannen nach Tabelle 45 . . . . 4,5 „

Summa 476,35 min

3. **Beispiel nach der Formel 3;** $\frac{\text{Hobelbreite} \times \text{Schnitte}}{\text{minutl. Doppelhübe} \times \text{Vorschub}}$.

Eine gußeiserne Platte (Fig. 40) auf einer Langhobelmaschine nach Tabelle 39 auf beiden Seiten mit je 2 Schnitten hobeln.

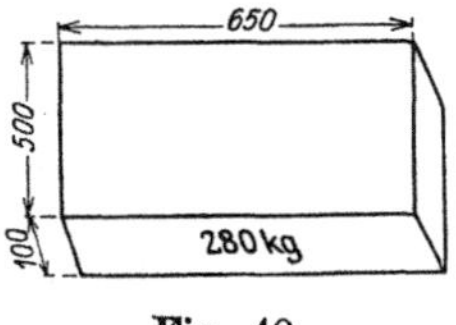

Fig. 40.

$V_1 = 5$ m/min; $V_2 = 10$ m/min.

Der Tischüberlauf ist mit 150 mm angenommen.

s_1 = für den 1. Schnitt = 0,8 mm und für den 2. Schnitt (Breitschlichten) = 4 mm.

Die Anzahl der minutl. Doppelhübe lassen sich aus der log. Tafel II für jede Schnittgeschwindigkeit und Hublänge leicht bestimmen. (Siehe Erklärung der log. Tafel II.)

Maschine einrichten nach Tabelle 47	15,0 min
Platte mit Kran hochheben und auf den Tisch legen, nach Tabelle 45 bei 280 kg mit 1 Seil	5,0 „
Platte aufspannen und ausrichten nach rohen Flächen bei einer Grundfläche von $5 \cdot 6{,}5 = 32{,}5\ \text{dm}^2$, nach Tabelle 46, Aufspannart I pro $\text{dm}^2 = 0{,}2\ \text{min} = 0{,}2 \cdot 32{,}5 =$	6,5 „
4 mal Stahl einspannen, Befestigung mit 2 Schrauben à 2 min = . .	4,0
4 mal Schnitt anstellen à 0,5 min = ...	2,0 „
Die Anzahl der Doppelhübe ist bei 800 mm Hublänge ~ 5, demnach die Laufzeit auf beiden Seiten	
für den 1. Schnitt $T = \frac{500 \cdot 2}{5 \cdot 0{,}8} =$	250,0 „
„ „ 2. „ $T = \frac{500 \cdot 2}{5 \cdot 4} =$	50,0 „
Umspannen: Mit Kran hochheben nach Tabelle 45 = ...	5,0 „
Aufspannen auf gehobelte Fläche = 50% der Aufspannzeit nach Tabelle 46, Aufspannart III $= \frac{0{,}3 \cdot 32{,}5 \cdot 50}{100} =$	$\sim$ 5,0 „
Abspannen nach Tabelle 45	5,0 „
Summa	347,5 min

Die Berechnung der Laufzeiten nach den Zeittabellen für 1 mm Hobelbreite (Tabelle 41 bis 43) ist so einfach, daß sie keiner weiteren Erklärung bedarf und das behandelte Beispiel der Fig. 37 vollkommen genügt. Um die gesamte Arbeitszeit für das Werkstück Fig. 37 zu erhalten, sind zu den errechneten Laufzeiten noch die Werte der Tabellen 45 bis 47 hinzuzurechnen.

Das Ablesen der Laufzeiten nach einer log. Tafel ist in der Erklärung der log. Tafel II behandelt.

Die Kulissenhobelmaschine.

Die Kulissenhobelmaschine gleicht in ihrer Arbeitsweise mehr der Shaping- als der Langhobelmaschine. Sie gestattet infolge ihrer Bauart nicht nur eine scharfe Hubbegrenzung, sondern auch die Wahl verschiedener Geschwindigkeiten für die verschiedenen Materialsorten. Es empfiehlt sich daher die Tabellen für die Laufzeitberechnung analog den Tabellen der Shapingmaschine anzufertigen.

Über Laufzeitberechnung siehe unter Shapingmaschine. Für das Auf- und Abspannen können sowohl die Tabellen der Shaping- als auch der Langhobelmaschine verwendet werden.

Die Shapingmaschine.

Während im allgemeinen bei Langhobelmaschinen mit Riemenumsteuerung und einfacher Antriebsscheibe die Schnittgeschwindigkeit in ganz engen Grenzen schwankt, gestattet die Konstruktion der Shapingmaschine mit Stufenscheibe oder Einscheibenantrieb mit Räderkasten die Einschaltung verschiedener Schnittgeschwindigkeiten in weiten Grenzen.

Um nun zu erreichen daß, bei den verschiedenen Materialsorten und Hublängen, der Arbeiter stets mit der richtigen Schnittgeschwindigkeit

Fig. 41. Samson-Hochleistungs-Shapingmaschine.

arbeitet und um eine Übereinstimmung mit den vom Kalkulationsbureau errechneten Zeiten zu erzielen, ist es notwendig, dem Arbeiter für die verschiedenen Materialsorten und Hublängen die entsprechende Stufe der Antriebsscheibe oder bei Einscheibenantrieb mit Räderkasten die richtige Hebelstellung vorzuschreiben.

Zu diesem Zweck nimmt man, wie bei der Langhobelmaschine, von jeder Shapingmaschine mit einer gutgehenden Stoppuhr die Zeiten für je 10 bis 15 Doppelhübe bei verschiedenen Hublängen auf und errechnet daraus die Doppelhübe pro min und die Schnittgeschwindigkeiten in m/min.

Die Schnittgeschwindigkeit ist außer von der Härte des Materials noch von der Schnittiefe und vom Vorschub abhängig.

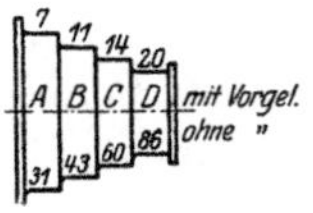

Tabelle 48.

Über Schnittgeschwindigkeiten und Doppelhübe pro min für Shapingmaschine Nr. 1.

		Höchstgeschwindigkeit in m pro min.							
Vorgelege .		ohne	mit	ohne	mit	ohne	mit	ohne	mit
Stufe . . .		A	A	B	B	C	C	D	D
Doppelhübe pro min		31	7	43	11	60	14	86	20
Hublänge in m/m	20	1,24	0,28	1,72	0,44	2,4	0,56	3,44	0,80
	40	2,5	0,56	3,44	0,88	4,8	1,12	6,38	1,60
	60	3,72	0,84	5,16	1,32	7,2	1,68	10,32	2,40
	80	4,96	1,12	6,88	1,76	9,6	2,24	13,76	3,20
	100	6,2	1,40	8,60	2,20	12,00	2,80	17,20	4,00
	120	7,5	1,68	10,32	2,64	14,40	3,36	20,69	4,80
	140	8,7	1,96	12,04	3,08	16,80	3,92	24,08	5,60
	160	9,9	2,24	13,76	3,52	19,20	4,48	27,52	6,40
	180	11,16	2,52	15,48	3,96	21,60	5,04	31,00	7,20
	200	12,4	2,80	17,20	4,40	24,00	5,60	34,40	8,00
	220	13,6	3,08	18,92	4,85	26,40	6,16	37,84	8,80
	240	14,88	3,36	20,64	5,28	28,80	6,72	41,28	9,60
	260	16,12	3,64	22,36	5,72	31,20	7,28	44,72	10,40
	280	17,36	3,92	24,08	6,16	33,60	7,84	48,16	11,20
	300	18,6	4,20	25,80	6,60	36,00	8,40	51,60	12,00
	320	19,8	4,48	27,52	7,04	38,40	8,96	55,04	12,80
	340	21,1	4,76	29,24	7,48	40,80	9,52	58,48	13,60
	360	22,3	5,05	31,00	7,92	43,20	10,18	61,92	14,40
	380	23,56	5,32	32,68	8,36	45,60	10,64	65,36	15,20
	400	24,8	5,60	34,40	8,80	48,00	11,20	69,00	16,00
	420	26,00	5,88	36,12	9,28	50,40	11,76	72,24	16,80
	440	27,28	6,16	37,84	9,68	52,80	12,32	75,68	17,60
	460	28,5	6,44	39,56	10,12	55,20	12,88	79,12	18,40
	480	29,76	6,72	41,28	10,56	57,60	13,44	82,56	19,20
	500	31,00	7,00	43,00	11,00	60,00	14,00	86,00	20,00
	520	32,25	7,28	44,72	11,44	62,40	14,56	89,44	20,80
	540	33,50	7,55	46,44	11,88	64,80	15,12	92,88	21,60
	560	34,72	7,84	48,16	12,32	67,20	15,68	96,32	22,40
	580	36,00	8,12	49,88	12,76	69,60	16,24	99,76	23,20
	600	37,2	8,40	51,66	13,20	72,00	16,80	103,20	24,00

Vorschübe						
	Zähne	1	2	3	4	5
	m/m	0,3	0,6	0,9	1,2	1,5

Die günstigste Schnittgeschwindigkeit ist für alle Hublängen:

bei	Ch.N.St.	St.G. u. G.E.	S.M.St. u. S.M.Fl.	Bronze
	8	10	12	15 m/min

wobei eine saubere und glatte Hobelfläche erzielt wird, da die Shapingmaschinen mit diesen Geschwindigkeiten noch vollkommen stoßfrei arbeiten.

Die durch die geringere Schnittgeschwindigkeit bedingte längere Laufzeit wird durch den stärkeren Vorschub und die größere Schnitttiefe, sowie durch die längere Schnitthaltigkeit des Stahles reichlich ausgeglichen.

Auf Shapingmaschinen neuerer Konstruktion können die oben angeführten Schnittgeschwindigkeiten um ca. 30% erhöht werden.

Als 1. Beispiel sei die Kulissen-Shapingmaschine Nr. 1 mit einer vierstufigen Antriebscheibe und Zahnradvorgelege angenommen.

Wie aus der Tabelle 48 ersichtlich ist, können bei dieser Maschine für jede Hublänge acht verschiedene Schnittgeschwindigkeiten erzielt werden.

Da ferner die Doppelhübe pro min, die gleiche Stufenscheibe vorausgesetzt, für jede Hublänge konstant bleiben und die Schnittgeschwindigkeit von der Länge des Weges, der in einer bestimmten Zeiteinheit zurückgelegt wird, abhängt, so ändert sich, da der in der Minute zurückgelegte Weg bei verschiedenen Hublängen stets größer oder kleiner wird, auch die Schnittgeschwindigkeit im Verhältnis zu den Hublängen.

Aus der Tabelle 48 ist des weiteren ersichtlich, daß bei der Maschine Nr. 1, Schnittgeschwindigkeiten von 0,28 bis 103,2 m/min eingeschaltet werden können. Es ist somit unbedingt notwendig (wenn man dem Arbeiter nicht die Wahl der Stufenscheibe überlassen will) für die Werkstatt eine zweite, von der Tabelle 48 abgeleitete Tabelle 49 herzustellen, in der dem Arbeiter für jede Hublänge und für die verschiedenen Materialsorten die richtige Stufenscheibe vorgeschrieben ist. Durch diese Anordnung wird stets zwischen dem Kalkulationsbureau und der Werkstätte eine Übereinstimmung in der Wahl der richtigen Schnittgeschwindigkeit erzielt.

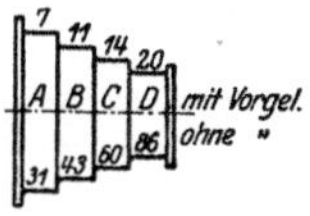

Tabelle 49.

Vorschrift für Shapingmaschine Nr. 1.

Doppelhübe pro min.

Material			Hublänge in mm														
			1 bis 40	41 bis 80	81 bis 120	121 bis 160	161 bis 200	201 bis 240	241 bis 280	281 bis 320	321 bis 360	361 bis 400	401 bis 440	441 bis 480	481 bis 520	521 bis 560	561 bis 600
			auf Stufenscheibe														
Ch.N.St.	Vorgelege	ohne	D	B	A	—	—	—	—	—	—	—	—	—	—	—	—
		mit	—	—	—	D	D	C	C	B	B	A	A	A	A	A	A
Stahlguß Gußeisen		ohne	D	C	B	A	—	—	—	—	—	—	—	—	—	—	—
		mit	—	—	—	—	D	D	C	C	C	B	B	B	A	A	A
S.M.St. Schm.E.		ohne	D	C	B	A	A	—	—	—	—	—	—	—	—	—	—
		mit	—	—	—	—	—	D	D	C	C	C	C	B	B	B	A
Bronze Messing		ohne	D	D	C	B	A	A	—	—	—	—	—	—	—	—	—
		mit	—	—	—	—	—	—	D	D	D	C	C	C	C	B	B

Schnittgeschw. in m/min	Ch.N.St.	Stahlguß-G.E	S.M.St.-Schm.E.	Bronze-Messing
	8 m	10 m	12 m	15 m

Die nachstehende Gegenüberstellung soll die Funktion der beiden Tabellen kurz erläutern.

bei einer Hub-länge in mm	Erfolgt lt. Tabelle Nr. 49				dann ist lt. Tabelle Nr. 48		Würde der Antrieb erfolgen:			dann wäre die Schnitt-geschwin-digkeit in m/min	
	Material	der Antrieb auf Stufe	mit Vorgelege	ohne Vorgelege	die Anzahl der Doppel-hübe	die Schnitt-geschwin-digkeit in m/min	auf Stufe	mit Vorgelege	ohne Vorgelege		
160	Ch.N.St.	D	mit		20	6,4	A		ohne	9,9	zu hoch
200	S.M.St.	A		ohne	31	12,4	D	mit		8	zu niedrig
300	St.G.	C	mit		14	8,4	D	mit		12	zu hoch

Aus dieser Gegenüberstellung ist zu ersehen, daß bei der Wahl der richtigen Stufenscheibe die erzielte Schnittgeschwindigkeit mit Ausnahme bei S.M.St. noch unter der in der Tabelle vorgeschriebenen Schnittgeschwindigkeit liegt, daß diese aber sofort um ein Beträchtliches über- oder unterschritten wird, wenn man auf einer anderen als

Tabelle 50. Über Schnittgeschwindigkeit und Doppelhübe pro min für Shapingmaschine Nr. 2.

Höchstgeschwindigkeit in m/min				
Hebelstellung . . .	\ /	/ /	\ \	/ \
Doppelhübe pro min	50	25	16	9
Zeit für 10 Doppelhübe in min . .	0,2	0,35	0,62	1,1
Hublänge:				
20	2,0	1,0	0,64	0,36
40	4,0	2,0	1,28	0,72
60	6,0	3,0	1,92	1,08
80	8,0	4,0	2,56	1,44
100	10,0	5,0	3,2	1,8
140	14,0	7,0	4,48	2,52
180	18,0	9,0	5,76	3,24
220	22,0	11,0	7,04	3,96
240	24,0	12,0	7,68	4,32
280	28,0	14,0	8,96	5,04
320	32,0	16,0	10,24	5,76
360	36,0	18,0	11,52	6,48
400	40,0	20,0	12,8	7,2
440	44,0	22,0	14,08	7,92
480	48,0	24,0	15,36	8,64
500	50,0	25,0	16,0	9,0
Zähne	1	2	3	4
Vorschub . . . mm	0,15	0,3	0,45	0,6
Zähne	5	6	7	8
Vorschub . . . mm	0,75	0,9	1,05	1,2

Tabelle 51. Vorschrift für Shapingmaschine Nr. 2.

Material	Hublänge in mm bis									
	50	100	150	200	250	300	350	400	450	500
	Hebelstellung:									
Ch.N.St. . .	\ /	/ /	/ /	\ \	\ \	/ \	/ \	/ \	/ \	/ \
St.G.-G.E. .	\ /	\ /	/ /	/ /	\ \	\ \	/ \	/ \	/ \	/ \
S.M.St.-Sch.E.	\ /	\ /	/ /	/ /	/ /	\ \	\ \	\ \	/ \	/ \
Bronze-Mess.	\ /	\ /	/ /	/ /	/ /	/ /	\ \	\ \	/ \	/ \

Schnittgeschw. in m/min	Ch.N.St.	St.G.-G.E.	S.M.St.-Sch.E.	Br.-Messing
	8	10	12	15

der vorgeschriebenen Stufe arbeiten würde. Die Schnittgeschwindigkeit von 12,4 m ist bei S.M.St. noch zulässig, da die nächstniedrigere Stufe eine zu niedere Schnittgeschwindigkeit ergeben würde.

Als 2. Beispiel sei die Kulissen-Shapingmaschine Nr. 2 mit Einscheibenantrieb und Räderkasten für vier verschiedene Geschwindigkeiten gegenübergestellt.

Auch bei dieser Maschine ist die Schnittgeschwindigkeit für jede Hublänge verschieden, da die Doppelhübe pro min, wie bei der Maschine Nr. 1, für alle Hublängen einer Hebelstellung konstant bleiben.

Als 3. Beispiel sei die Shapingmaschine Nr. 3 mit Zahnstangenantrieb und Friktionsscheibe mit einer dreistufigen Antriebsscheibe behandelt.

Wie die Tabelle 52 zeigt, sind die Doppelhübe pro min entgegen den beiden vorigen Beispielen für jede Hublänge verschieden.

So arbeitet z. B. die Maschine auf der Stufenscheibe *A* bei einer Hublänge von 100 mm mit 31 Doppelhüben und bei 500 mm Hublänge mit 8,9 Doppelhüben pro min.

Die Schnittgeschwindigkeit ändert sich infolgedessen bei dieser Maschine nur in engen Grenzen.

Tabelle 52.

Über Schnittgeschwindigkeiten und Vorschübe in min

für Shapingmaschine Nr. 3.

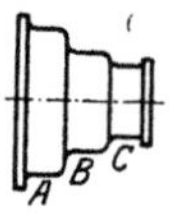

		Zeit in sk			Doppelhübe pro min			Schnittgeschwingigk. m/min		
		Stufe:								
Hub-länge in mm	Anzahl der Doppelhübe	A	B	C	A	B	C	A	B	C
100	10	19	16	14	31	37,5	43	6,3	7,5	8,6
150	10	25	21	18	24	28,5	33,5	7,25	8,55	10,0
200	10	31	25	21	19,3	24	28,5	7,7	9,6	11,4
250	10	37	30	25	16,2	20	24	8,1	10	12
300	10	43	35	29	14	17	20,6	8,45	10,2	12,3
350	10	49	40	32	12,2	15	18,7	8,6	10,5	13,0
400	10	55	45	37,6	10,9	13,3	16,6	8,75	10,6	13,0
450	10	61	50	41	9,8	12	14,6	8,8	10,8	13,0
500	10	68	55	46	8,9	10,9	13	8,9	10,9	13,0

Vorschub	Zähne	1	2	3	4	5	6	7	8	9
	mm	0,4	0,8	1,2	1,6	2	2,4	2,8	3,2	3,6

Tabelle 53.

Vorschrift für Shapingmaschine Nr. 3.

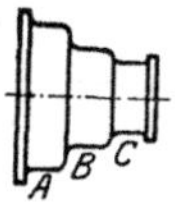 Material	Hublänge in mm								
	bis 100	bis 150	bis 200	bis 250	bis 300	bis 350	bis 400	bis 450	bis 500
	auf Stufenscheibe								
Ch.N.St.	B	A	A	A	A	A	—	—	—
St.G.-G.E. . . .	C	C	B	B	B	A	A	A	A
S.M.St.-Schm.E.	C	C	C	C	C	B	B	B	B
Bronze-Messing .	C	C	C	C	C	C	C	C	C
Schnittgeschw. m/min	Ch.N.St. 8 m		St.G.-G.E. 10 m		S.M.St.-Schm.E. 12 m		Bronze-Messing 15 m		

Die Formel für die Berechnung der Laufzeit an Shapingmaschinen bei x Schnitten lautet:

$$\frac{\text{Breite der Arbeitsfläche} \times \text{Schnitte}}{\text{Doppelhübe pro min} \times \text{Vorschub}}.$$

Im übrigen gelten für die Shapingmaschine dieselben Formeln wie für die Langhobelmaschine.

Tabelle 54.

Zeittabelle in min für unproduktive Arbeiten an Shapingmaschinen.

Maschine einrichten inkl. Aufspanntisch verstellen und Späne abkehren	Schraubstock am Tisch anschrauben	Riemen auflegen	Hebel für Schnittgeschwindigkeit umstellen	Hublänge einstellen		Stahlhalterverlängerung an- und abschrauben: 	Support nach Grade einstellen:	Hobelstahl befestigen	Span anstellen:		Messen:	
				Kulissen-Antrieb	Zahnstangen Antrieb				1*)	2*)	1*)	2*)
10	5	1	0,25	0,25	0,3	5	1	0,5	0,25	0,5	0,25	0,5

1*) = bei roh vorschrubben. 2*) = nach Anriß, Kaliber oder Lehre.

Die nachfolgende Tabelle 55 enthält Aufspannzeiten für Shapingmaschinen ohne Benützung von Spezialspannvorrichtungen. Für dünnwandige Stücke oder für Stücke, die infolge ihrer Form und Größe besondere Sorgfalt beim Aufspannen erfordern, sind die Werte der Tabelle nicht maßgebend, sie sollen nur als Anhalt dienen, und ist über jede Abweichung von Fall zu Fall zu entscheiden.

Tabelle 55.

Zeittabelle in min für das Aufspannen und Ausrichten von Arbeitsstücken auf Shapingmaschinen.

Grundfläche in cm² bis	Aufspannart	Höhe in Millimeter bis 25	75	150	250	350
25	I	0,5	0,65	—	—	—
	II	1,5	1,65	—	—	—
	III	—	—	—	—	—
	IV	—	—	—	—	—
50	I	0,5	0,65	—	—	—
	II	1,5	1,65	—	—	—
	III	1,0	1,25	—	—	—
	IV	2,0	2,25	—	—	—
100	I	0,6	0,75	1,0	1,0	—
	II	1,6	2,0	2,25	2,5	—
	III	1,2	1,5	2,0	2,25	—
	IV	2,25	2,75	3,25	3,5	—
200	I	0,75	0,85	1,0	1,25	—
	II	2,0	2,75	2,75	3,0	—
	III	1,5	1,75	2,0	2,5	—
	IV	2,5	3,0	3,5	4,0	—
400	I	0,85	1,0	1,25	1,5	1,75
	II	2,5	2,75	3,0	3,5	4,0
	III	1,7	2,0	2,5	3,0	3,5
	IV	3,0	3,5	4,0	4,5	5,0
800	I	1,0	1,25	1,5	1,75	2,0
	II	3,0	3,25	3,5	4,0	4,5
	III	2,0	2,5	3,0	3,5	4,0
	IV	3,5	4,0	4,5	5,0	5,5

I = Aufspannen im Schraubstock und einfaches Ausrichten nach rohen Flächen.

I = Aufspannen im Schraubstock und einfaches Ausrichten nach Anriß oder bearbeiteten Flächen.

III = Aufspannen am Tisch und einfaches Ausrichten nach rohen Flächen.

IV = Aufspannen am Tisch und einfaches Ausrichten nach Anriß oder bearbeiteten Flächen.

Für jedes Umspannen sind 50% der Aufspannzeit nach Art II bzw. IV einzusetzen.

Für das Hochheben des Arbeitsstückes auf den Tisch und Abspannen können die Werte der Tabelle 45 verwendet werden.

Im Anschluß seien einige Beispiele für die Laufzeitberechnung auf der Shapingmaschine durchgeführt.

In den ersten beiden Beispielen soll gleichzeitig nochmals gezeigt werden, daß die Akkordberechnung nach Flächeninhalt falsch ist.

1. Beispiel: Eine Platte (Fig. 42), Material St.G., soll auf der Shapingmaschine Nr. 1 auf beiden Seiten mit je 2 Schnitt, und zwar in beiden Richtungen (Längs- und Querrichtung) gehobelt werden.

Die Bearbeitungszugabe beträgt für beide Seiten 10 mm.

S_1 = für beide Fälle: für den 1. Schnitt 0,6 mm, für den 2. Schnitt 0,9 mm.

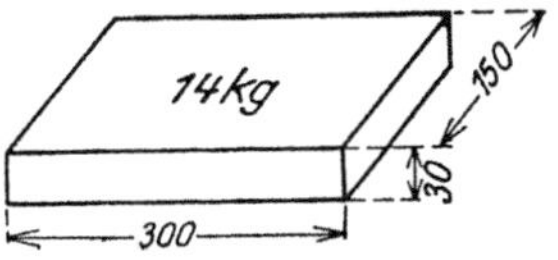

Fig. 42.

a) Bearbeitung in der Längsrichtung:

Maschine einrichten	10,0	min
Platte auf den Tisch heben lt. Tabelle 45	1,0	„
Aufspannen und Ausrichten nach Tabelle 55, Aufspannart III, bei $15 \cdot 30 = 450$ qcm	2,0	„
4 mal Stahl einspannen lt. Tabelle 54 à 0,5 min	2,0	„
4 mal Schnitt anstellen und 4 mal messen lt. Tabelle 54 à 0,25 min	2,0	„

Die Bearbeitung erfolgt lt. Tabelle 49 bei 320 mm Hublänge auf Stufe C mit Vorgelege. Die Doppelhübe betragen auf Stufe C mit Vorgelege lt. Tabelle 48 = 14.

Die Laufzeit auf beiden Seiten ist:

für den 1. Schnitt $T = \frac{150 \cdot 2}{14 \cdot 0{,}6} = \frac{300}{8{,}4}$ . . . . 35,75 „

„ „ 2. „ $T = \frac{150 \cdot 2}{14 \cdot 0{,}9} = \frac{300}{12{,}6}$ . . . . 23,75 „

Umspannen ist 50% der Zeit vom Aufspannen nach Aufspannart IV	1,75	„
Stähle schleifen	5,0	„
Abspannen lt. Tabelle 45	1,0	„
Summa	84,25	min

b) Bearbeitung in der Querrichtung:

Maschine einrichten	10,00	min
Platte auf den Tisch heben lt. Tabelle 45	1,00	„
Aufspannen und Ausrichten nach Tabelle 55, Aufspannart III, bei $15 \cdot 30 = 450\ \text{cm}^2$	2,00	„
4 mal Stahl einspannen lt. Tabelle 54 à 0,5 min	2,00	„
4 mal Schnitt anstellen und 4 mal messen lt. Tabelle 54 à 0,25 min	2,00	„

Die Bearbeitung erfolgt lt. Tabelle 49 bei 160 mm Hublänge auf Stufe A ohne Vorgelege. Die Doppelhübe betragen auf Stufe A ohne Vorgelege lt. Tabelle 48 = 31.

Die Laufzeit auf beiden Seiten ist:

für den 1. Schnitt $T = \frac{300 \cdot 2}{31 \cdot 0{,}6} = \frac{600}{18{,}6}$ . . . . ∽ 32,25 „

„ „ 2. „ $T = \frac{300 \cdot 2}{30 \cdot 0{,}9} = \frac{600}{27{,}9}$ . . . . ∽ 21,5 „

Umspannen ist 50% der Zeit vom Aufspannart IV	1,75	„
Stähle schleifen	5,00	„
Abspannen lt. Tabelle 45	1,00	„
Summa	78,50	min

2. Beispiel: Dieselbe Platte unter denselben Bedingungen auf der Shapingmaschine Nr. 2 hobeln.

a) In der Längsrichtung:

Die Bearbeitung erfolgt lt. Tabelle 51 bis 350 mm Hublänge mit Hebelstellung  bei dieser Hebelstellung ist lt. Tabelle 50 die Anzahl der Doppelhübe = 9.

Die Laufzeit auf beiden Seiten ist:

für den 1. Schnitt $T = \frac{150 \cdot 2}{9{,}06} = \frac{300}{5{,}4}$ . . . . 55,5 min

„ „ 2. „ $T = \frac{150 \cdot 2}{9 \cdot 0{,}9} = \frac{300}{8{,}1}$ . . . . 37,0 „

Für die diversen Nebenarbeiten beträgt die Zeit lt. Beispiel 1	23,75	„
Summa	116,25	min

b) In der Querrichtung:

Die Bearbeitung erfolgt lt. Tabelle 51 bis 200 mm Hublänge nach Hebelstellung //; bei dieser Hebelstellung ist lt. Tabelle 50 die Anzahl der Doppelhübe = 25.

Die Laufzeit auf beiden Seiten ist:

für den 1. Schnitt $T = \frac{300 \cdot 2}{25 \cdot 0{,}6} = \frac{600}{15}$ . . . . 40,0 min

„ „ 2. „ $T = \frac{300 \cdot 2}{25 \cdot 0{,}9} = \frac{600}{22{,}5}$ . . . . 24,75 „

Für die diversen Nebenarbeiten beträgt die Zeit lt. Beispiel 1 . . . 23,75 „

Summa 88,50 min

Wie auch diese beiden Beispiele zeigen, ergeben die Berechnungen für ein und dasselbe Arbeitsstück vier verschiedene Werte, wodurch die Behauptung, daß die Akkordberechnung nach Flächeninhalt falsch ist, wohl genügend bewiesen erscheint.

3. Beispiel: Einen Lagerbock (Fig. 43), Material Gußeisen, auf der Shapingmaschine Nr. 3 die Fußfläche und Teilfläche mit je 2 Schnitten hobeln.

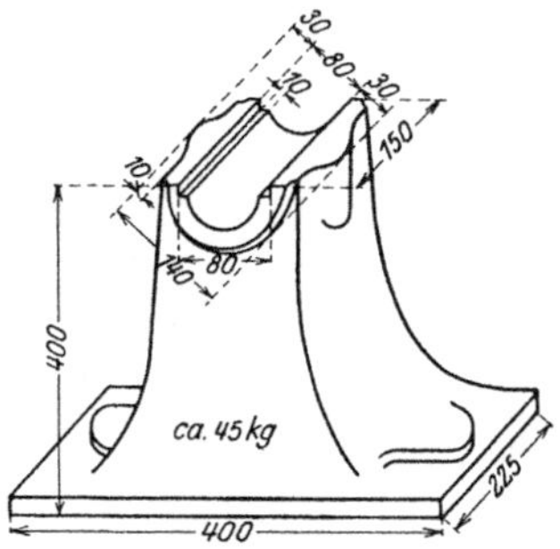

Fig. 43.

a) Teilfläche hobeln:

s_1 = für beide Schnitte 0,8 mm.

Maschine einrichten . . . . 10,0 min

Lagerbock auf den Tisch heben, lt. Tabelle 45 . . . . 3,0 „

Aufspannen und Ausrichten, lt. Tabelle 55, Aufspannart IV, bei $40 \cdot 22{,}5 = 880\ \text{cm}^2$ . . . . 5,5 „

4 mal Stahl einspannen lt. Tabelle 54 à 0,5 min . . . . 2,0 „

ca. 6 mal Schnitt anstellen und 6 mal messen lt. Tabelle 54 à 0,5 = 6,0 „

Die Bearbeitung erfolgt lt. Tabelle 53 bis 200 mm Hublänge auf Stufe A.

Die Doppelhübe betragen auf Stufe A lt. Tabelle 52 bei 200 mm Hublänge = 19,3.

Die Laufzeit für beide Schnitte ist:

$T = \frac{2 \cdot 30 \cdot 2}{19{,}3 \cdot 0{,}8} = \frac{120}{15{,}44}$ . . . . 7,75 „

Die Laufzeit für den Falz einhobeln, jede Seite mit 2 Schnitten und 0,5 mm Vorschub ist:

$T = \frac{2 \cdot 10 \cdot 2}{19{,}3 \cdot 0{,}5} = \frac{40}{9{,}65}$ . . . . 4,15 „

Übertrag 38,40 min

b) Fußfläche hobeln mit 2 Schnitten: Übertrag 38,40 min

s_1 = für den 1. Schnitt 0,8 mm und

„ „ 2. „ (Breitschlichten) 2,4 mm.

Umspannen lt. Tabelle 55 = 50% der Zeit vom Aufspannen nach Aufspannart IV	2,75 „
2 mal Stahl einspannen, lt. Tabelle 54 à 0,5 min	1,0 „
2 mal Schnitt anstellen und 2 mal messen, lt. Tabelle 54 à 0,5 min	2,0 „

Die Bearbeitung erfolgt lt. Tabelle 53 bis 450 mm Hublänge auf Stufe A.
Die Doppelhübe betragen auf Stufe A lt. Tabelle 52 bei 400 mm Hublänge = 10,9.
Die Laufzeit für den 1. Schnitt ist:

$$T = \frac{225 \cdot 2}{10{,}9 \cdot 0{,}8} = \frac{450}{8{,}72} \quad \ldots\ldots \sim 52{,0} \text{ „}$$

für den 2. Schnitt:

$$T = \frac{225 \cdot 2}{10{,}9 \cdot 2} = \frac{450}{21{,}8} \quad \ldots\ldots 20{,}65 \text{ „}$$

Stähle schleifen	10,0 „
Abspannen lt. Tabelle 45	3,0 „
Summa	129,8 min

4. Beispiel: Bei einem Lagerdeckel (Fig. 44), Material Gußeisen, auf derselben Shapingmaschine die Teilfläche mit 2 Schnitten hobeln und im Lagerbock Fig. 43 einpassen.

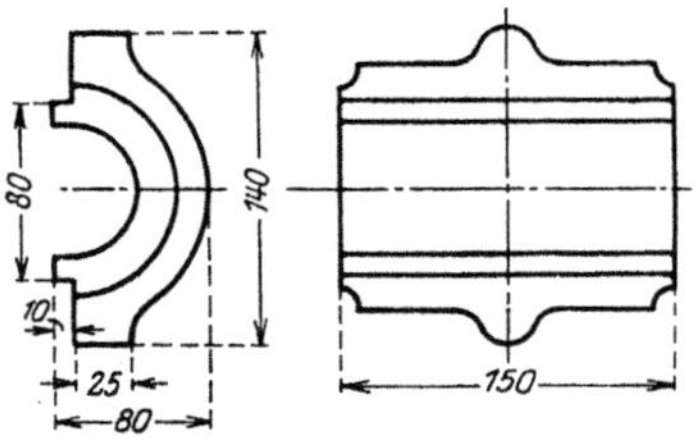

Fig. 44.

S_1 = für beide Schnitte 0,4 mm.

Maschine einrichten	10,0 min
Schraubstock aufspannen	5,0 „
Lagerdeckel auf den Tisch legen	0,5 „
Lagerdeckel einspannen und ausrichten lt. Tabelle 55, Aufspannart II bei einer Fläche von 14 · 15 = 210 cm²	2,25 „
3 mal Stahl einspannen, lt. Tabelle 54 à 0,5 min	1,5 „
6 mal Schnitt anstellen und messen lt. Tabelle 54 à 0,5 min	6,0 „

Die Bearbeitung erfolgt auf Stufe A.
Die Doppelhübe betragen bei 200 mm Hublänge auf Stufe A = 19,3.
Die Laufzeit für je 2 Schnitte ist:

$$T = \frac{2 \cdot 30 + 2 \cdot 10}{19{,}3 \cdot 0{,}4} \cdot 2 = \frac{160}{7{,}72} \quad \ldots\ldots 20{,}7 \text{ „}$$

Die Ansätze mit Einstechstahl, jede Seite mit je 2 Schnitten einstechen, Vorschub = 0,5 mm:

$$T = \frac{2 \cdot 10 \cdot 2}{19{,}3 \cdot 0{,}5} = \frac{40}{9{,}65} \quad \ldots\ldots 4{,}15 \text{ „}$$

Abspannen lt. Tabelle 45	0,5 „
Summa	50,6 min

Die Zahnradhobelmaschine.

Das Hobeln der Zahnräder ist, wie allgemein bekannt, das einzig richtige Verfahren, um genaue Zahnformen zu erhalten. Man unterscheidet:

1. Das Abwälzhobelverfahren (z. B. System Bilgram, Gleason, Röber und Fellow).
2. Das Kopierverfahren (System Gleason, Oerlikon, Zimmermann und andere).

1. Das Abwälzhobelverfahren.

Das Abwälzhobelverfahren findet überall dort seine Anwendung, wo auf absolut ruhigen Gang der Zahnräder bei hoher Tourenzahl (z. B. im Automobilbau, Turbobau und Werkzeugbau) besonderes Gewicht gelegt wird.

Dieses Verfahren gestattet infolge seiner Feineinstellung eine äußerst genaue Zahnstärke und Flankenkorrektur und infolgedessen die Herstellung von Zahnrädern höchster Präzision. Speziell die Bilgram-Hobelmaschine von Reinecker-Chemnitz vereinigt alle obengenannten Vorzüge, sie ist für Zahnräder höchster Präzision gebaut, weshalb ihr auch im Automobilbau, wo an die Zahnräder besonders hohe Anforderungen gestellt werden, der Vorzug vor anderen Systemen gegeben wird.

Das Abwälzhobelverfahren nach Bilgram.

Der Arbeitsvorgang nach dem Bilgram-Verfahren ist für Stirn- und Kegelräder so ziemlich der gleiche. In beiden Fällen empfiehlt es sich, um die Maschine zu entlasten, die Zahnräder bis auf die richtige Zahntiefe vorzufräsen und nur die Zahnflanken durch Nachhobeln einer Korrektur zu unterziehen.

Das Vorfräsen auf genaue Zahntiefe wird jedoch in vielen Werken nicht durchgeführt, sondern auch der Zahngrund gehobelt, weil sonst ein zweiter abnormer Satz Zahnfräser nötig wäre.

Die Bearbeitung der Zähne erfolgt mit 2 bzw. 3 Hobelstählen, dem mittleren und je einem rechten und linken prismatischen Hobelstahl, so daß das Hobeln der Zähne eigentlich in 3 Operationen, und zwar: dem Hobeln des Zahngrundes und dem Hobeln der rechten und linken Zahnflanke, zerfällt.

a) Das Hobeln der Stirnräder.

Der Vorgang beim Hobeln der Stirnräder nach dem Abwälzhobelverfahren auf der Bilgram-Stirnrad-Hobelmaschine ist folgender:

Fig. 45. Automatische Stirnrad-Hobelmaschine von J. Reinecker, Chemnitz.

Durch zwei verschiedene, jedoch voneinander abhängige Bewegungen, der Querbewegung des Schlittens, auf dem das zu schneidende Zahnrad befestigt ist, und der Drehbewegung, die dieses entgegen der Bewegung des Schlittens ausführt (Fig. 46), wälzen sich Werkzeug und Werkstück aufeinander ab, wobei der Hobelstahl unter Erzeugung genauer Evolventen durch das Arbeitsstück wandert.

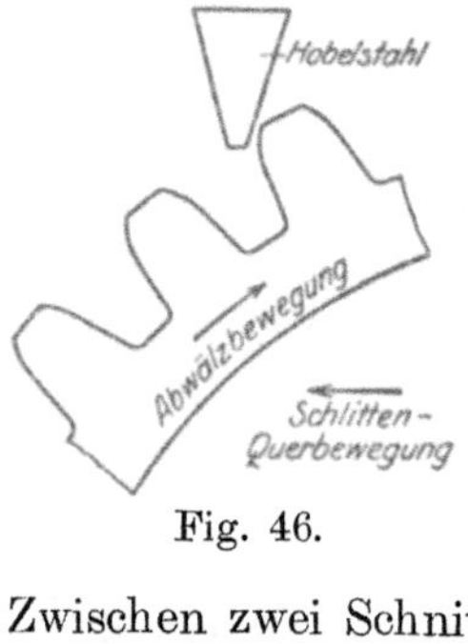

Fig. 46.

Gleichzeitig wird das Zahnrad bei jedem Stößelhub automatisch um eine Zahnteilung weitergedreht, d. h. es wird nicht wie beim Hobeln nach dem Kopierverfahren oder nach dem Abwälzverfahren System Gleason ein Zahn nach dem anderen fertig bearbeitet, sondern es werden alle Zähne gleichzeitig begonnen und fertiggestellt. Zwischen zwei Schnitten an einem Zahne liegt dann immer eine ganze Umdrehung des Arbeitsstückes. Die Entfernung der beiden in diesen Stellungen erzeugten Flankenpunkte voneinander ist gleich dem durch die Abwälzbewegung (Rollung) erzeugten Vorschub S_F[1]). Hat man diesen,

[1]) S_F = Vorschub zwischen 2 Schnitten an einem Zahne.

der Genauigkeit des Rades entsprechend, zu x mm bestimmt, so darf die Abwälzung pro Stößelhub nur so groß sein, daß der Vorschub S_{F_1}[1]) $= \frac{\text{x}}{\text{Zähnezahl}}$ wird.

Durch die Abwälzbewegung wird, da sich das Werkstück am Werkzeug abwälzt, dem Werkzeug (Hobelstahl) stets neues Material zugeführt, wobei der Hobelstahl, seiner prismatischen Form entsprechend, bei jedem Stößelhube kleine Flächen (Tangenten zur Zahnkurve) auf die Zahnflanken schneidet. Die Größe dieser Flächen ist von der Größe der Abwälzbewegung abhängig.

Da nun eine Zahnkurve aus einer Anzahl von Tangenten (Flankenpunkte) besteht und desto genauer wird, je mehr Flankenpunkte auf eine bestimmte Länge (Flankenlänge) entfallen, so ist es klar, daß eine Zahnkurve um so genauer werden muß, je kleiner der Vorschub (Abwälzbewegung) gewählt wird.

Bei der Bilgram-Stirnradhobelmaschine wird die Abwälzbewegung durch Wechselräder, die von der Spindel des Quersupportes aus angetrieben werden, geregelt (siehe Fig. 55 und Text unter „Vorschub", S. 154).

b) Das Hobeln der Kegelräder.

Im Prinzip ist, wie eingangs erwähnt, der Arbeitsvorgang beim Hobeln von Kegelrädern derselbe wie bei Stirnrädern. Der Unterschied liegt

Fig. 47. Automatische Kegelrad-Hobelmaschine Nr. 2 von J. Reinecker, Chemnitz.

[1]) S_{F1} = Vorschub pro Stößelhub.

nur in der Konstruktion der Maschine. Der Schlitten der Kegelradhobelmaschine bewegt sich zur Erzeugung des richtigen Zahnwinkels radial um den Mittelpunkt, wobei das zu schneidende Rad gleichzeitig eine Drehbewegung (Abwälzbewegung) ausführt, wo hingegen der Schlitten der Stirnradhobelmaschine quer zum Stößelhub bewegt wird. Die Teilung von Zahn zu Zahn erfolgt ebenfalls automatisch nach jedem Stößelhub.

Für den Vorschub gilt bei Kegelrädern im allgemeinen dasselbe wie bei Stirnrädern. Derselbe wird jedoch bei der automatischen Kegelradhobelmaschine nicht durch Wechselräder, sondern von einem Planetengetriebe (dem Bilgram-Getriebe) bewerkstelligt, das 12 bis 15 verschiedene, auf den Durchmesser des Rundschlitten bezogene Schaltgeschwindigkeiten ermöglicht. Dementsprechend ist auch die Schaltscheibe mit 12 bzw. 15 Schaltstellungen versehen (Fig. 48).

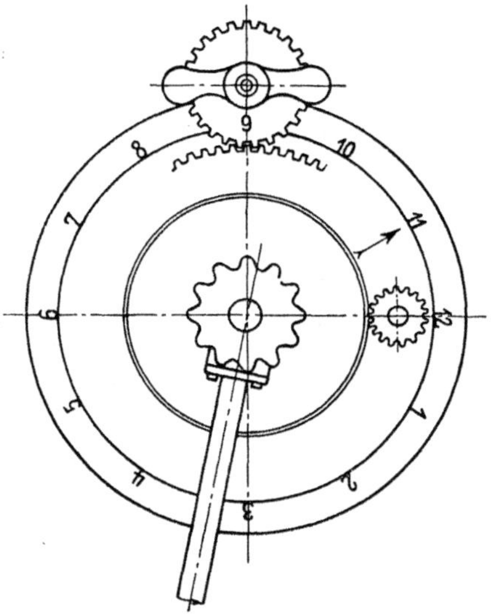

Fig. 48.

Um nun die Werte der einzelnen Stellungen pro Doppelhub zu ermitteln, nimmt man, von einer bestimmten Hubzahl ausgehend, bei allen Stellungen der Schaltscheibe den Vorschub auf den äußeren Durchmesser des Rundschlittens bezogen auf und teilt denselben durch die Anzahl der Doppelhübe. Der so ermittelte Vorschub pro Doppelhub bezieht sich nun auf ein Kegelrad mit einer Distanz, die gleich ist dem Radius des Rundschlittens.

So beträgt z. B. bei der Type A.K.H_2 auf den Durchmesser von 792 mm bezogen:

Tabelle 56.

bei Schaltstellung . .	1	2	3	4	5	6	7	8	9	10	11	12
der Vorschub in mm . .	0,0195	0,0248	0,032	0,049	0,053	0,068	0,087	0,11	0,136	0,186	0,235	0,34

Da jedoch die Schaltgeschwindigkeit und mithin auch der Vorschub gegen den Mittelpunkt des Rundschlittens zu abnimmt, der ermittelte Vorschubwert aber für Kegelräder jeder Distanz gilt, so muß für die betreffende Distanz jene Schaltstellung ermittelt werden, die denselben Vorschub ermöglicht.

Für Distanzen, die kleiner als der Radius des Rundschlittens sind, dient zur Ermittlung der Schaltstellungen bei einem bestimmten Vorschub, sowie zur Bestimmung der Vorschubwerte in einer bestimmten Schaltstellung, für die 3 Typen der automatischen-Kegelradhobelmaschinen A.K.H_1A, A.K.H_1 und A.K.H_2 die log. Tafel III.

Der Vorgang beim Aufsuchen der Schaltstellung ist folgender:

Angenommen, auf der Maschine A.K.H_1 wäre, auf den Rundschlitten der Maschine bezogen, der ermittelte Vorschub pro Stößelhub = 0,0615 mm = Schaltstellung VIII. Um nun die Schaltstellung für ein Kegelrad mit 120 mm Distanz zu finden, die dem Vorschub von 0,0615 mm entspricht, suche man im oberen A.K.H_1 log. Maßstab den Wert von 0,0615 mm, ziehe von diesem Werte die Senkrechte bis zum Schnittpunkte mit der Distanz von 120 mm, verfolge von diesem Schnittpunkte die Diagonale bis zum unteren log. Maßstab und von da die Senkrechte zur Rubrik der A.K.H_1 = Schaltstellung IX.

Die Schaltstellung IX entspricht also bei 120 mm Distanz dem Vorschub von 0,0615 mm.

Die Ermittlung des Vorschubwertes zu einer gegebenen Schaltstellung:

Will man im anderen Falle für eine bestimmte Schaltstellung bei einer kleineren Distanz, als der Radius des Rundschlittens ist,. den Vorschubwert pro Stößelhub ermitteln, so muß man hierbei umgekehrt verfahren.

Dieselben Werte, wie im vorigen Beispiel angenommen: Man verfolgt von A.K.H_1 Schaltstellung VIII = 0,0615 mm am unteren log. Maßstabe die Diagonale bis zum Schnittpunkte von 120 mm Distanz, ziehe von da die Senkrechte bis zum oberen A.K.H_1 log. Maßstabe = 0,048 mm.

Die Schaltstellung VIII entspricht also bei einer Distanz von 120 mm einem Vorschubwert von 0,048 mm.

Das Abwälzverfahren System Röber.

Dieses Verfahren bietet den großen Vorteil, daß die Zähne nicht vorgefräst werden müssen und daß man sowohl Stirnräder für Innen- und Außenverzahnung als auch Zahnstangen ohne besondere Vorrichtung auf ein und derselben Maschine herstellen kann.

Für Innen- und Außenverzahnung bis Mod. 7 wird in der Regel ein stirnradförmiges, auf seinen Flanken abwälzend geschliffenes konisches Schneidrad (Fig. 50) verwendet, das nur stirnseitig nachgeschliffen wird und infolgedessen die Form seiner Zahnflanken nicht verändert.

Der Arbeitsvorgang hierbei ist folgender:

Der Schlitten mit dem daraufgespannten Arbeitsstücke wird von Hand langsam bis auf Zahntiefe vorgeschoben und hierauf der automatische Vorschub eingeschaltet. Der automatische Vorschub besteht in der zwangläufigen Drehbewegung des Tisches und des Werkzeuges (Fig. 51), wobei sich Arbeitsstück und Werkzeug aufeinander abwälzen.

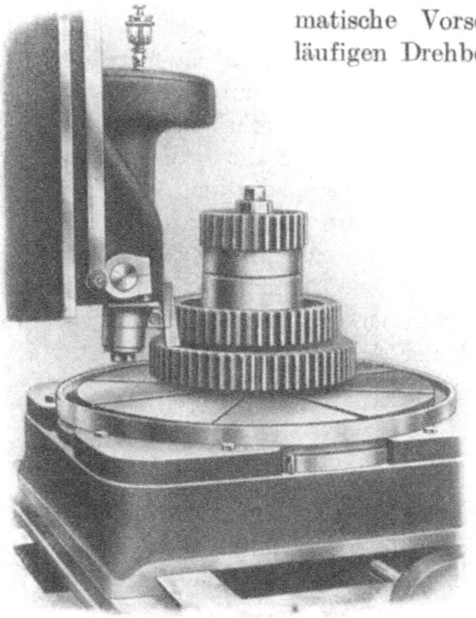

Fig. 49. Röber Stirnrad-Stoßmaschine (Abwälzverfahren).

Die Größe des Vorschubes bzw. der Drehbewegung des Tisches und Werkzeuges wird durch ein Zahnrad mit Sperrklinke geregelt und ist von der Größe des Spannquerschnittes und dem Genauigkeitsgrade des Arbeitsstückes abhängig.

Für größere Teilungen über Mod. 7 wird ein bedeutend billigeres Werk- Hobelstahl, im Prinzip der Zahn einer Zahnstange (Fig. 52), verwendet. Hierbei wird die zur Erzeugung der Zahnflanken erforderliche Abwälzbewegung vom Arbeitsstücke dadurch ausgeführt, daß der Tisch, auf dem das zu schneidende Rad aufgespannt ist, gleichzeitig eine Dreh- und Tangentialbewegung ausführt (Fig. 52), während der Hobelstahl unter Erzeugung von Punktflächen (Tangenten zur Zahnkurve) durch das Arbeitsstück gleitet und hierbei genaue Evolventen erzeugt.

Fig. 50.

Die Röber-Maschine eignet sich besonders für Innenverzahnung und abgestufte, aus einem Stück hergestellte Zahnräder oder zusammengesetzte Getriebe mit kleinen Zwischenräumen (z. B. Wechselgetriebe), dann für Räder mit Bund oder vorstehenden Teilen (siehe Fig. 49, System Röber).

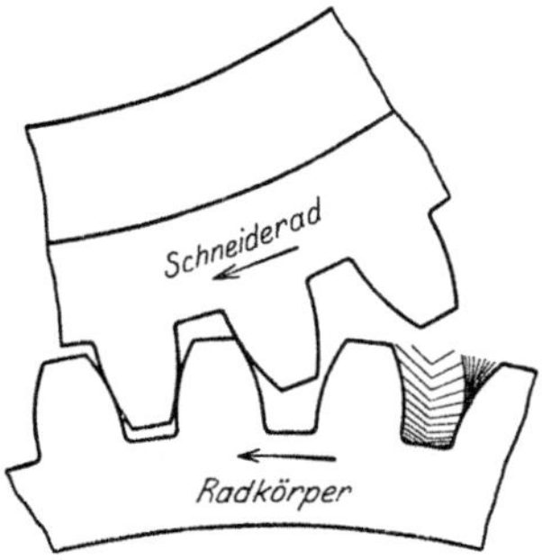

Fig. 51.

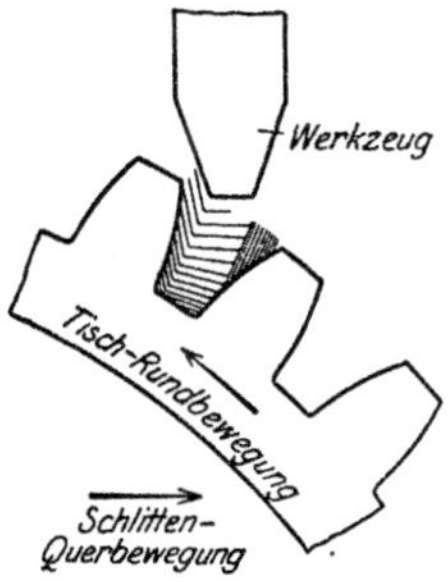

Fig. 52.

Die billige Herstellung der Werkzeuge und der Umstand, daß die Zähne nicht vorgefräst werden müssen, spricht für die Verwendung dieses Maschinentyps besonders bei Rädern, die keine hohe Präzision verlangen.

Erwähnt sei noch, daß das Abwälzhobelverfahren System Fellow im Prinzip dasselbe ist wie Röber, jedoch mit dem Unterschied, daß auf der Fellow-Maschine keine Zahnstangen hergestellt werden können.

Die automatische Gleason-Kegelrad-Abwälzhobelmaschine.

Auf der Gleason-Abwälzhobelmaschine werden die Zähne nicht, wie beim Bilgram-Verfahren, alle zu gleicher Zeit, sondern ein Zahn nach dem anderen komplett fertig bearbeitet.

Die Maschinen älterer Konstruktion bearbeiten den Zahn mit einem Stahl, während dieselben neuerer Konstruktion gleichzeitig mit zwei Stählen arbeiten, d. h. es werden beide Flanken eines Zahnes gleichzeitig bearbeitet, wobei der eine Stahl die Rückgangbewegung ausführt, während der andere Stahl schneidet. Durch das wechselseitige Arbeiten der Stähle wird das Zusammenstoßen der Werkzeuge bei großen Zahnlängen und kleinem Teilkreisdurchmesser vermieden.

Dieses Verfahren hat gegenüber dem Bilgram-Verfahren den Vorzug der hohen Leistung, da 2 Stähle zu gleicher Zeit arbeiten können, wodurch das Rad in der halben Zeit fertiggestellt wird.

Da auch dieser Maschinentyp für Zahnräder hoher Präzision und speziell für Korrektur der Zahnflanken gebaut ist, so empfiehlt es sich, dieselbe gleichfalls nicht zum Schrubben zu verwenden, sondern die Zähne auf einer anderen Maschine, wenn möglich auf richtige Zahntiefe, vorzufräsen.

Der Arbeitsgang bei der Gleason-Abwälzhobelmaschine ist folgender:

Während des Schneidens eines Zahnes werden die beiden ineinanderlaufenden Spindeln, auf denen das zu schneidende Rad aufgesteckt ist,

Fig. 53. Gleason-Kegelradhobelmaschine (Abwälzverfahren)[1].

durch einen halbkreisförmigen Arm in entsprechendem Winkel bewegt. Während die Werkzeugführungen, die an ihrem äußeren Ende von demselben Arm getragen, in eine abwälzende Bewegung auf- und abwärts bewegt werden, macht zu gleicher Zeit die zweiteilige Arbeitsspindel mit dem Arbeitsstück gleichfalls eine Drehbewegung. Diese Bewegungen geschehen zwangläufig mittels feststehenden Zahnsegmentes am Hobelschlitten und auswechselbarem Zahnsegment am halbkreisförmigen Arm, wodurch Arbeitsstück und Messerführung im gleichen Geschwindigkeitsverhältnis bewegt werden.

[1]) Vertreter: Franz Böhm, Berlin-Tempelhof.

Die Abwicklung wird vom halbkreisförmigen Arm in der tiefsten Stellung beginnend, ausgeführt. Bei der Aufwärtsbewegung desselben in die höchste Stellung, wobei auch das Arbeitsstück im gleichen Verhältnisse gedreht wird, hobeln die beiden Stähle die Zahnflanken bis auf den Schlichtschnitt vor. Bei der Abwärtsbewegung des Armes nehmen beide Stähle einen Schlichtschnitt über die Zahnflanken, so daß der Zahn in einem Schnitte fertiggestellt wird. Ist der halbkreisförmige Arm in der tiefsten Stellung angelangt, so werden die Stähle durch eine Vorrichtung abseits bewegt und das Rad um eine Zahnteilung weiter gedreht, worauf die Bearbeitung des nächsten Zahnes beginnt. Dieser Vorgang wiederholt sich automatisch bis zur Fertigstellung des Rades.

Zu erwähnen wäre ferner noch die automatische Kegelrad-Hobelmaschine System Robey-Smith.

Auf dieser Maschine werden die Zähne ähnlich wie bei der automatischen Kegelrad-Hobelmaschine System Gleason mit zwei einfach geformten Hobelstählen auf beiden Flanken zu gleicher Zeit bearbeitet. Doch wird hierbei nicht wie bei der Gleasonmaschine ein Zahn nach dem andern komplett fertig bearbeitet, sondern es werden wie beim Bilgram-Verfahren alle Zähne gleichzeitig begonnen und fertiggestellt.

2. Das Hobeln nach Kopierschablone.

1. Nach Gleason. Beim Hobeln von Kegelrädern nach einer Kopierschablone bewegt sich der Hobelschlitten radial um den Mittelpunkt, wobei das eine Ende des Schlittens mittels einer Rolle auf einer der genauen Zahnform entsprechenden, stark vergrößerten Schablone gleitet, wodurch der Schlitten gleichzeitig auch eine vertikale Bewegung ausführt und das am anderen Ende des Schlittens hin und her gehende Werkzeug vom Kopfe bis zum Fuße des Zahnes stets im korrekten Winkel arbeitet, so daß der nach der Mitte zu sich verjüngende Zahn auf seiner ganzen Länge eine proportionell verkleinerte, doch gleiche Profilform erhält. Zur Bearbeitung wird ein gewöhnlicher, entsprechend geformter Hobelstahl verwendet.

Der automatische Vorschub wird ähnlich wie bei anderen Typen bewerkstelligt und kann verschieden eingestellt werden, so daß derselbe bei Erreichung des richtigen Zahngrundes selbsttätig ausrückt. Die Größe des Vorschubes pro Stößelhub richtet sich hierbei nach dem Verwendungszweck bzw. nach dem Genauigkeitsgrad des Rades. Die Einstellung für die nächste Zahnflanke, sowie die Umschaltung erfolgt teils von Hand, teils automatisch.

2. Nach Oerlikon und Zimmermann: Dieses Verfahren ist im Prinzip dasselbe wie nach Gleason.

Fig. 54. Gleason Kegelradhobelmaschine (Kopierverfahren)[1]).

Die Schnittgeschwindigkeit.

Für die Zahnradhobelmaschinen aller Systeme gilt betreffs Schnittgeschwindigkeit dasselbe wie für die Shaping-Maschine, da auch bei diesen Maschinen der Antrieb entweder mittels Stufenscheibe oder Einscheibe und Räderkasten für verschiedene Geschwindigkeiten erfolgt.

Die Möglichkeit der Wahl verschiedener Schnittgeschwindigkeiten in weiten Grenzen bedingt, um auch hier eine Übereinstimmung des Kalkulationsbureaus mit der Werkstätte zu erzielen, ebenfalls die Anfertigung von Vorschriftstabellen. Wie derartige Tabellen angefertigt werden, wurde unter Shaping-Maschinen eingehend erklärt.

Für das Hobeln der Zahnräder haben sich für die verschiedenen Materialsorten nachstehende Schnittgeschwindigkeiten als günstig erwiesen und sind die nachfolgenden Tabellen unter Zugrundelegung dieser Schnittgeschwindigkeiten angefertigt.

Material	Ch.N.-Stahl S.M.-Stahl über 75 kg Festigkeit	Gußeisen, Stahlguß, S.M.-Stahl 60—75 kg Festigkeit	S.M.-Stahl S.M.-Flußeisen bis 60 kg Festigkeit	Bronze Messing
Schnittgeschw. m/min.	8	10	12	15

[1]) Vertreter: Franz Böhm, Berlin-Tempelhof.

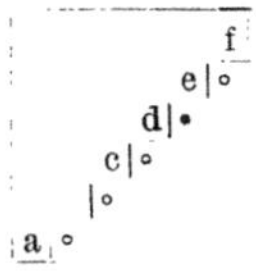

Tabelle 57.

Schnittgeschwindigkeitstabelle für Stirnradhobelmaschine Nr. 1 mit Einscheibenantrieb und Räderkasten.

		Höchstgeschwindigkeit in m/min					
Stufe		a	b	c	d	e	f
Doppelhübe/min.		43	63	85	107	126	150
Hublänge in mm	25	2,15	3,15	4,25	5,35	6,3	7,5
	30	2,58	3,78	5,1	6,42	7,58	9,0
	35	3,02	4,41	5,95	7,5	8,82	10,5
	40	3,44	5,05	6,8	8,58	10,1	12,0
	45	3,87	5,68	7,65	9,63	11,35	13,5
	50	4,3	6,3	8,5	10,7	12,6	15,0
	55	4,73	6,92	9,35	11,8	13,88	16,5
	60	5,17	7,55	10,2	12,86	15,12	18,0
	65	5,6	8,2	11,06	13,92	16,4	19,5
	70	6,02	8,8	11,9	15,0	17,62	21,0
	75	6,45	9,45	12,8	16,06	18,9	22,5
	80	6,9	10,08	13,6	17,16	20,2	24,0
	85	7,32	10,75	14,44	18,2	21,4	25,5
	90	7,75	11,36	15,3	19,25	22,7	27,0
	95	8,2	12,0	16,2	20,3	23,9	28,5
	100	8,6	12,6	17,0	21,4	25,2	30,0

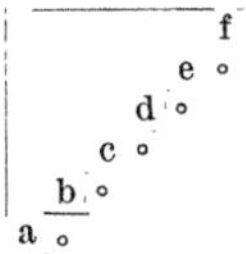

Tabelle 58.

Vorschrift für Stirnradhobelmaschine Nr. 1.

Material	bei Hublänge in mm															
	25	30	35	40	45	50	55	60	65	70	75	80	85	90	95	100
	erfolgt Bearbeitung auf Stufe															
Ch.N.Stahl, S.M.Stahl über 75 kg Festigk.	f	e	d	c	c	b	b	b	b	a	a	a	a	a	a	—
Gußeisen: Stahlguß: S.M.-St.: 60 bis 75 kg Festigkeit	f	f	e	e	d	c	c	c	b	b	b	b	a	a	a	a
S.M.-St., S.M.-Fl. bis 60 kg Festigkeit	f	f	f	f	e	d	d	c	c	c	b	b	b	b	b	a
Bronze, Messing:	f	f	f	f	f	f	e	e	d	d	c	c	c	b	b	b

Hublänge = Breite des Arbeitsstückes + Auslauf.

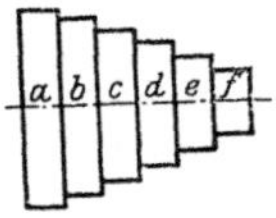

Tabelle 59.

Schnittgeschwindigkeitstabelle für Stirnradhobelmaschine Nr. 2 mit Stufenscheibe.

		Höchstgeschwindigkeit in m/min					
Stufenscheibe		a	b	c	d	e	f
Doppelhübe/min		40	52	69	89	116	152
Hublänge in mm	25	2,0	2,6	3,45	4,45	5,8	7,6
	30	2,4	3,12	4,14	5,33	6,97	9,12
	35	2,8	3,64	4,83	6,22	8,22	10,62
	40	3,2	4,16	5,52	7,12	9,28	12,18
	45	3,6	4,68	6,2	8,02	10,44	13,7
	50	4,0	5,20	6,9	8,9	11,6	15,2
	55	4,4	5,72	7,6	9,8	12,76	16,76
	60	4,8	6,23	8,3	10,7	13,9	18,06
	65	5,2	6,77	8,95	11,6	15,1	19,8
	70	5,6	7,28	9,7	12,5	16,25	21,3
	75	6,0	7,80	10,35	13,4	17,4	22,8
	80	6,4	8,32	11,0	14,3	18,6	24,4
	85	6,8	8,84	11,75	15,2	19,7	25,9
	90	7,2	9,38	12,42	16,1	20,8	27,4
	95	7,6	9,88	13,16	17,0	22,1	28,9
	100	8,0	10,4	13,8	17,9	23,2	30,4

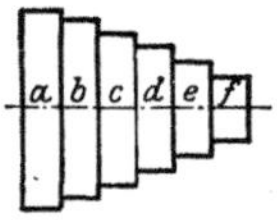

Tabelle 60.

Vorschrift für Stirnradhobelmaschine Nr. 2.

Material	bei Hublänge in mm															
	25	30	35	40	45	50	55	60	65	70	75	80	85	90	95	100
	erfolgt Bearbeitung auf Stufe															
Chr.N.-St.: S.M.-St. über 75 kg Festigk.	f	e	e	d	d	c	c	b	b	b	b	a	a	a	a	a
Gußeisen: Stahlguß: S.M.-St. 60 bis 75 kg Festigkeit	f	f	e	e	d	d	d	c	c	c	b	b	b	b	b	a
S.M.-St.: S.M.-Fl. bis 60 kg Festigkeit	f	f	f	f	e	e	d	d	d	c	c	c	c	b	b	b
Bronze: Messing	f	f	f	f	f	f	e	e	e	d	d	d	d	c	c	c

Hublänge = Breite des Arbeitsstückes + Auslauf.

Tabelle 61.

Schnittgeschwindigkeitstabelle für Kegelradhobelmaschine Nr. 3 mit Einscheibenantrieb und Räderkasten.

		Höchstgeschwindigkeit in mm					
Stufe		a	b	c	d	e	f
Doppelhübe/min		38	57	75	93	110	130
Hublänge in mm	25	1,9	2,85	3,75	4,65	5,5	6,5
	30	2,88	3,42	4,5	5,99	6,6	7,8
	35	2,66	3,98	5,25	6,51	7,7	9,1
	40	3,04	4,56	6,0	7,45	8,8	10,4
	45	3,42	5,12	6,75	8,38	9,9	11,7
	50	3,8	5,7	7,5	9,3	11,0	13,0
	55	4,18	6,28	8,25	10,22	12,1	14,3
	60	4,56	6,83	9,0	11,18	13,2	15,6
	65	4,95	7,4	9,75	12,08	14,3	16,9
	70	5,32	7,9	10,5	13,0	15,4	18,2
	75	5,7	8,56	11,25	13,94	16,5	19,5
	80	6,08	9,12	12,0	14,86	17,6	20,8
	85	6,47	9,7	12,75	15,78	18,7	22,1
	90	6,84	10,25	13,5	16,7	19,8	23,4
	95	7,22	10,82	14,25	17,62	20,9	24,7
	100	7,6	11,4	15,0	18,54	22,0	26,0
		Zeit für einen Doppelhub in sk					
		1,57	1,05	0,8	0,64	0,54	0,46

Vorschübe in mm pro Stößelhub, bezogen auf 303 mm Durchm., bzw. auf 151,5 mm Abstand vom Mittel.

Schaltstellung	1	2	2	4	5	6	7	8
Vorschub . .	0,0079	0,0114	0,0148	0,0198	0,0264	0,0352	0,0470	0,0625
Schaltstellung	9	10	11	12	13	14	15	
Vorschub . .	0,0835	0,115	0,148	0,198	0,264	0,352	0,470	

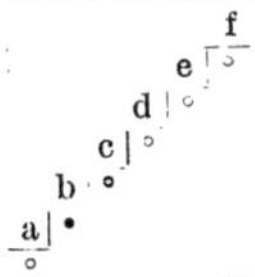

Tabelle 62.

Vorschrift für Kegelradhobelmaschine Nr. 3.

Material	bei Hublänge in mm															
	25	30	35	40	45	50	55	60	65	70	75	80	85	85	95	100
	erfolgt Bearbeitung auf Stufe															
Chr.N.St.: S.M.-St. über 75 kg Festigk.	f	f	e	d	c	c	c	b	b	b	a	a	a	a	a	a
Gußeisen: Stahlguß: S.M.-St. 60 bis 75 kg Festigkeit	f	f	f	e	e	d	d	c	c	b	b	b	b	b	a	a
S.M.-St.: S.M.-Fl. bis 60 kg Festigkeit	f	f	f	f	f	e	e	d	d	c	c	c	b	b	b	b
Bronze: Messing	f	f	f	f	f	f	f	e	e	d	d	d	c	c	c	c

Hublänge = Breite des Arbeitsstückes + Auslauf.

Tabelle 63.

Schnittgeschwindigkeitstabelle für Kegelradhobelmaschine Nr. 4 mit Stufenscheibe.

		Höchstgeschwindigkeit in m/min					
Stufe		a	b	c	d	e	f
Doppelhübe/min		24	32	42	54	72	95
Hublänge in mm	25	1,2	1,6	2,1	2,7	3,6	4,75
	30	1,44	1,92	2,52	3,24	4,32	5,7
	35	1,68	2,24	2,94	3,78	5,04	6,65
	40	1,92	2,56	3,36	4,32	5,77	7,6
	45	2,16	2,88	3,78	4,86	6,5	8,55
	50	2,4	3,2	4,2	5,4	7,2	9,5
	55	2,64	3,52	4,62	5,94	7,9	10,45
	60	2,88	3,84	5,04	6,48	8,65	11,4
	65	3,12	4,16	5,48	7,02	9,38	12,35
	70	3,36	4,48	5,88	7,56	10,1	13,3
	75	3,6	4,8	6,3	8,1	10,8	14,25
	80	3,84	5,12	6,72	8,64	11,6	15,2
	85	4,08	5,44	7,15	9,18	12,22	16,15
	90	4,32	5,76	7,58	9,72	12,95	17,1
	95	4,56	6,08	8,0	10,26	13,7	18,05
	100	4,8	6,4	8,4	10,8	14,4	19,0

Vorschübe in mm pro Stößelhub, bezogen auf 792 mm Durchm., bzw. auf 396 mm Abstand vom Mittel.

Schaltstellung	1	2	3	4	5	6	7	8	9	10	11	12
Vorschub	0,0193	0,0248	0,032	0,049	0,053	0,068	0,087	0,11	0,136	0,186	0,135	0,34

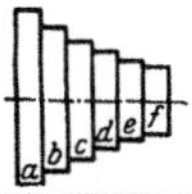

Tabelle 64.

Vorschrift für Kegelradhobelmaschine Nr. 4.

Material	bei Hublänge in mm															
	25	30	35	40	45	50	55	60	65	70	75	80	85	90	95	100
	erfolgt Bearbeitung auf Stufe															
Chr.N.-St.: S.M.-St. über 75 kg Festigk.	f	f	f	f	e	e	e	d	d	d	d	c	c	c	c	b
Gußeisen: Stahlguß: S.M.-St. 60 bis 75 kg Festigkeit	f	f	f	f	f	f	e	e	e	e	d	d	d	d	d	c
S.M.-St.: S.M.-Fl. bis 60 kg Festigkeit	f	f	f	f	f	f	f	f	e	e	e	e	e	d	d	d
Bronze: Messing	f	f	f	f	f	f	f	f	f	f	f	f	e	e	e	e

Hublänge = Breite des Arbeitsstückes + Auslauf.

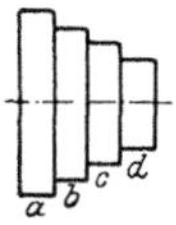

Tabelle 65.

Schnittgeschwindigkeitstabelle für Gleason-Kegelradhobelmaschine Nr. 5 mit Stufenscheibe nach dem Kopierverfahren.

	Höchstgeschwindigkeit in m/min			
Stufenscheibe	a	b	c	d
Doppelhübe/min	50	72	110	165
Hublänge in mm 25	2,5	3,6	5,5	8,25
30	3,0	4,32	6,6	9,90
35	3,5	5,04	7,7	11,55
40	4,0	5,76	8,8	13,20
45	4,5	6,48	9,9	14,85
50	5,0	7,2	11,0	16,5
55	5,5	7,92	12,1	18,15
60	6,0	8,64	13,2	19,8
65	6,5	9,36	14,3	21,5
70	7,0	10,08	15,4	23,1
75	7,5	10,8	16,5	24,7
80	8,0	11,52	17,6	26,4
85	8,5	12,24	18,7	28,1
90	9,0	12,96	19,8	29,7
95	9,5	13,68	20,9	31,4
100	10,0	14,4	22,0	33,0

Zeit für einen Doppelhub in sk			
1,2	0,83	0,54	0,36

Vorschübe pro Doppelhub in mm bei Zähnezahl der Wechselräder		
12	14	24
0,38 mm	0,043 mm	0,07 mm

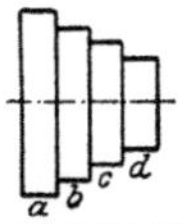

Tabelle 66.

Vorschrift für Kegelradhobelmaschine Nr. 5.

Material	bei Hublänge in mm															
	25	30	35	40	45	50	55	60	65	70	75	80	85	90	95	100
	erfolgt Bearbeitung auf Stufe															
Chr.N.-St.: S.M.-St. über 75 kg Festigk.	d	c	c	b	b	b	b	a	a	a	a	a	—	—	—	—
Gußeisen: Stahlguß: S.M.-St. 60 bis 75 kg Festigkeit	d	d	c	c	c	b	b	b	b	b	a	a	a	a	a	a
S.M.-St.: S.M.-Fl. bis 60 kg Festigkeit	d	d	d	c	c	c	c	b	b	b	b	b	b	a	a	a
Bronze: Messing	d	d	d	d	d	c	c	c	c	c	b	b	b	b	b	b

Hublänge = Breite des Arbeitsstückes + Auslauf.

Tabelle 67.

Röber - Zahnradstoßmaschine Nr. 6.

		Höchstgeschwindigkeit in m/min			
Schalthebelstellung . .					
Doppelhübe pro min .		13	25	51	97
Zeit f. 1 Doppelhub in sk		4,6	2,4	1,17	0,61
Hublänge in mm	25	0,65	1,25	2,55	4,85
	50	1,3	2,5	5,1	9,7
	75	1,95	3,75	7,65	14,55
	100	2,6	5,0	10,2	19,4
	125	3,25	6,25	12,75	24,25
	150	3,9	7,5	15,3	29,1
	175	4,55	8,75	17,85	33,95
	200	5,2	10,0	20,4	38,8
	225	5,85	11,25	22,95	43,65
	250	6,5	12,5	25,5	48,5
	275	7,15	13,75	28,05	53,35
	300	7,8	15,0	30,6	58,2
	325	8,45	16,25	33,15	63,05
	350	9,1	17,5	35,7	67,9
	375	9,75	18,75	38,25	72,75

Tabelle 68.

Vorschrift für Röber-Zahnradstoßmaschine Nr. 6.

Material	bei Hublänge in mm															
	25	50	75	100	125	150	175	200	225	250	275	300	325	350	375	400
	erfolgt bei Bearbeitung mit Hebelstellung															
Chr.N.-St.: S.M.-St. über 75 kg Festigk.																
Gußeisen: Stahlguß: S.M.-St. 60 bis 75 kg Festigkeit																
S.M.-St.: S.M.-Fl. bis 60 kg Festigkeit																
Messing: Bronze																

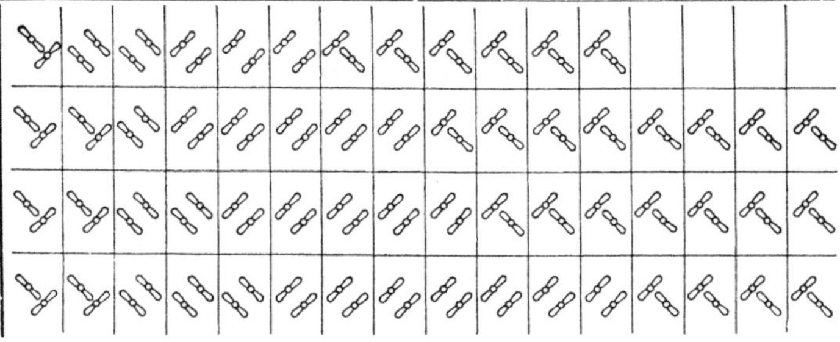

Der Vorschub.

Die Größe des Vorschubes S_F an der Zahnflanke ist in erster Linie vom Genauigkeitsgrade des Rades abhängig und muß von Fall zu Fall, je nach der Verwendung des Rades, bestimmt werden.

Während man z. B. bei Zahnrädern mit kleiner Umdrehungszahl den größtzulässigen Vorschubwert, der noch ein einwandfreies Abrollen der Zahnflanken gewährleistet, wählen wird, muß derselbe bei Zahnrädern hoher Präzision, die einen absolut ruhigen Gang und glattes Abrollen bei hoher Tourenzahl bedingen, möglichst klein gewählt werden.

Aus diesen Gründen kann eine allgemeingültige Vorschubtabelle nicht aufgestellt werden.

Der Vorschub S_F wird, gleichgültig ob die Zähne nach dem Kopier- oder nach dem Abwälzhobelverfahren bearbeitet werden, stets als Vorschub zwischen 2 Schnitten an einem Zahn ausgedrückt, d. h. beim Hobeln nach dem Kopier- oder nach dem Abwälzverfahren, im letzten Falle jedoch nur bei jenen Maschinen, die, wie beim Kopierverfahren, einen Zahn nach dem andern bearbeiten (z. B. Gleason), gilt der Vorschub S_F pro Stößelhub. Nach dem Bilgram-Abwälzhobelverfahren hingegen liegt zwischen 2 Schnitten an einem Zahn stets eine ganze Umdrehung des Rades. Der Vorschub pro Stößelhub ist demnach, da die Größe desselben vom Vorschub S_F und der Zähnezahl des zu hobelnden Rades abhängt, gleich dem $\frac{\text{Vorschub } (S_F)}{\text{Zähnezahl}}$. Bezeichnen wir den Vorschub an der Zahnflanke pro Stößelhub mit S_{F_1}, so ist

$$S_{F_1} = \frac{S_F}{z}\,. \tag{I}$$

Wie bereits bei der Beschreibung der Bilgram-Kegelradhobelmaschine erwähnt wurde, wird bei dieser Maschinengattung der Vorschub durch einfache Umschaltung der Schaltscheibe, dem ermittelten Vorschub S_{F_1} entsprechend, nach einer Vorschubtabelle (siehe log. Tafel III[1])) geregelt und bedarf keiner weiteren Erklärung.

Bei Stirnrädern hingegen erfolgt die Vorschubbewegung (siehe Fig. 55 und 55a) durch ein von der Hauptwelle aus angetriebenes Sperrrad *A*, auf die Spindel *B* des Quersupports *C*, von dieser durch Wechselräder *a*, *b*, *c*, *d* auf die Spindel *D* vom Abrollsupport *E* und mittels Stahlbänder *F* auf den Abrollkreis *G*.

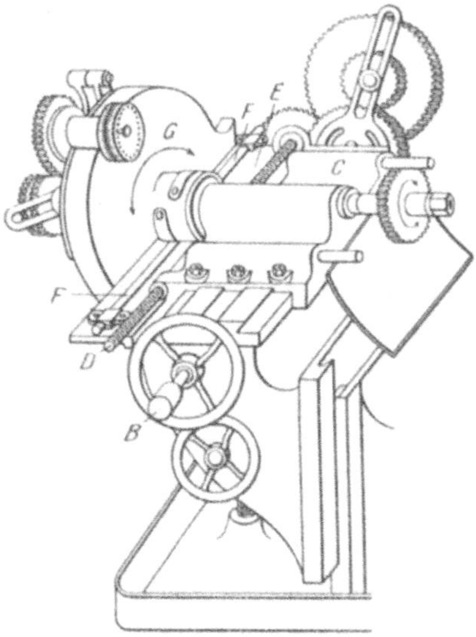

Fig. 55.

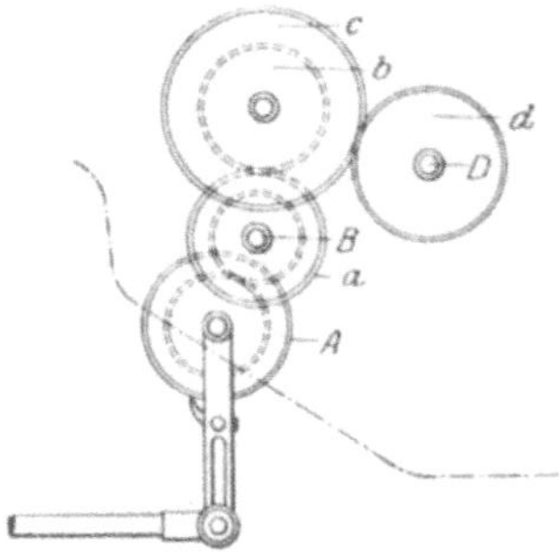

Fig. 55a.

Automatische Stirnradhobelmaschine von J. Reineker, Chemnitz.

Zur Bestimmung des Vorschubes am Quersupport muß man das Verhältnis des Sperrades zur Spindel am Quersupport und das Verhältnis des Vorschubs an der Zahnflanke zum Vorschub am Quersupport festlegen.

Die Zähnezahl des Sperrades $A = 200$.

Die Steigung der Spindel $B = 5{,}1$ mm.

Das Sperrad *A* macht, während sich die Spindel *B* einmal dreht, 14,5 Umdrehungen, das Übersetzungsverhältnis ist somit $= 14{,}5 : 1$.

Der Vorschub des Quersupports *C* ist pro Sperradzahn:

$$\frac{\text{Steigung der Spindel}}{\text{Übersetzungsverhältnis} \times \text{Zähnezahl am Sperrad}} = \frac{5{,}1}{14{,}5 \cdot 200} = 0{,}00175 \text{ mm}.$$

[1]) Siehe Anhang.

Die Größe des durch die Abwälzbewegung pro Stößelhub erzeugten Vorschubs S_{F_1} steht zu der Größe des pro Stößelhub am Quersupport zurückgelegten Vorschubweges S_1 in demselben Verhältnis wie die Flankenlänge zu der, bei der Abrollbewegung des Rades bzw. Abwälzbewegung der Zahnflanken gebildeten Kreisbogenlänge am Teilkreis.

Da ferner die Länge des Kreisbogens am Teilkreis [1]) gleich ist der gesamten Länge des Vorschubweges S [1]), der vom Quersupport C während der Abwälzung der Zahnflanken zurückgelegt wird, so kann aus der Gleichung

$$S_{F_1} : S_1 = F\,l : S$$

der Vorschub S_1 bestimmt werden.

Der Vorschub S_1 pro Stößelhub am Quersupport ist demnach:

$$S_1 = \frac{S_{F_1} \cdot S}{Fl} \qquad \text{(II)}$$

oder nachdem nach Formel 1

$$S_F = \frac{S_F}{Z}$$

ist, so ist auch

$$S_1 = \frac{S_F \cdot U}{Z} \qquad \text{(III)}$$

hierbei ist:

U = Verhältnis der Flankenlänge zum Gesamtvorschub S am Quersupport bzw. der Kreisbogenlänge am Teilkreis.

$$U = \frac{S}{F\,l}. \qquad \text{(IV)}$$

Beim Hobeln der Zahnflanken, sowie des Zahngrundes ist die Länge des Kreisbogens bzw. der Vorschubweg S am Quersupport von der Zähnezahl des Rades und vom Modul abhängig und wird nach folgender Formel berechnet:

$$S = \sqrt{k^2 - p^2} + \sqrt{(p + 0{,}4\,M)^2 - p^2} \qquad \text{(V)}$$

Beim Vorhobeln der Zähne aus dem Vollen hingegen ist der Vorschubweg S am Quersupport gleich der Länge des Weges, den das schneidende Werkzeug (Hobelstahl) vom Beginne der Berührung mit seinem Kopfkreise am Kopfkreise des zu schneidenden Rades (siehe Fig. 38) bis zu seinem Austritte aus demselben zurücklegt. Mit anderen Worten: die Länge des Vorschubweges S am Quersupporte ist gleich

---

[1]) Über Kreisbogenlängen und Vorschubweg S siehe Tabelle 70.

der Länge der Sehne vom Kopfkreise des zu schneidenden Rades mit der Zahnhöhe als Bogenhöhe.

Somit ist:

$$S = 2 \cdot \sqrt{k^2 - f^2} \qquad \text{(VI)}$$

hierbei ist:

$$k = \text{Kopfkreisradius} = M \cdot \frac{Z}{2} + M\,,$$

$$p = \text{Teilkreisradius} = M \cdot \frac{Z}{2}\,,$$

$$f = \text{Fußkreisradius} = k - 2{,}166\,M\,,$$

M = Modul,

Z = Zähnezahl.

Tabelle 69.

Für Kreisbogenlängen am Teilkreise bei Modul 1.

Tabellenwert multipliziert mit Modul ergibt den Vorschub S am Quersupport.

I	10	12	14	16	18	20	22	24	26	28	30
II	5,35	5,83	6,27	6,68	7,07	7,44	7,786	8,12	8,446	8,755	9,058
I	32	34	36	38	40	42	44	46	48	50	52
II	9,344	9,616	9,89	10,155	10,41	10,667	10,92	10,166	11,39	11,64	11,87
I	54	56	58	60	62	64	66	68	70	72	74
II	12,09	12,30	12,51	12,73	12,94	13,13	13,34	13,556	13,726	13,924	14,11
I	76	78	80	82	84	86	88	90	92	94	96
II	14,305	14,488	14,67	14,85	15,03	15,207	15,37	15,55	15,71	15,89	16,059
I	98	100	102	104	106	108	110	112	114	116	
II	16,22	16,39	16,549	16,707	16,864	17,04	17,186	17,33	17,483	17,637	

I = Zähnezahl. II = Kreisbogenlänge.

Für die Berechnung der Flankenlängen Fl gelten die Formeln:

$$\text{ist } g > f \text{ dann ist } Fl = \frac{K^2 - g^2}{2\,g} + g - f \qquad \text{(VII)}$$

$$\text{ist } g < f \text{ dann ist } Fl = \frac{K^2 - f^2}{2\,g} \qquad \text{(VIII)}$$

wobei für g = Grundkreis

$$p \cdot \cos 15^\circ = p \cdot 0{,}9659$$

zu setzen ist.

Für die Berechnung der Laufzeit genügen jedoch die in der Tabelle 71 angeführten Mittelwerte für Flankenlängen vollkommen.

Tabelle 70.

Für Flankenlängen.

Modul									
2	3	4	5	6	7	8	9	10	11
Flankenlängen									
4,50	6,8	9—	11,35	13,55	15,8	18,1	20,35	22,55	24,9

Modul								
12	13	14	15	16	17	18	19	20
Flankenlängen								
27,1	29,35	31,6	33,9	36,2	38,45	40,7	43—	45,25

Für die Berechnung der Vorschubzähne Zr am Sperrad gilt für den Vorschub pro Stößelhub:

$$Zr = \frac{S_F \cdot U}{Z \cdot 0{,}00175} \qquad \text{(IX)}$$

oder bei bekannten S_1:

$$Zr = \frac{S_1}{0{,}00175} \qquad \text{(X)}$$

Die Hebelstellung in der Kulisse kann nach nachstehender Formel

$$\text{Kulissenstellung} = \frac{\text{Exzenterstellung mm} \times 2 \times \text{Sperradradius mm}}{\text{Sperrad-Zahnteilung mm} \times \text{Anzahl der Vorschubzähne}}$$

berechnet, oder aus der log. Tafel IV abgelesen werden. Der Vorgang hierbei ist folgender:

Verfolge von der Exzenterstellung in der oberen Teilung die unter 45° geneigte Gerade bis zu ihrem Schnittpunkte mit der Vorschubzähnezahl und von da die Ordinate bis zur unteren Teilung und lese daselbst die Kulissenstellung ab.

In gleicher Weise, jedoch umgekehrt, kann aus der Kulissenstellung und der Vorschubzähnezahl die Exzenterstellung ermittelt werden.

Als **Beispiel** für die Berechnung des Vorschubes S und S_1 an der Bilgram-Stirnradhobelmaschine, sowie der für den Vorschub S_1 erforderlichen Anzahl Zähne am Sperrad sei ein Stirnrad Mod. 4 mit 38 Zähnen, angenommen. Der Vorschub S_F betrage 0,2 mm.

$$K = M \cdot \frac{Z}{2} + M = 4 \cdot 19 + 4 = 80 \text{ mm}$$

$$p = M \cdot \frac{Z}{2} = 4 \cdot 19 = 76 \text{ mm}$$

$$g = p \cdot \cos 15° = 76 \cdot 0{,}9659 = 73{,}408 \text{ mm}$$

$$f = K - 2{,}166 \cdot M = 80 - 2{,}166 \cdot 4 = 80 - 8{,}664 = 71{,}336 \text{ mm.}$$

Der Vorschub S_{F_1} ist nach Formel I:

$$S_{F_1} = \frac{S_F}{Z} = \frac{0{,}2}{38} = 0{,}00526 \text{ mm.}$$

Die Kreisbogenlänge bzw.. der Vorschub S ist nach der Formel V:

$$S = \sqrt{K^2 - p^2} + \sqrt{(p + 0{,}4M)^2 - p^2} = \sqrt{80^2 - 76^2} + \sqrt{(76 + 0{,}4M)^2 - 76^2}$$
$$= \sqrt{64\,00 - 5776} + \sqrt{6022 - 5776} = \sqrt{624} + \sqrt{246} = 25 + 15{,}61 = \mathbf{40{,}61}\ \text{mm}$$

oder nach Tabelle 70:

$$10{,}155 \cdot 4 = \mathbf{40{,}62}\ \text{mm}.$$

Die Flankenlänge ist nach Formel VII:

$$Fl = \frac{K^2 - g^2}{2g} + g - f = \frac{6400 - 5389}{2 \cdot 73{,}408} + 73{,}408 - 71{,}34 = \frac{1011}{146{,}816} + 2{,}068$$
$$= 6{,}886 + 2{,}068 = \mathbf{8{,}956}\ \text{mm},$$

siehe auch Tabelle 71: $Fl = 9$ mm.

Das Verhältnis U ist laut Formel IV:

$$U = \frac{S}{F_1} = \frac{40{,}7}{8{,}956} = \mathbf{4{,}544}.$$

Der Vorschub S_1 ist demnach nach Formel II:

$$S_1 = \frac{S_{F_1} \cdot S}{Fl} = \frac{0{,}00526 \cdot 40{,}7}{8{,}956} = \mathbf{0{,}0239}\ \text{mm}$$

oder nach Formel III:

$$S_1 = \frac{S_F \cdot U}{Z} = \frac{0{,}2 \cdot 4{,}544}{38} = \mathbf{0{,}0239}\ \text{mm}.$$

Die Anzahl der Vorschubzähne am Sperrad betragen:
nach Formel IX:

$$Zr = \frac{S_F \cdot U}{z \cdot 0{,}00175} = \frac{0{,}2 \cdot 4{,}544}{38 \cdot 0{,}00175} \sim 14\ \text{Zähne};$$

nach Formel X:

$$Zr = \frac{S_1}{0{,}00175} \sim 14\ \text{Zähne}.$$

Bei 14 Zähnen und 30 mm Exzenterstellung ist nach Tafel IV[1]) die Stellung für den Kulissenhebel 137 mm.

Die Laufzeit.

Die Berechnung der Laufzeit bietet nun keine Schwierigkeiten mehr, sie erfolgt, wie bei allen Maschinen mit hin- und hergehender Bewegung, nach der Anzahl der Doppelhube pro Minute, den Vorschub pro Doppelhub und der Anzahl Schnitte.

Die Anzahl der pro Schnitt auf einen Zahn entfallenden Doppelhübe ist vom Modul und von der Genauigkeit des Rades abhängig. Für die Anzahl der Doppelhübe gilt:

a) Beim Vorhobeln der Zähne aus dem Vollen nach dem Abwälzverfahren:

$$\frac{\text{Sehnenlänge (Formel VI)}}{\text{Vorschub } (S_1)}.$$

b) Beim Hobeln des Zahngrundes:

$$\frac{\text{Kreisbogenlänge am Teilkreis (Formel V oder Tabelle 70)}}{\text{Vorschub } (S_1)}.$$

[1]) Siehe Anhang.

c) Beim Hobeln der Zahnflanken:

$$\frac{2 \times \text{Flankenlänge (Formel VII oder VIII)}}{\text{Vorschub } (S_F)} \quad \text{oder wie unter (b).}$$

Die Zeit für das Hobeln eines Zahnes bei einem Schnitt ist:

$$T \text{ in min} = \frac{\text{Doppelhübe pro Zahn}}{\text{Doppelhübe pro min}}.$$

Die Anzahl der Schnitte pro Zahn ist von der Bearbeitungszugabe beim Vorfräsen bzw. Vorhobeln abhängig. In der Regel genügt für den Zahngrund 1 Schnitt und für jede Flanke 2 bzw. 3 Schnitte, und zwar je 1 Schrupp-, 1 Schlicht- und 1 Korrekturschnitt.

Die Formeln für die Berechnung der Laufzeit bei x Schnitten lauten:

1. Für das Vorhobeln der Zähne aus dem Vollen (nach dem Bilgram-Abwälzverfahren):

$$T \text{ in min} = \frac{\text{Sehnenlänge}}{\text{Vorschub } (S_1) \times \text{Doppelhübe pro min}} = \frac{2 \cdot \sqrt{k^2 - f^2}}{S_1 \cdot n}. \qquad \text{(XI)}$$

2. Für das Hobeln des Zahngrundes (Bilgram-Abwälzverfahren):

$$T \text{ in min} = \frac{\text{Kreisbogenlänge } (S)}{\text{Vorschub } (S_1) \times \text{Doppelhübe pro min}} = \frac{S}{S_1 \cdot n}. \qquad \text{(XII)}$$

3. Für das Hobeln der Zahnflanken (Zähne vorgearbeitet)

a) auf Maschinen nach dem Kopier- oder Abwälzverfahren unter Bezugnahme auf den Vorschub an der Zahnflanke:

$$T \text{ in min} = \frac{\text{Flankenlänge} \cdot 2 \cdot \text{Zähnezahl} \cdot x \text{ Schnitte}}{\text{Doppelhübe pro min} \times \text{Vorschub } (S_F)}$$

$$= \frac{Fl \cdot 2 \cdot Z \cdot x}{n \cdot S_F}. \qquad \text{(XIII)}$$

b) nach dem Abwälzverfahren unter Bezugnahme auf den Vorschubweg am Quersupport:

$$T \cdot \text{in min} = \frac{\text{Kreisbogenlänge } (S) \times 2 \times x \text{ Schnitte}}{\text{Vorschub } (S_1) \times \text{Doppelhübe pro min}} = \frac{S \cdot 2 \cdot x}{S_1 \cdot n}. \qquad \text{(XIV)}$$

Über Kreisbogenlängen siehe Tabelle 70.

4. Für das Stoßen der Zähne mit einem Schneidrade auf der **Röber-Stirnrad-Stoßmaschine:**

$$T \cdot \text{in min} = \frac{\text{Teilkreisdurchmesser des zu schneidenden Rades} \times \pi}{\text{Vorschub am Schneidrade pro Stößelhub}}$$

$$= \frac{Dt \times \pi}{S_F}.$$

Der Vorschub S_F am Schneidrade beträgt pro Stößelhub bei der Röber-Stirnrad-Stoßmaschine bei einem Schneidrade von 100 mm Teilkreisdurchmesser pro Vorschubzahn = 0,04 mm.

5. Für das Stoßen der Zähne mit Fassonstahl auf der Röber-Stirnrad-Stoßmaschine (Außenverzahnung).

$$T = \text{Formel XI.}$$

6. Bei Benützung der log. Tafel V[1]) gilt für die Laufzeitberechnung: T in min = Tabellenwert × Flankenlänge × Zähnezahl × Schnitte × 2.

Die log. Tafel V[1]) enthält die Laufzeiten für 1 mm Hobelbreite bzw. Flankenlänge. Die Ablesung der Laufzeit erfolgt folgendermaßen: Siehe Schaubild Fig. 56 für: $h = 70$ mm, $V = 8$ m/min, $S_1 = 0{,}8$ mm, $T =$ für 1 mm = 0,0218 min.

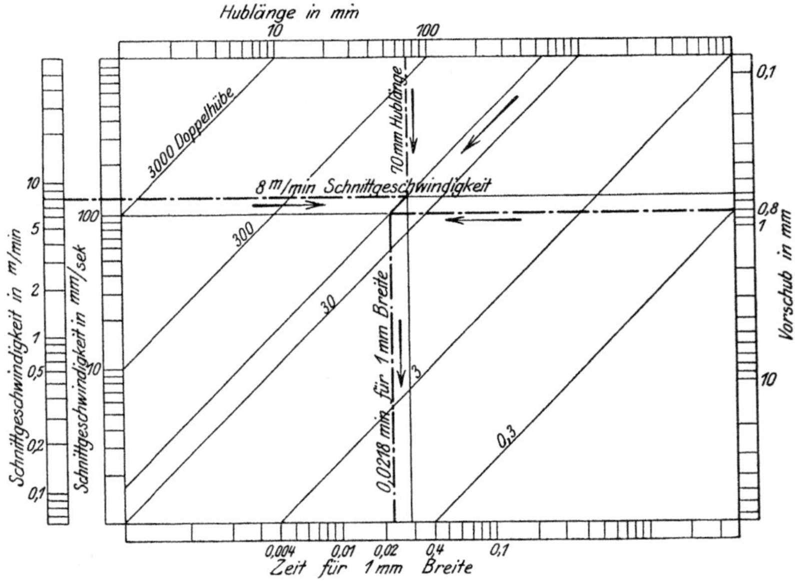

Fig. 56.

Verfolge von der Skala Hublänge in mm die senkrechte Linie bis zum Schnittpunkte mit der Linie für Schnittgeschwindigkeit V in m/min oder v_1 mm/sk, von diesem Schnittpunkte die unter 45° geneigte „n“-Linie bis zum Schnittpunkte mit der Vorschublinie und ziehe von da die Senkrechte auf den Zeitmaßstab.

[1]) Siehe Anhang.

Tabelle 71.

Zeittabelle für Stähleschleifen (inkl. Stahl ein- und -ausspannen).

Schleifzeit in sk pro Zahn bei Zahnrädern bis 50 mm Zahnbreite.

Material	Ein Zahnrad mit Zähnezahl	Als Grundlage gilt erforderlich bei Modul bis 2,75: 3 × Stahlschleifen à 2,5 min = 7,5 min	bis 6: 3 × Stahlschleifen à 3,5 min = 10,5 min	bis 10: 4 × Stahlschleifen à 3,5 min = 14 min
		ergibt in sk pro Zahn		
S.M.-Fl. u. S.M.-St. bis 60 kg Festigkeit Gußeisen	40	11	16	21
S.M.-St. 60 bis 75 kg Festigkeit Stahlguß	30	15	21	28
Chr.N.-St., S.M.-St. über 75 kg Festigkeit	25	18	25	34
Bronze: Messing	50	9	13	17

Über 50 mm Zahnbreite für je 10 mm + 10%.

Die Werte obiger Tabelle sind jeweils mit der Zähnezahl des Rades zu multiplizieren.

Die Zeiten für das Aufspannen des Rades können aus der Tabelle 29 entnommen werden.

Für das Einrichten der Maschine inkl. ersten Span anstellen gelten folgende Zeiten:

1. Nach dem Abwälzverfahren:

Für Kegelräder:
Bilgram 45 bis 60 min.

Für Stirnräder:
Bilgram 30 min.
Röber 20 bis 30 min.

2. Nach dem Kopierverfahren:

Für Kegelräder:
Gleason, Oerlikon, Zimmermann: 35 bis 50 min.

Für Schnittanstellen kann 0,5 bis 1 min gerechnet werden.

Nachstehende Beispiele dienen zum leichteren Verständnis der Tabellen und Formeln.

1. Beispiel: Ein Stirnrad, Mod. 5, 60 Zähne, 40 mm breit, Mat.: S.M.St., 70 kg Festigkeit, Zähne vorgefräst, auf der Bilgram-Stirnradhobelmaschine Nr. 1 den Zahngrund mit 1 Schnitt und die Zahnflanken mit je 2 Schnitten hobeln.

Der Stahlauslauf beträgt 15 mm.

Die Hublänge = 40 + 15 = 55 mm.

Der Vorschub S_F beträgt: an den Zahnflanken für den 1. Schnitt 0,3 mm, für den 2. Schnitt 0,25 und für das Hobeln am Zahngrunde = 0,2 mm.

Die Flankenlänge ist lt. Tabelle 71 = 11,35 mm.

Die Kreisbogenlänge ist lt. Tabelle 70 = 12,73 · 5 = 63,65 mm.

Die Bearbeitung erfolgt lt. Tabelle 59 bei 55 mm Hublänge auf Stufe c.

Die minutl. Doppelhübe betragen lt. Tabelle 58 auf Stufe c = 85.

Die Laufzeit für das Hobeln des Zahngrundes ist nach Formel XII

$$T \text{ in min} = \frac{S}{S_1 \cdot n}.$$

$$S_1 = \text{nach Formel III} = \frac{0{,}3 \cdot 63{,}65}{60 \cdot 11{,}35} \sim 0{,}028 \text{ mm}$$

$$T = \frac{63{,}65}{0{,}028 \cdot 85} \quad \ldots\ldots\ldots\ldots \sim 27 \text{ min}$$

Die Laufzeit für das Hobeln der Zahnflanken ist nach Formel XIII

für den 1. Schnitt: $T = \dfrac{11{,}35 \cdot 2 \cdot 60}{85 \cdot 0{,}3}$ . . . . $\sim$ 52,5 „

„ „ 2. „ : $T = \dfrac{11{,}35 \cdot 2 \cdot 60}{85 \cdot 0{,}25}$ . . . . $\sim$ 63,0 „

Einrichten der Maschine . . . . 30,0 „

Auf- und Abspannen des Rades lt. Tabelle 29 . . . . 5,0 „

Stähle schleifen, einspannen und Späne anstellen lt. Tabelle 72 = $\dfrac{21 \cdot 60}{60}$ 21,0 „

Summa 198,5 min

Die Anzahl der Vorschubzähne am Sperrad ist:

1. Beim Hobeln des Zahngrundes nach Formel X

$$Zr = \frac{0{,}0287}{0{,}00175} = \sim 16 \text{ Zähne};$$

2. beim Hobeln der Zahnflanken für den 1. Schnitt nach Formel IX

$$Zr = \frac{0{,}3 \cdot 63{,}65}{60 \cdot 11{,}35 \cdot 0{,}00175} = \sim 16 \text{ Zähne};$$

bei 16 Zähnen und einer Exzenterstellung von 18 mm ist lt. Tafel IV die Kulissenstellung: 71 mm;

3. beim Hobeln der Zahnflanken für den 2. Schnitt nach Formel IX

$$Zr = \frac{0{,}25 \cdot 63{,}65}{60 \cdot 11{,}35 \cdot 0{,}00175} = \sim 14 \text{ Zähne};$$

bei 14 Zähnen und einer Exzenterstellung von 18 mm ist lt. Tafel IV die Kulissenstellung: 85 mm.

2. Beispiel: 2 Stirnräder, Mod. 3,75, 21 Zähne, à 30 mm breit, Mat.: Ch.N.St., 80 kg Festigkeit, Zähne vorgefräst, auf der Bilgram-Stirnradhobelmaschine Nr. 2 in einer Aufspannung, den Zahngrund mit 1 Schnitt und die Zahnflanken mit je 2 Schnitten hobeln.

Der Stahlauslauf beträgt 15 mm.

Die Hublänge ist: (2 · 30) + 15 = 75 mm.

Der Vorschub S_F betrage: an den Zahnflanken für den 1. Schnitt 0,2 mm, für den 2. Schnitt 0,15 mm und für das Hobeln am Zahngrunde 0,2 mm.

Die Flankenlänge beträgt: 8,35 mm.
Die Kreisbogenlänge ist lt. Tabelle 70 $= 7{,}613 \cdot 3{,}75 = \sim 28{,}55$ mm.
Die Bearbeitung erfolgt lt. Tabelle 61 bei 75 mm Hublänge auf Stufe b.
Die minutl. Doppelhübe betragen lt. Tabelle 60 auf Stube b = 52.
Die Laufzeit für das Hobeln des Zahngrundes ist nach Formel XII

$$T = \frac{S}{S_1 \cdot n}.$$

$$S_1 = \text{nach Formel III} = \frac{0{,}20 \cdot 28{,}55}{21 \cdot 8{,}35} = 0{,}0325 \text{ mm}$$

$$T = \frac{28{,}55}{0{,}0325 \cdot 52} \quad \ldots\ldots\ldots\ldots \quad 17{,}0 \text{ min}$$

Die Zeit für das Hobeln der Zahnflanken ist nach Formel XIII

für den 1. Schnitt: $T = \frac{8{,}35 \cdot 2 \cdot 21}{0{,}2 \cdot 52}$ . . . . $\sim 33{,}5$ „

„ „ 2. „ : $T = \frac{8{,}35 \cdot 2 \cdot 21}{0{,}15 \cdot 52}$ . . . . 45,0 „

Einrichten der Maschine . . . . 30,0 „
Auf- und Abspannen der Räder lt. Tabelle 30 = 2 min + 50% für das zweite Rad = 3 + 1,5 = ... 4,5 „
Stähle schleifen, einspannen und Späne anstellen lt. Tabelle 72
$= \frac{25 \cdot 21}{60} + 10\% = 8{,}8 + 0{,}88 = 9{,}68$ . . . . $\sim 10{,}0$ „

Für 2 Räder in Summa 140,0 min.

Die Anzahl der Vorschubzähne am Sperrad ist:

1. beim Hobeln des Zahngrundes nach Formel X
$$Zr = \frac{0{,}0325}{0{,}00175} = \sim 19 \text{ Zähne.}$$
2. beim Hobeln der Zahnflanken beim 1. Schnitt nach Formel IX
$$Zr = \frac{0{,}2 \cdot 28{,}55}{21 \cdot 8{,}35 \cdot 0{,}00175} = \sim 19 \text{ Zähne,}$$
bei 19 Zähnen und einer Exzenterstellung von 23 mm ist lt. Tafel IV die Kulissenstellung: 70 mm;
3. beim Hobeln der Zahnflanken beim 2. Schnitt nach Formel IX
$$Zr = \frac{0{,}15 \cdot 28{,}55}{21 \cdot 8{,}35 \cdot 0{,}00175} = \sim 14 \text{ Zähne,}$$
bei 14 Zähnen und einer Exzenterstellung von 15 mm ist lt. Tafel IV die Kulissenstellung: 70 mm.

3. Beispiel: Ein Kegelrad, Mod. 6, 30 Zähne, 45 mm breit, Zähne vorgefräst, Mat.: S.M.St., 70 kg Festigkeit auf der Bilgram-Hobelmaschine Nr. 3, Type AKH_1 mit 1 Schnitt am Zahngrund und 2 Schnitten an den Zahnflanken hobeln.

Die Distanz beträgt: 125 mm.
Der Stahlauslauf ist: 15 mm.
Die Hublänge ist: 45 + 15 = 60 mm.
Der Vorschub S_F beträgt: an den Zahnflanken für den 1. Schnitt 0,35 mm, für den 2. Schnitt und für das Hobeln am Zahngrunde 0,25 mm.
Die Flankenlänge ist lt. Tabelle 71 = 13,55 mm.
Die Kreisbogenlänge ist lt. Tabelle 70 $= 9{,}058 \cdot 6 = 54{,}348$ mm.
Die Bearbeitung erfolgt lt. Tabelle 63 bei 60 mm Hublänge auf Stufe c.
Die minutl. Doppelhübe betragen lt. Tabelle 62 auf Stufe c = 75.

Die Laufzeit für das Hobeln des Zahngrundes ist nach Formel XII

$$T = \frac{S_1 \cdot n}{S}.$$

$$S_1 = \text{nach Formel III} = \frac{0{,}25 \cdot 54{,}348}{30 \cdot 13{,}55} = 0{,}0334 \text{ mm}$$

$$T = \frac{54{,}348}{0{,}0334 \cdot 75} \ldots\ldots \sim 21{,}5 \text{ min.}$$

Die Laufzeit für das Hobeln der Zahnflanken ist nach Formel XIII

für den 1. Schnitt: $T = \frac{13{,}55 \cdot 2 \cdot 30}{0{,}35 \cdot 75}$ . . . . ~ 31 „

„ „ 2. „ : $T = \frac{13{,}55 \cdot 2 \cdot 30}{0{,}25 \cdot 75}$ . . . . $\sim 43{,}5$ „

Einrichten der Maschine . . . . 50 „

Auf- und Abspannen des Rades lt. Tabelle 29 . . . . 4 „

Stähle schleifen, einspannen und Späne anstellen, lt. Tabelle 74 $= \frac{21 \cdot 30}{60}$ 10,5 „

Summa 160,5 min.

Die Stellung der Schaltscheibe beim Hobeln der Zähne ist:

Beim 1. Schnitt bei einem Vorschube von

$$S_1 = \frac{0{,}35 \cdot 54{,}35}{30 \cdot 13{,}55} \sim 0{,}0467 \text{ mm pro Stößelhub,}$$

auf die Distanz von 151,5 mm bezogen, lt. log. Tafel III in Nr. 7. Um denselben Vorschub bei einem Kegelrade von 125 mm Distanz zu erzielen, muß die Schaltscheibe auf Nr. 8 eingestellt werden.

Beim 2. Schnitt und beim Hobeln des Zahngrundes, bei einem Vorschube

$$S_1 = \frac{0{,}25 \cdot 54{,}35}{30 \cdot 13{,}55} \sim 0{,}0334 \text{ mm pro Stößelhub,}$$

bei 151,5 mm Distanz in Nr. 6; bei 125 mm Distanz in Nr. 7.

4. Beispiel: Ein Kegelrad, Mod. 5, 75 Zähne, 70 mm breit, Zähne vorgefräst, Mat.: S.M.St., 60 kg Festigkeit, auf der Bilgram-Hobelmaschine Nr. 4, Type AKH_2 mit 1 Schnitt am Zahngrunde und 2 Schnitten an den Zahnflanken hobeln.

Die Distanz beträgt 250 mm.

Der Stahlauslauf ist 15 mm.

Die Hublänge ist 70 + 15 = 85 mm.

Der Vorschub S_E betrage: an den Zahnflanken für den 1. Schnitt 0,7 mm, für den 2. Schnitt und für das Hobeln am Zahngrunde 0,5 mm.

Die Flankenlänge ist lt. Tabelle 71 = 11,35 mm.

Die Kreisbogenlänge ist lt. Tabelle 70 = 14,21 · 5 = 71,05 mm.

Die Bearbeitung erfolgt lt. Tabelle 65 bei 85 mm Hublänge auf Stufe e

Die minutl. Doppelhübe betragen lt. Tabelle 64 auf Stufe e = 72.

Die Laufzeit für das Hobeln des Zahngrundes ist nach Formel XII

$$T = \frac{S}{S_1 \cdot n}.$$

$$S_1 = \text{nach Formel III} = \frac{0{,}5 \cdot 71{,}05}{75 \cdot 11{,}35} \sim 0{,}0417 \text{ mm}$$

$T = \dfrac{71{,}05}{0{,}0417 \cdot 72}$ . . . . $\sim 23{,}5$ min

Die Laufzeit für das Hobeln der Zahnflanken ist nach Formel XIII

für den 1. Schnitt: $T = \dfrac{11{,}35 \cdot 2 \cdot 75}{0{,}7 \cdot 72}$ . . . . $\sim 33{,}5$ „

„ „ 2. „ : $T = \dfrac{11{,}35 \cdot 2 \cdot 75}{0{,}5 \cdot 72}$ . . . . $\sim 47{,}5$ „

Einrichten der Maschine . . . . 60 „

Auf- und Abspannen des Rades lt. Tabelle 29 . . . . 7 „

Stähle schleifen, einspannen und Späne anstellen lt. Tabelle 72 $\dfrac{16 \cdot 75}{60} =$ 20 „

Summa 191,5 min.

Die Stellung der Schaltscheibe beim Hobeln der Zähne ist:

Beim 1. Schnitt, bei einem Vorschube von

$$S_1 = \frac{0{,}7 \cdot 71{,}05}{75 \cdot 11{,}15} = 0{,}0584 \text{ mm pro Stößelhub,}$$

lt. log. Tafel III auf die Distanz von 396 mm bezogen, in Nr. 5 und bei einer Distanz von 250 mm in Nr. 7.

Beim 2. Schnitt und beim Hobeln der Zahnflanken, bei einem Vorschube von

$$S_1 = \frac{0{,}5 \cdot 71{,}05}{75 \cdot 11{,}35} \sim 0{,}0417 \text{ mm pro Stößelhub,}$$

bei 369 mm Distanz in Nr. 4 und bei 250 mm Distanz in Nr. 6.

5. Beispiel: Ein Stirnrad mit Innenverzahnung, Mod. 5,5, 65 Zähne, 60 mm breit, Mat.: S.M.Fl., 50 kg Festigkeit, auf der Röber-Zahnradstoßmaschine Nr. 6 mit je 1 Schrupp- und 1 Schlichtschnitt stoßen.

Der Stahlauslauf beträgt: 20 mm.

Die Hublänge ist: 60 + 20 = 80 mm.

Der Vorschub S betrage: für den 1. Schnitt, bei einem Schneidrade mit 18 Zähnen (= 99 mm Teilkreisdurchmesser), auf den Teilkreis des Schneidrades bezogen, 0,20 mm; dies entspricht: $\dfrac{0{,}2}{0{,}04} = 5$ Vorschubzähnen am Sperrade; für den 2. Schnitt ist $S = 0{,}32$ mm, d. i. 8 Vorschubzähne am Sperrade.

Die Bearbeitung erfolgt lt. Tabelle 69 bei 80 mm Hublänge mit Hebelstellung ⦸⦸.

Die minutl. Doppelhübe betragen lt. Tabelle 68 bei Hebelstellung ⦸⦸ = 51.

Die Laufzeit für das Stoßen der Zähne ist nach Formel XV

$$T = \frac{Dt \cdot 3{,}14}{S_F},$$

für den 1. Schnitt ist $T = \dfrac{65 \cdot 5{,}5 \cdot 3{,}14}{0{,}20}$ . . . . $\simeq 5613$ min

„ „ 2. „ „ $T = \dfrac{65 \cdot 5{,}5 \cdot 3{,}14}{0{,}32}$ . . . . ~ 5308 „

Einrichten der Maschine . . . . 25 „

Auf- und Abspannen des Rades lt. Tabelle 29 . . . . 5 „

Wechseln des Schneidrades und den zweiten Schnitt anstellen ca. 10 „

Summa 9161 min.

Das Akkordieren von Handarbeiten.

(Wickeleiakkorde.)

Das Akkordieren von Handarbeiten ist weit schwieriger als die Berechnung der Arbeitszeiten auf der Maschine.

Während man für Arbeiten, die auf einer Maschine ausgeführt werden, unter Zugrundelegung von Schnittgeschwindigkeit (Umdrehungen) und Vorschub die Laufzeiten ohne weiteres berechnen kann, erfordert das Akkordieren von Handarbeiten langes Zeitstudium und falls nicht schon genügend Unterlagen vorhanden sind, die ein Anlehnen an ähnliche Arbeiten gestatten, ist der Kalkulationsbeamte oder Werkmeister auf reine Schätzung angewiesen.

Im nachfolgenden Kapitel soll nun gezeigt werden, wie auch bei Handarbeiten aus Erfahrungswerten (Handarbeitszeiten) empirische Formeln abgeleitet werden können, die es dem Kalkulationsbeamten oder Werkmeister ermöglichen, stets bei wiederkehrenden gleichen oder ähnlichen Stücken ohne zu schätzen, rasch und sicher den neuen Akkord bzw. die Arbeitsdauer zu bestimmen.

Zu diesem Zwecke soll das Akkordieren von Wickeleiarbeiten (im Elektromotorenbau) behandelt werden.

Bei der Bestimmung der Arbeitsdauer eines Arbeitsstückes muß man in erster Linie alle jene Faktoren bestimmen, die für die Zeitbestimmung ausschlaggebend sind. So ist z. B. für die Zeit, die das Wickeln eines Drehstromstators erfordert, in erster Linie die Nutenzahl „N“ und die Windungszahl „W“ pro Nut ausschlaggebend. Demnach wäre, rein theoretisch, ohne Berücksichtigung der Vor- und Nebenarbeiten, die Zeit „T“ in min aus Nutenzahl $\times$ Windungszahl $\times$ der Zeit für eine Windung bestimmt.

$$T \text{ in min} = N \cdot W \cdot T_1 \,. \tag{I}$$

Für die diversen Vorbereitungsarbeiten und Nebenarbeiten, die das Wickeln erfordert, wurde der Erfahrungswert 10 als Additionskonstante zur Windungszahl $= W + 10$ ermittelt.

Da ferner die Zeit T_1 für eine Windung von nachstehenden Faktoren, und zwar 1. von der Polzahl, 2. vom Drahtdurchmesser, 3. von der Paketbreite, 4. von der Spannung und 5. von dem Umstande, ob die Drähte eingelegt oder gefädelt werden, abhängig ist, so muß man für die obengenannten Faktoren Konstanten bestimmen, mit denen das Produkt aus $N \cdot (W + 10)$ multipliziert, den durch Versuche und Beobachtungen ermittelten richtigen Zeitwert ergibt.

Die Bezeichnung der Konstanten sei:

Kp = Polzahl, Kb = Blechpaketbreite,
Kd = Drahtdurchmesser, Ks = Spannung,

dann lautet die Formel für das Wickeln ohne Schalten unter der Annahme, daß die Drähte eingelegt werden können:

$$\frac{T \text{ in st} = N \cdot (W + 10) \cdot Kp \cdot Kd \cdot Kb \cdot Ks}{60} \qquad \text{(II)}$$

Die Zeit für das Schalten ist von der Pol- bzw. Spulenzahl „Sp“, der Drahtstärke „Kd_1“ und der Motorspannung „Ks“ abhängig. Die Formel hierfür lautet:

$$T \text{ in st} = \frac{Sp \cdot Kd_1 \cdot Ks}{60}\,. \qquad \text{(III)}$$

Wird das Wickeln und Schalten in einem Akkord vergeben, so wird Formel II und III zusammengezogen und lautet nun für

Stator wickeln und schalten (Drähte eingelegt):

$$T \text{ in st} = \frac{[N \cdot (W + 10) \cdot Kp \cdot Kd \cdot Kb + Sp \cdot Kd_1] \cdot Ks}{60}\,. \qquad \text{IV}$$

Müssen die Drähte eingezogen (gefädelt) werden, so erfordert dies eine Mehrarbeit, die erfahrungsgemäß ca. 35% der Zeit der Formel II beträgt.

Die Formel für Stator wickeln und schalten (Drähte gefädelt) lautet demnach:

$$T \text{ in st} = \frac{[N \cdot (W + 10) \cdot Kp \cdot Kd \cdot Kb \cdot 1{,}35 + Sp \cdot Kd_1] \cdot Ks}{60}\,. \qquad \text{(V)}$$

Der Rotor kann, da derselbe nicht wie der Stator gehoben und gewendet werden braucht, in einer ca. 8% kürzeren Zeit gewickelt werden. Die Formeln für das Wickeln des Rotors lauten:

a) Rotor wickeln und schalten (Drähte eingelegt):

$$T \text{ in st} = \frac{[N \cdot (W + 10) \cdot Kp \cdot Kd \cdot Kb \cdot 0{,}8 + Sp \cdot Kd_1] \cdot Ks}{60}\,. \qquad \text{(VI)}$$

b) Rotor wickeln und schalten (Drähte gefädelt):

$$T \text{ in st} = \frac{[N \cdot (W + 10) \cdot Kp \cdot Kd \cdot Kb \cdot 1{,}1 + Sp \cdot Kd_1] \cdot Ks}{60}\,. \qquad \text{(VII)}$$

Die Formeln II, IV, V, VI und VII gelten jedoch nur bei Drahtstärken bis 3,5 mm Durchmesser, über 3,5 mm Durchmesser ist das Wickeln schon schwieriger und erfordert dementsprechend mehr Zeit. Die Mehrarbeit beträgt, wenn die Drähte eingelegt werden, ca. 20%, und wenn die Drähte gefädelt werden ca. 30% der normalen Zeit. Infolgedessen ist der Wert der Formel II, IV, VI mit 1,2 und der Wert der Formel V und VII mit 1,3 zu multiplizieren.

Entsprechen die nach obigen Formeln errechneten Zeiten den Betriebsverhältnissen nicht, so brauchen nur die Konstanten entsprechend geändert werden. Durch Änderung der Konstanten können die Formeln jedem Betriebe angepaßt werden.

Tabelle 72.

Polzahlkonstante *Kp*.

Polzahl .	2	4	6	8	10	12
Kp . . .	1,2	1,1	1	0,9	0,8	1,7

Tabelle 73.

Draht-∅-Konstante für Wickeln $Kd = \frac{\sqrt{\varnothing^2 \cdot 10}}{10} \cdot 1{,}2$.

∅ mm	unter 1	1	1,2	1,4	1,6	1,8	2	2,2	2,4
Kd	0,25	0,38	0,46	0,54	0,61	0,69	0,76	0,83	0,92
∅ mm	2,6	2,8	3,0	3,2	3,4	3,6	3,8	4,0	4,2
Kd	1,0	1,06	1,15	1,22	1,3	1,37	1,45	1,53	1,60
∅ mm	4,4	4,6	4,8	5,0	5,2	5,4	5,6	5,8	6,0
Kd	1,68	1,75	1,83	1,90	2,0	2,1	2,15	2,2	2,3

Tabelle 74.

Paketbreitenkonstante *Kb*.

Paketbreite . .	bis 100	110	120	130	140	150	160	170	180
Kb	1,0	1,02	1,04	1,06	1,08	1,1	1,12	1,14	1,16
Paketbreite . .	190	200	210	220	230	240	250	260	270
Kb	1,18	1,2	1,22	1,24	1,26	1,28	1,30	1,32	1,34
Paketbreite . .	280	290	300	310	320	330	340	350	
Kb	1,36	1,38	1,40	1,42	1,44	1,46	1,48	1,50	

Tabelle 75.

Drahtdurchmesserkonstante für Schalten Kd_1.

∅ mm	bis 2	3	4	5	6
Kd_1	10	10,5	11	11,5	12

Tabelle 76.

Spannungskonstante *Ks*.

Volt	bis 500	1000	2000	darüber
Ks	1	1,1	1,2	1,3

Beispiel: Einen 8 poligen Drehstromstator für 60 PS, 220 Volt, 145 Amp. wickeln.

Statorwicklungsangaben:

Blechpaket-durchmesser	außen	580 mm
	innen	420 „
Paketbreite inkl. 2 Luftspalte		275 „
Nutenzahl		72
Leiter pro Nut		9 (gefädelt)
Drahtdurchmesser blank		4,2 mm
„	isoliert	4,7 „
Schaltung der Phasen		⅄

Stator wickeln und schalten (Drähte gefädelt) nach Formel V:

$$T = \frac{[72 \cdot (9 + 10) \cdot 0{,}9 \cdot 1{,}6 \cdot 1{,}36 \cdot 1{,}35 + 12 \cdot 11] \cdot 1}{60}$$

$$= \frac{72 \cdot 19 \cdot 0{,}9 \cdot 1{,}6 \cdot 1{,}36 \cdot 1{,}35 + 12 \cdot 11}{60} = \frac{3600 + 132}{60} = \frac{3723}{60} = \mathbf{62\,st\,12\,min.}$$

In gleicher Weise werden die Formeln für Drehstrom-S t a b w i c k l u n g gebildet.

Die Formeln für das Wickeln eines Drehstromrotors (Profilkupfer) lauten:

a) bei offenen Nuten, wenn die Stäbe eingelegt werden, d. h. beide Enden vor dem Einlegen gebogen sind:

$$T \text{ in st} = \frac{N \cdot (W + 10) \cdot \left(\frac{2200 + D + L}{1000}\right)}{60}, \qquad \text{(VIII)}$$

b) bei geschlossenen Nuten, wenn die Stäbe eingezogen werden oder bei offenen Nuten, wenn nur eine Seite vor dem Einlegen gebogen wird:

$$T \text{ in st} = \frac{N \cdot (W + 10) \cdot \left(\frac{2200 + D + L}{1000}\right)}{60} + 2 \cdot N \cdot W\,. \qquad \text{(IX)}$$

D = Ankerdurchmesser, L = Blechpaketlänge.

Bei Rotoren über 8 Pole ist der Wert der Formel VIII und IX noch mit 0,9 zu multiplizieren.

Die Werte der Formel VIII und IX beziehen sich auf:

Rotor isolieren — Umkehrung anfertigen — Stäbe einlegen bzw. einziehen — Schalten — Löten und nach dem Drehen ausputzen.

Für Stäbe abschneiden, richten und biegen gilt:

a) bei offenen Nuten (1 Stab) beide Enden gebogen:

$$T \text{ in min} = \left(\frac{1000 + L}{1000}\right) \cdot 1{,}95 \cdot K_{Ad} \qquad \text{(X)}$$

b) bei offenen Nuten (2 Stäbe parallel) beide Enden gebogen:

$$T \text{ in min} = \left(\frac{1000 + L}{1000}\right) \cdot 3 \cdot K_{A\,d} \qquad \text{(XI)}$$

c) bei offenen Nuten (3 Stäbe parallel) beide Enden gebogen:

$$T \text{ in min} = \left(\frac{1000 + L}{1000}\right) \cdot 2{,}6 \cdot K_{A\,d} \qquad \text{(XII)}$$

d) bei geschlossenen oder offenen Nuten eine Seite gebogen, gilt a) (Formel X).

L = Stablänge. $K_{A\,d}$ = Ankerdurchmesserkonstante.

Tabelle 77.

Ankerdurchmesserkonstante $K_{A\,d}$.

Ankerdurchm. mm	bis 200	250	300	350	400	450	500 und darüber
$K_{A\,d}$	1,3	1,25	1,2	1,15	1,1	1,05	1

Stäbe auf der Isoliermaschine mit Band isolieren:

a) 1 Stab isolieren:

$$T \text{ in min} = \left(\frac{1000 + L}{1000}\right) \cdot 2{,}2 \qquad \text{(XIII)}$$

b) 2 Stäbe parallel isolieren:

$$T \text{ in min} = \left(\frac{1000 + L}{1000}\right) \cdot 2{,}4 \qquad \text{(XIV)}$$

c) 3 Stäbe parallel isolieren:

$$T \text{ in min} = \left(\frac{1000 + L}{1000}\right) \cdot 2{,}6 \qquad \text{(XV)}$$

Beispiel: Einen 8poligen Drehstromrotor für 60 PS, 220 Volt, 145 Amp. wickeln.

Rotorwicklungsangaben:

Blechpaketdurchmesser	418,5 mm
Paketbreite inkl. 2 Luftspalte	275 „
Nutenzahl	120 offen, 3 mm Schlitze
Leiter pro Nut	2
Flachkupfer	3,5 · 10
Schaltung der Phasen	⅄

Da die Stäbe nicht eingelegt werden können (Schlitz in der Nut ist 3 mm und Flachkupfer 3,5 mm), so gilt für das Wickeln bei Rotoren mit offenen Nuten, Stäbe eine Seite gebogen, die Formel IX:

$$T \text{ in st} = \frac{120 \cdot (2 + 10) \cdot \dfrac{(2200 + 418{,}5 + 275)}{1000}}{60} + \frac{2 \cdot 120 \cdot 2}{60}$$

$$= \frac{120 \cdot 12 \cdot 2{,}893}{60} + \frac{480}{60} = \mathbf{77\ st\ 26\ min.}$$

Stäbe abschneiden, richten und biegen pro Stab nach Formel X:

$$T \text{ in min} = \left(\frac{1000 + 570}{100}\right) \cdot 1{,}95 \cdot 1{,}1 = \mathbf{3{,}4\ min.}$$

Stäbe isolieren pro Stab nach Formel XIII:

$$T \text{ in min} = \left(\frac{1000 + 570}{1000}\right) \cdot 2{,}2 = \mathbf{3{,}3\ min.}$$

Gleichstrom.

Die Berechnung der Arbeitszeit bei Gleichstromanker erfolgt nach folgenden Formeln:

Für das Wickeln.

a) bei Ankern mit Stabwicklung ohne Schalten und ohne Ausgleichleitungen:

$$T \text{ in Stunden} = \frac{Sch\,\frac{(1200 + D + L)}{100} + Sp \cdot 1{,}5\,\frac{(1200 + D + L)}{1000}}{60} \qquad \text{(I)}$$

hierbei ist:

Sch = Anzahl der Schablonen,
Sp = Anzahl der Spulen (Lamellen),
D = Ankerdurchmesser,
L = Länge des Blechpaketes.

Erreicht der Klammerwert die Größe 20 bzw. 2, so bleibt der Klammerwert bei wachsendem D und L unverändert.

Der Wert der Formel I bezieht sich auf dieselben Arbeiten wie bei Drehstrom, jedoch ohne Schalten.

b) Bei Ankern mit Stabwicklung ohne Schalten, jedoch mit Ausgleichleitungen gilt:

$$T \text{ in st} = \text{Formel I} \cdot 1{,}2\,.$$

c) Bei Ankern mit Drahtwicklung (ohne Schalten):

1. Ist der Kollektor mit Fahnen, dann gilt für das Wickeln die Formel I für Gleichstrom-Stabwicklung.

2. Ist der Kollektor ohne Fahnen, dann gilt der Wert der Formel I · 0,8 .

Die Werte der Formel I beziehen sich auf Ankerisolieren, Schabloneneinlegen und Bandagieren.

Für Stäbe abschneiden, richten und biegen gilt pro Anker:

$$T \text{ in min} = Sp \cdot \frac{(1200 + D + L)}{1000} \cdot 2{,}5\,. \qquad \text{(II)}$$

Das Wickeln der Schablonen (Drahtwicklung).

Die Zeit für das Wickeln der Schablonen ist gleichfalls von der Windungszahl und dem Drahtdurchmesser abhängig und wird, wenn die zu einer Schablone gehörige Anzahl Anfänge (bzw. Spulen) neben-

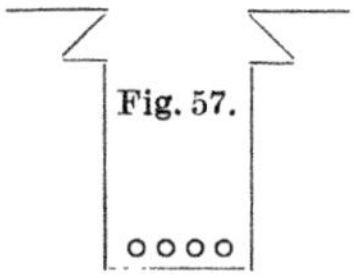
Fig. 57.

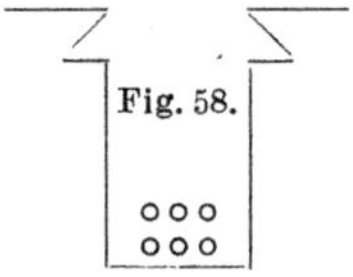
Fig. 58.

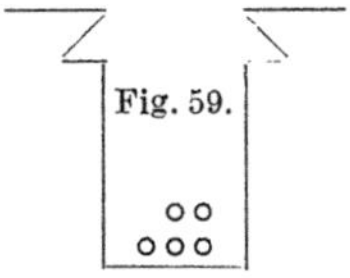
Fig. 59.

einander (Fig. 57) oder in gleicher Zahl übereinander (Fig. 58), z. B. 3 : 3 bei 6 Anfängen in der Nute Platz haben, nach folgender Formel berechnet:

$$T \text{ in min pro Schablone} = W \cdot Kd \qquad \text{(III)}$$

W = Windungen der Spule

Kd = Drahtdurchmesserkonstante.

Ist die Zahl der zu einer Schablone gehörigen Anfänge so, daß die übereinander zu liegen kommenden Anfänge eine ungleiche Zahl aufweisen, z. B. 3 und 2 bei 5 Anfängen (Fig. 59), dann ist das Wickeln der Schablone schwieriger und bedarf einer längeren Zeit.

In diesem Falle ist der Wert der Formel III mit 1,5 zu multiplizieren.

Tabelle 78.

Drahtdurchmesserkonstante Kd für Ankerschablonen $\sqrt{\frac{(\varnothing^2 \cdot \pi)}{4}}$.

Durchmesser . . . mm	0,4	0,6	0,8	1,0	1,2	1,4	1,6	1,8
Kd	0,35	0,5	0,7	0,9	1,05	1,25	1,45	1,6
Durchmesser . . . mm	2,0	2,2	2,4	2,6	2,8	3,0	3,2	3,4
Kd	1,8	1,95	2,1	2,3	2,5	2,65	2,83	3,2

Für das Schalten.

Für das Schalten des Ankers gelten, nachdem die Arbeitsdauer von der Spulenzahl bzw. von den Anfängen pro Spule abhängig ist, nachstehende Formeln.

1. Für Anker mit Draht- oder Stabwicklung, Kollektor mit Fahnen:

$$T \cdot \text{in st} = \frac{(\text{Sch.} \times \text{Anfänge} + \text{Sp.}) \cdot 2}{60} \qquad \text{(IV)}$$

2. Für Anker mit Drahtwicklung, Kollektor ohne Fahnen:

$$T \cdot \text{in st} = \frac{(\text{Sch.} \times \text{Anfänge} + \text{Sp.}) \cdot 1{,}2}{60}. \qquad \text{(V)}$$

Die Werte der Formel IV und V beziehen sich auf: Schalten, Löten und Kollektor nach dem Drehen ausputzen.

1. Beispiel: Ein Gleichstromanker (Stabwicklung), 220 Volt, 560 Amp., 150 PS.

Ankerwicklungsangaben:

Ankerdurchmesser	470 mm
Ankerlänge inkl. 2 Luftspalte	240 „
Nutenzahl	63 „
Größe der Nute	12,5 × 35
Leiter pro Nut	8 (2 ‖)
Leiterdimension blank	2 × 14 mm
Art der Wicklung	Schleife
Wicklungsschritte	1—2, 1—17
Zahl der Windungen pro Lamelle	2
Lamellenzahl	126

Für das Wickeln des Ankers ohne Schalten ist nach Formel I:

$$T = \frac{63 \cdot \left(\frac{1200 + 470 + 240}{100}\right) + 126 \cdot \left(\frac{1200 + 470 + 240}{1000}\right)}{60}$$

$$= \frac{63 \cdot 27{,}1 + 126 \cdot 2{,}71}{60} = \mathbf{34\ st\ 10\ min.}$$

Für Stäbe abschneiden, richten und biegen ist nach Formel II:

$$T = \frac{126 \cdot \left(\frac{1200 + 470 + 240}{1000}\right) \cdot 2{,}5 = \frac{126 \cdot 2{,}71 \cdot 2{,}5}{60}}{60} = \mathbf{14\ st\ 13\ min.}$$

Für das Schalten des Ankers (Kollektor mit Fahnen) ist nach Formel IV:

$$T = \frac{(126 + 252) \cdot 2}{60} = \frac{378 \cdot 2}{60} = \mathbf{12\ st\ 36\ min.}$$

2. Beispiel: Ein Gleichstromanker, 300 Volt, 29 Amp., 10 PS.

Ankerwicklungsangaben:

Ankerdurchmesser	230 mm
Ankerlänge	100 „
Nutenzahl	43
Größe der Nut	8,8 × 24
Leiter pro Nut	30
Leiterdimension	1,9/2,2 ∅
Art der Wicklung	Reihen
Wicklungsschritt	1—2, 1—66
Zahl der Windungen pro Lamelle	5
Anzahl der Lamellen	129 (mit Fahnen).

Für das Wickeln des Ankers ohne Schalten ist nach Formel I:

$$T = \frac{43 \cdot \left(\frac{1200 + 230 + 100}{100}\right) + 129 \cdot 1{,}5 \cdot \left(\frac{(1200 + 230 + 100)}{1000}\right)}{60}$$

$$= \frac{43 \cdot 15{,}3 + 129 \cdot 1{,}5 \cdot 1{,}53}{60} = \mathbf{15\ st\ 54\ min.}$$

Für das Wickeln der Schablonen nach Formel III:

$$T = \frac{5 \cdot 1{,}8 \cdot 43}{60} = \mathbf{5\ st\ 27\ min.}$$

Für das Schalten (Kollektor mit Fahnen) nach Formel IV:

$$T = \left(\frac{43{,}3 + 129}{60}\right) \cdot 2 = \frac{258 \cdot 2}{60} = \mathbf{8\ st\ 36\ min.}$$

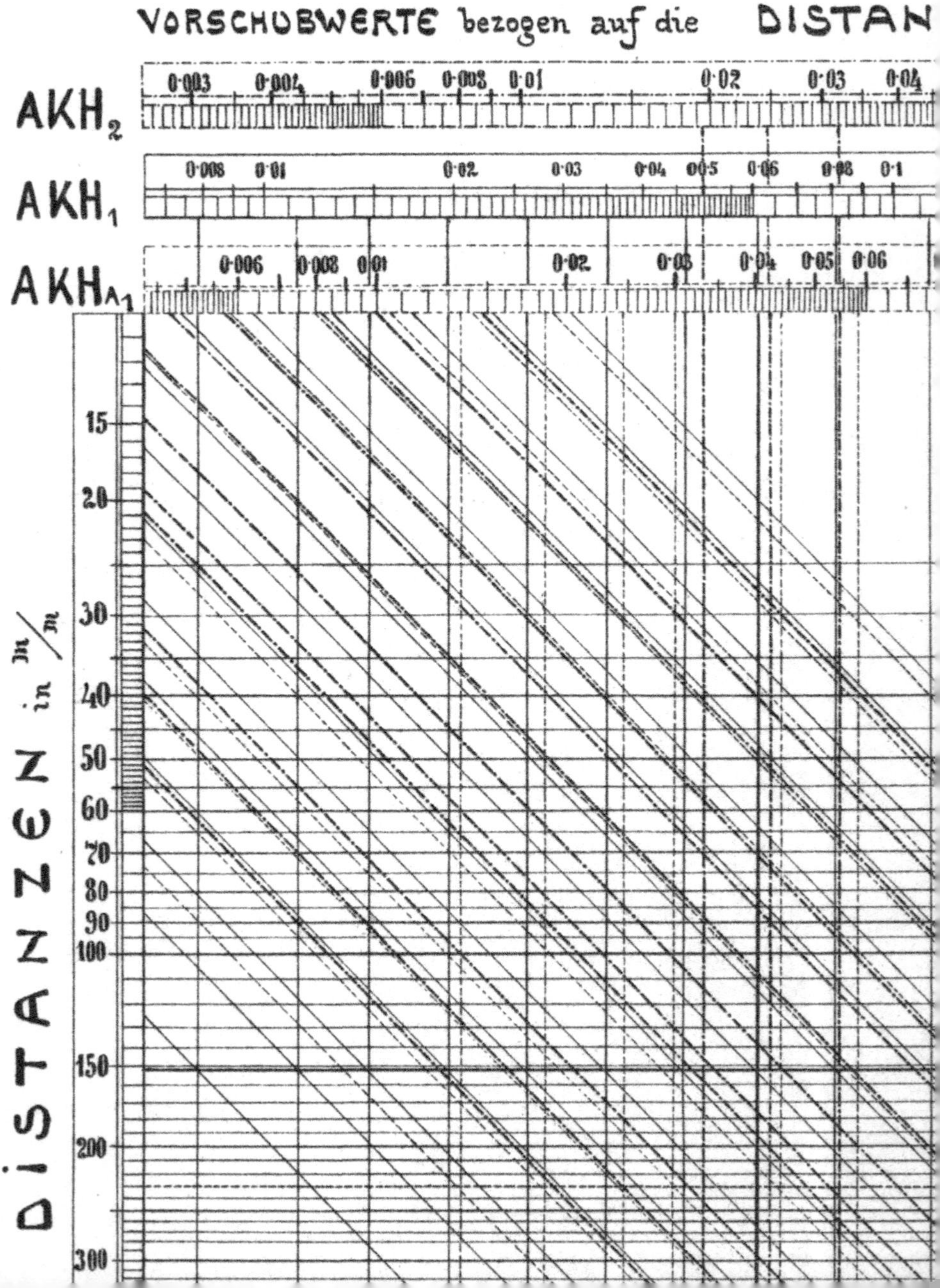
VORSCHUBWERTE bezogen auf die DISTAN
AKH2
0·003 0·004 0·006 0·008 0·01 0·02 0·03 0·04
AKH1
0·008 0·01 0·02 0·03 0·04 0·05 0·06 0·08 0·1
AKHA1
0·006 0·008 0·01 0·02 0·03 0·04 0·05 0·06
DISTANZEN in m/m
15
20
30
40
50
60
70
80
90
100
150
200
300

schneidenden RADES in MILLIMETER

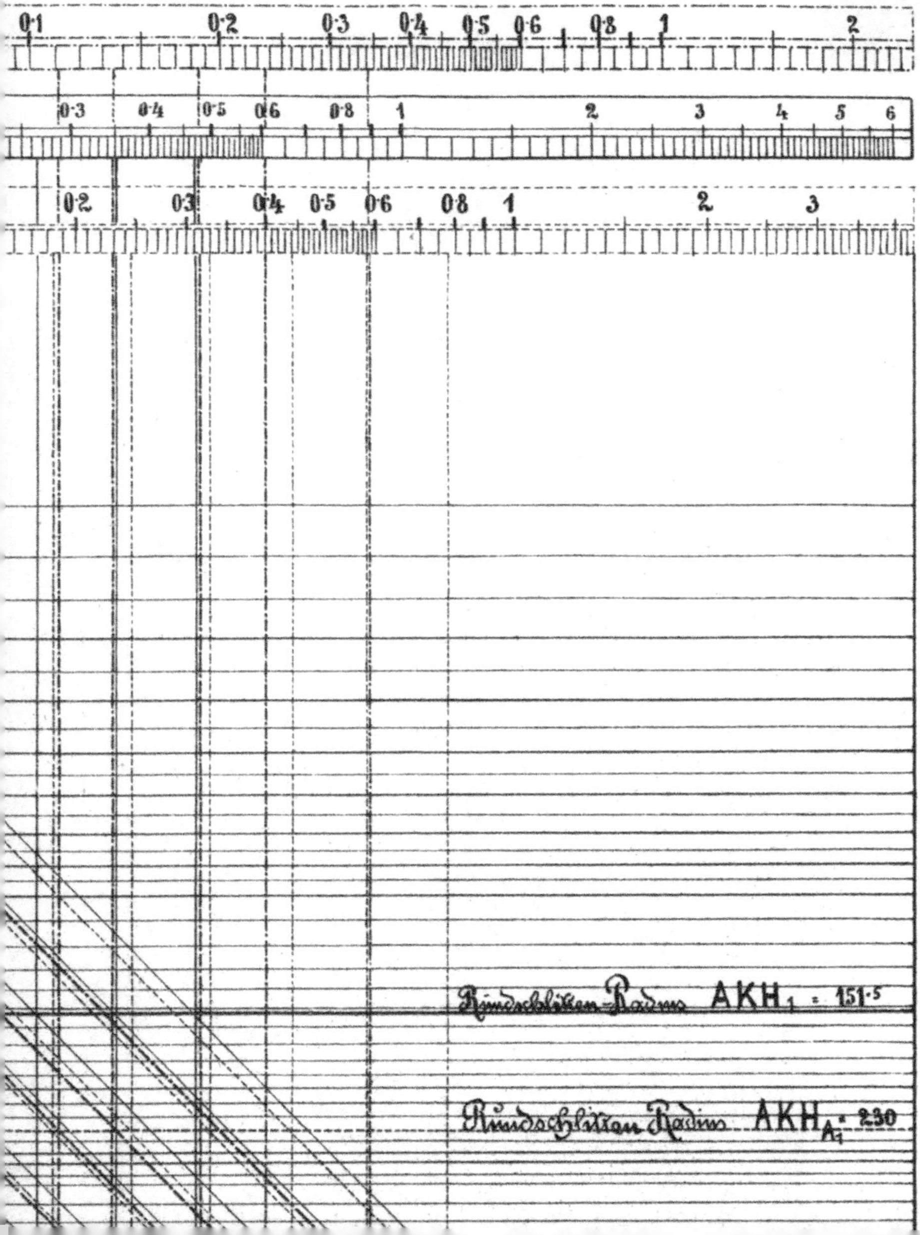

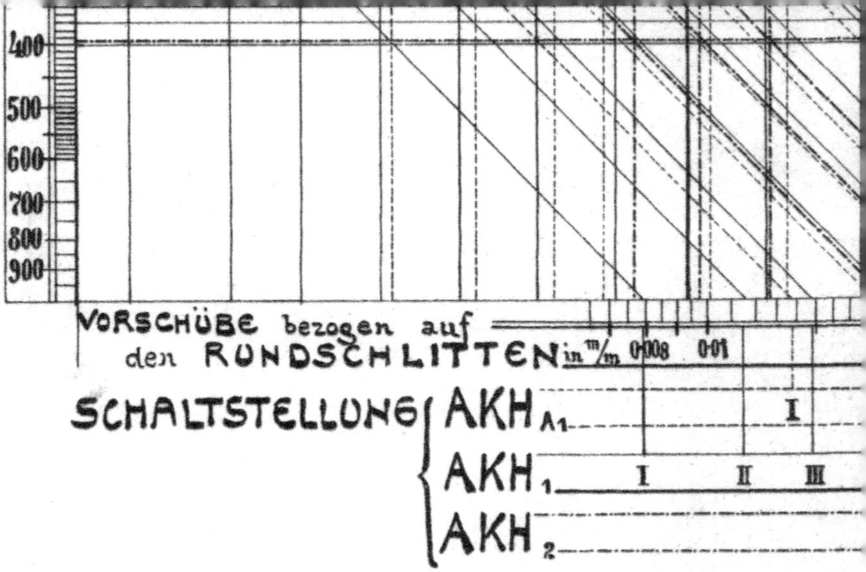

400
500
600
700
800
900
VORSCHÜBE bezogen auf den RUNDSCHLITTEN in m/m 0·008 0·01
SCHALTSTELLUNG
AKH A1 I
AKH 1 I II III
AKH 2

Verlag vo

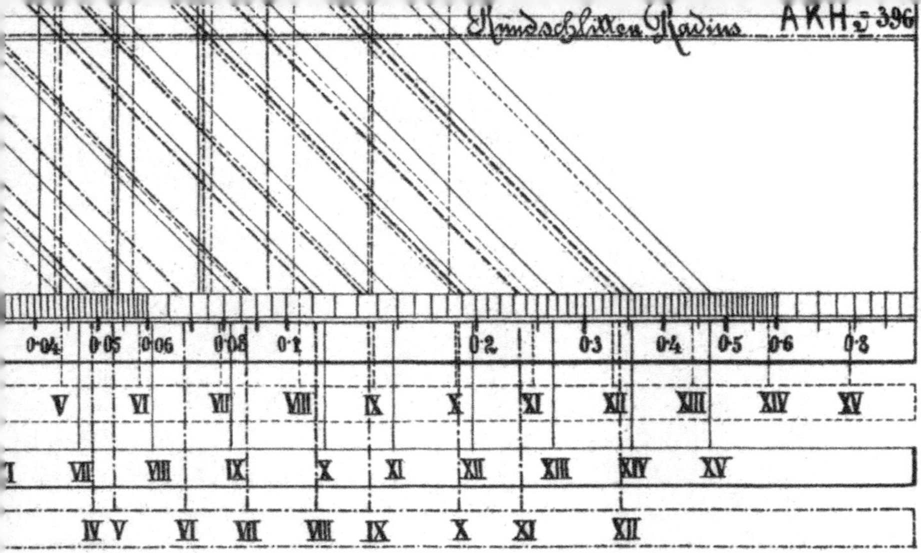

n Berlin

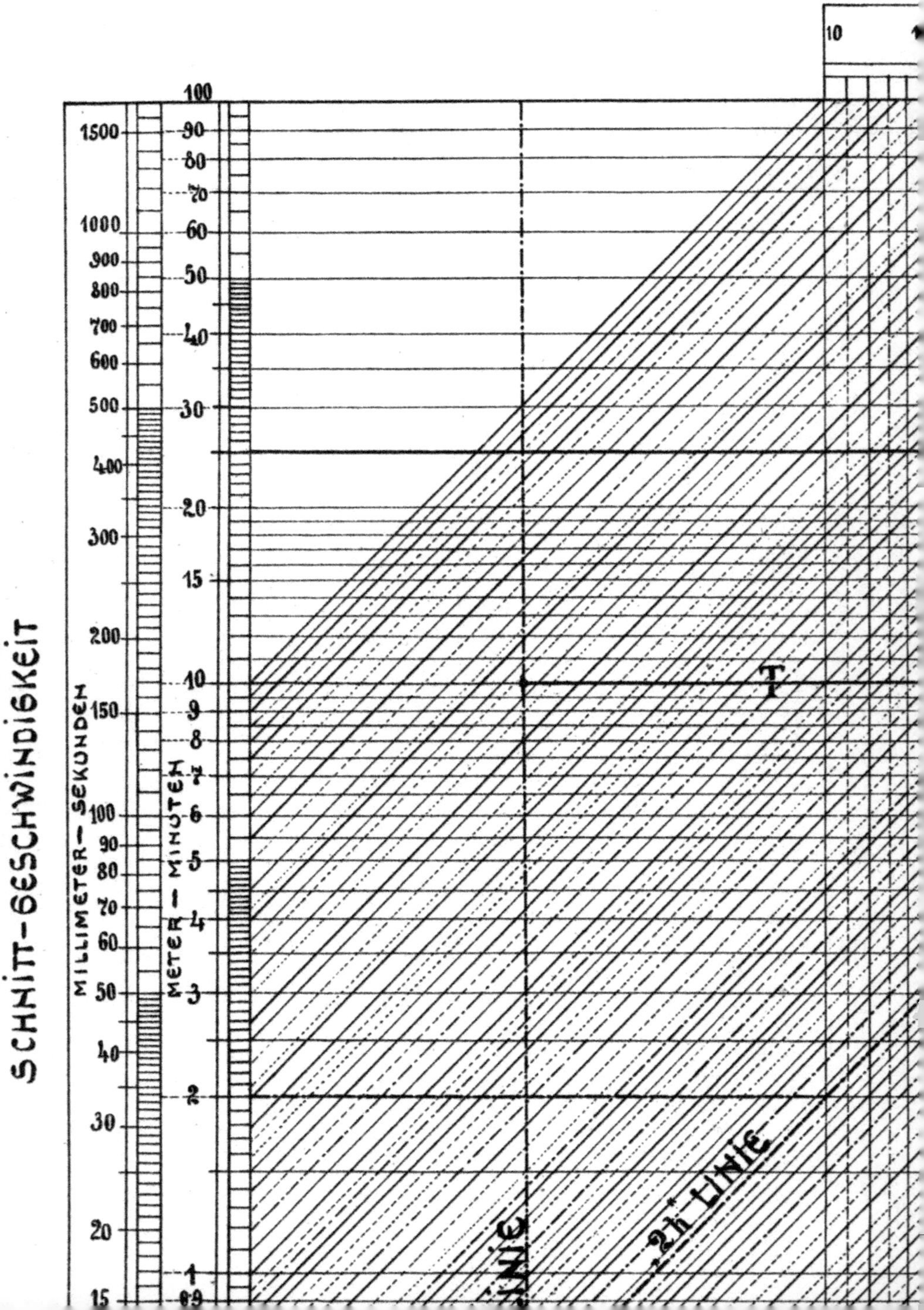
SCHNITT-GESCHWINDIGKEIT
MILLIMETER-SEKUNDEN
METER-MINUTEN
1500
1000
900
800
700
600
500
400
300
200
150
100
90
80
70
60
50
40
30
20
15
100
90
80
70
60
50
40
30
20
15
10
9
8
7
6
5
4
3
2
1
10
T
2te LINIE

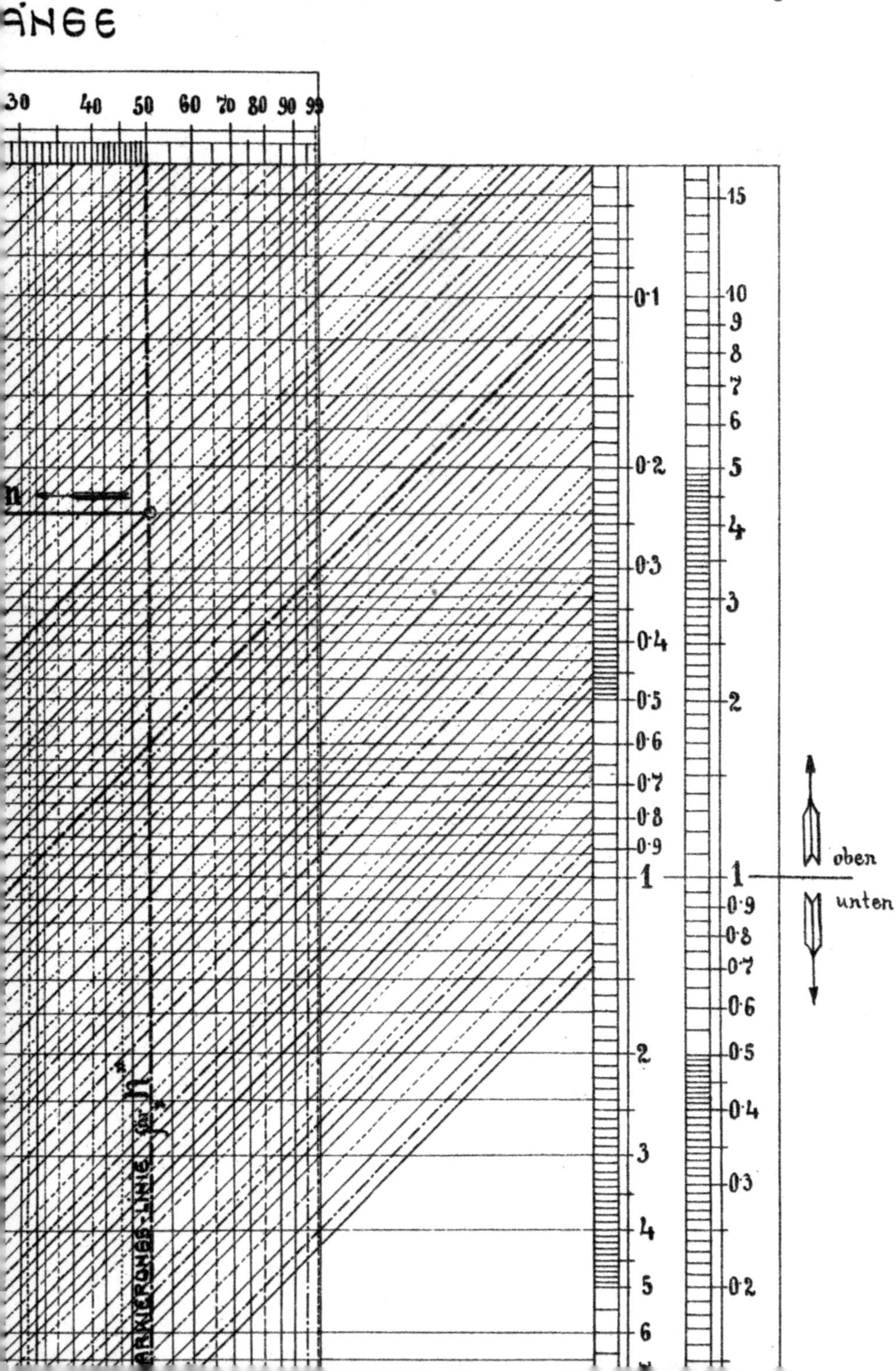
ÄNGE
30
40
50
60
70
80
90
99
n
15
0·1
10
9
8
7
6
0·2
5
4
0·3
3
0·4
0·5
2
0·6
0·7
0·8
0·9
1
1
oben
unten
0·9
0·8
0·7
0·6
2
0·5
0·4
3
0·3
4
5
0·2
6
ARKIERUNGS-LINIE für n

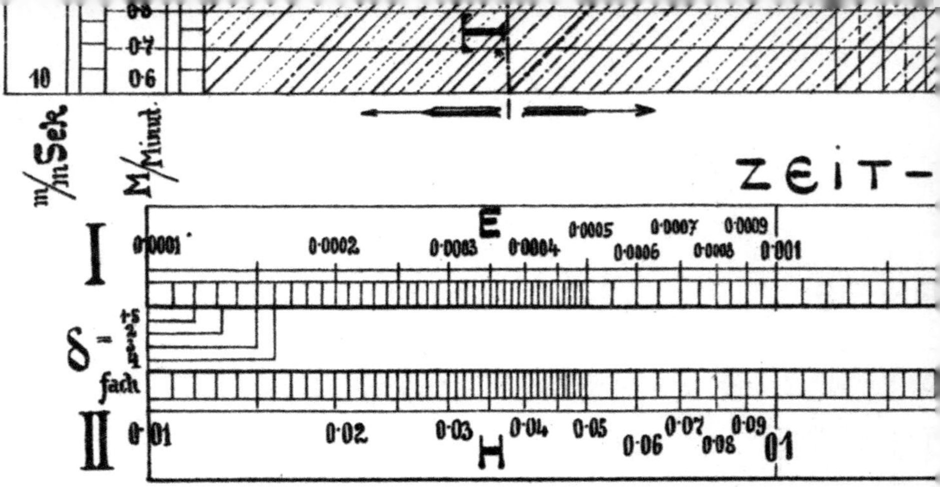
10
0·7
0·6
m/m Sek
M/Minut.
ZEIT-
E
I
0·0001
0·0002
0·0003
0·0004
0·0005
0·0006
0·0007
0·0008
0·0009
0·001
fach
II
0·01
0·02
0·03
0·04
0·05
0·06
0·07
0·08
0·09
0·1
H

Verlag von

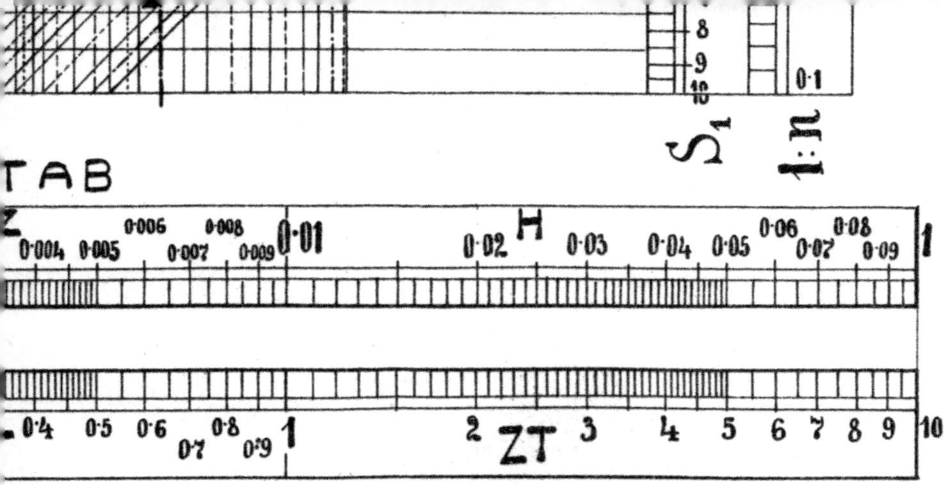
8
9
10
0·1
S1
1:n
TAB
Z
0·004 0·005 0·006 0·007 0·008 0·009 0·01 0·02 H 0·03 0·04 0·05 0·06 0·07 0·08 0·09 1
0·4 0·5 0·6 0·7 0·8 0·9 1 2 ZT 3 4 5 6 7 8 9 10

Berlin

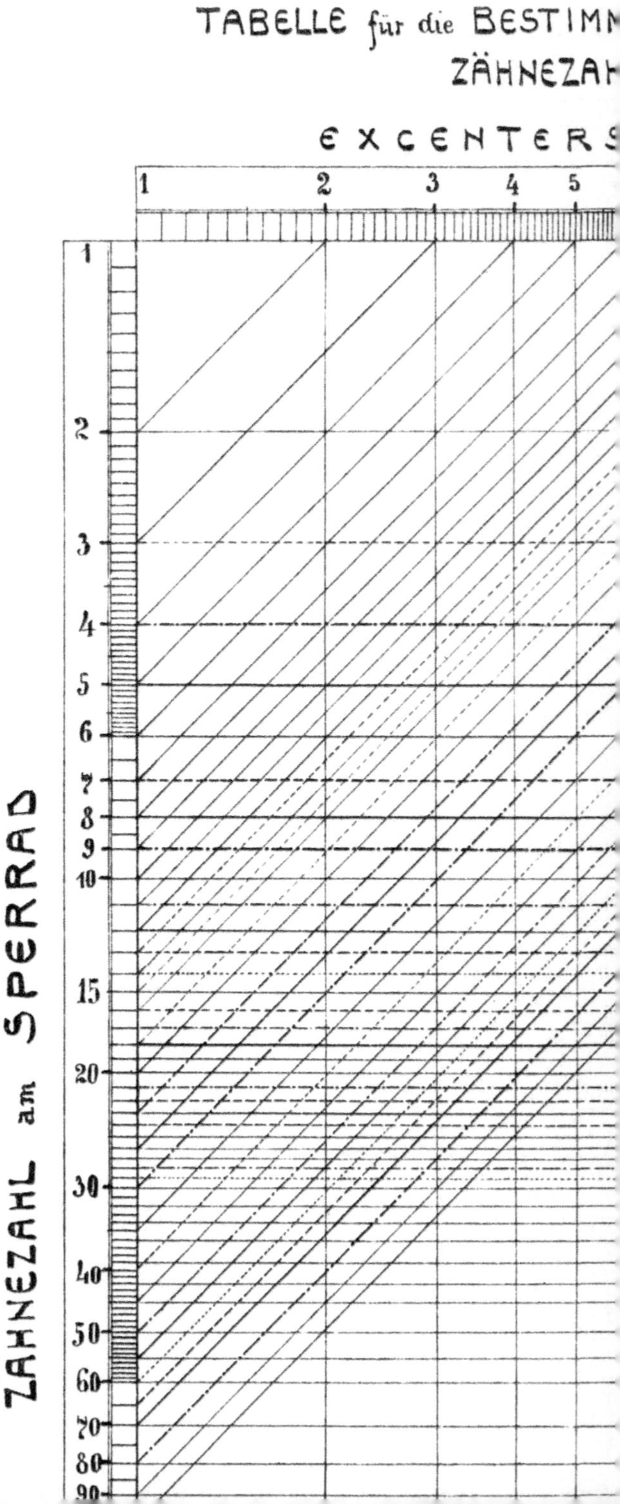
TABELLE für die BESTIMM
ZÄHNEZAH
EXCENTERS
1
2
3
4
5
1
2
3
4
5
6
7
8
9
10
15
20
30
40
50
60
70
80
90
ZÄHNEZAHL am SPERRAD

EBELSTELLUNG bei gegebener

RAD

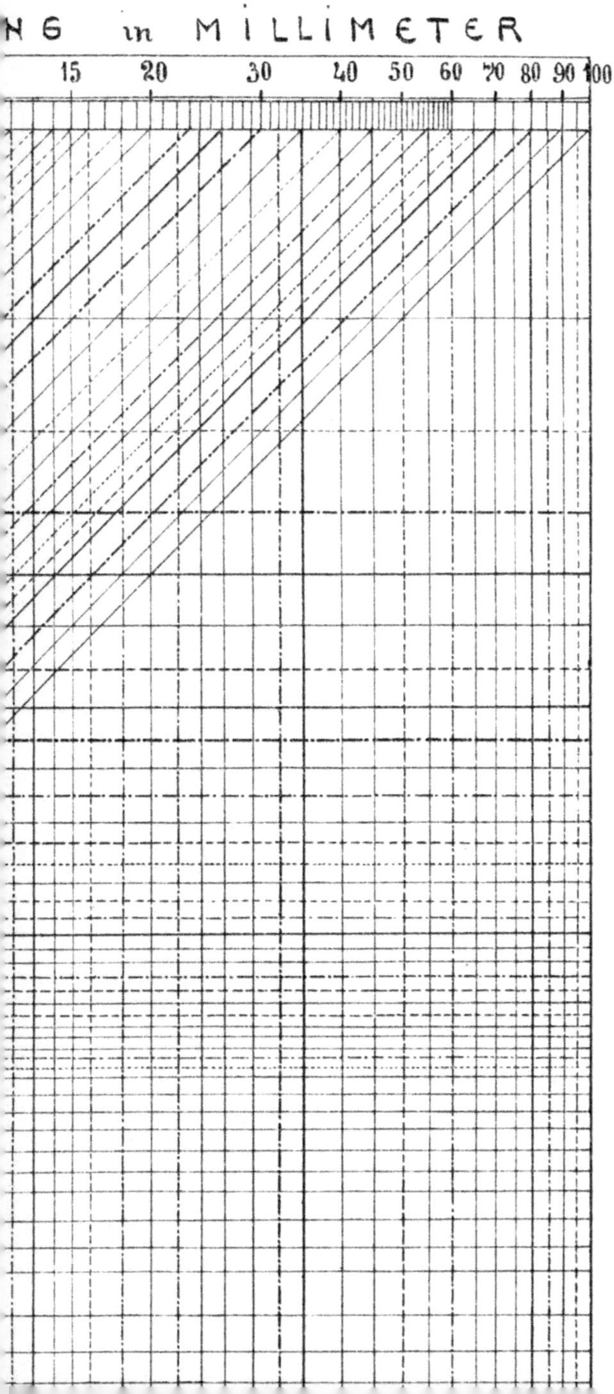

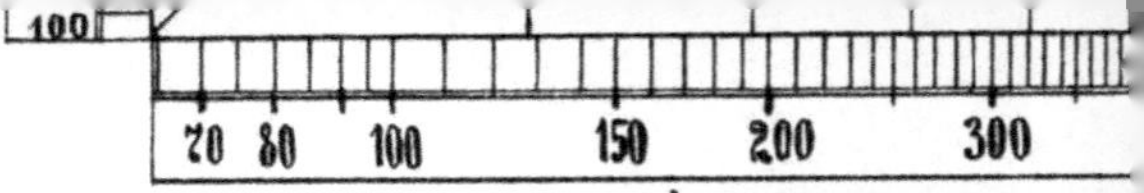

KOLLISSENSTELL

KOLLISSENSTELLUNG

Verla

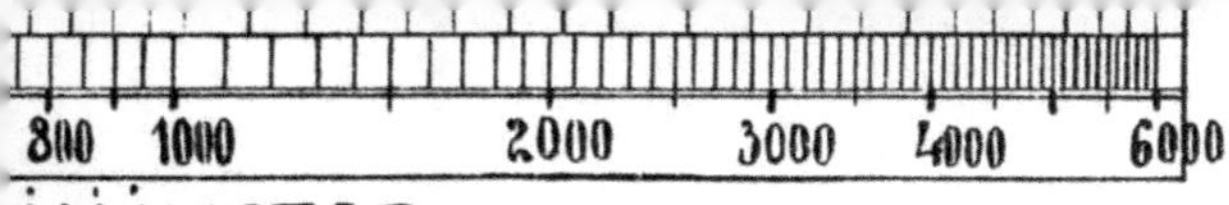

ILLIMETER.

ellung x 2 x Radius am Sperrad = (100 m/m)

(3·14) x Zähnezahl

nger in Berlin

ZEITTABELLE in MINUT

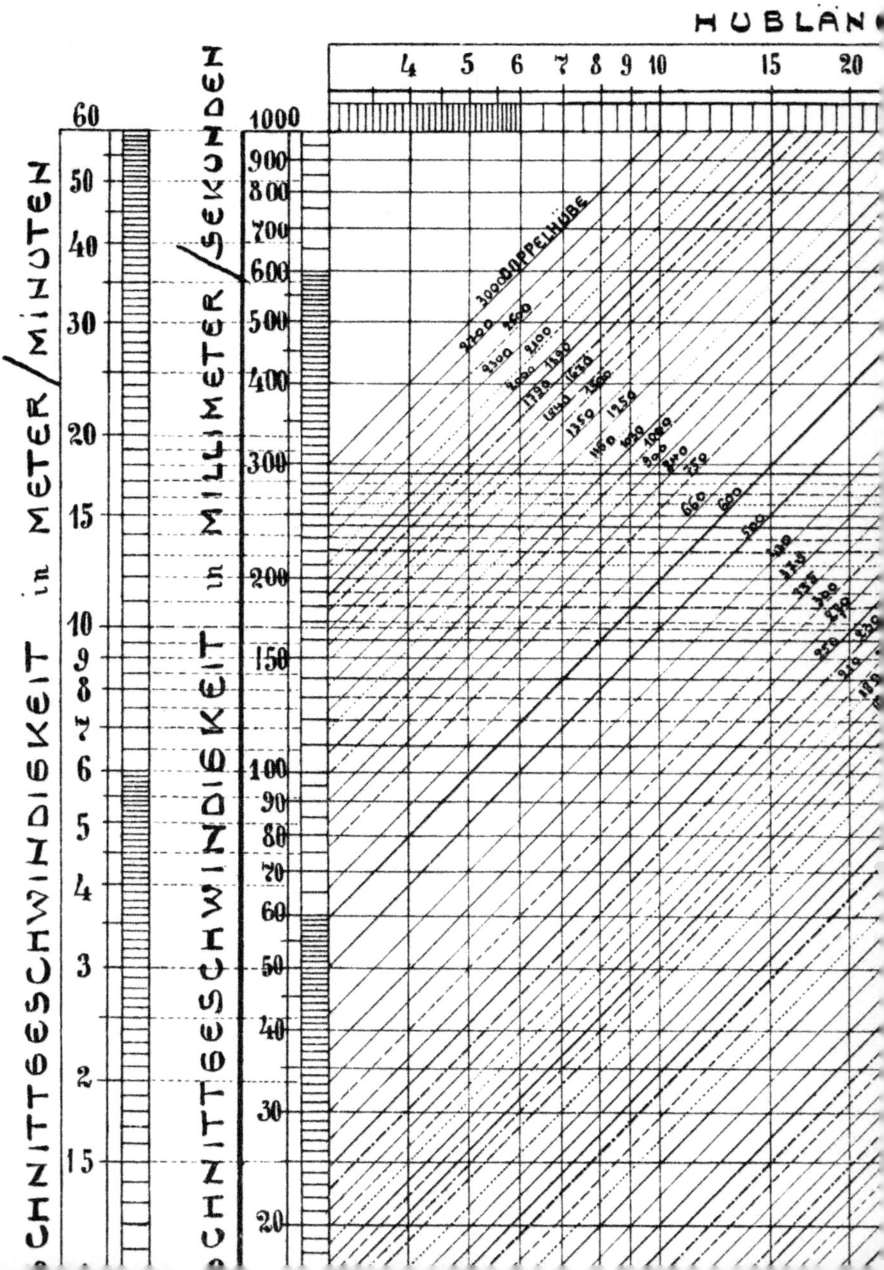

HOBELN von ZAHNFLANKEN

ILLIMETER

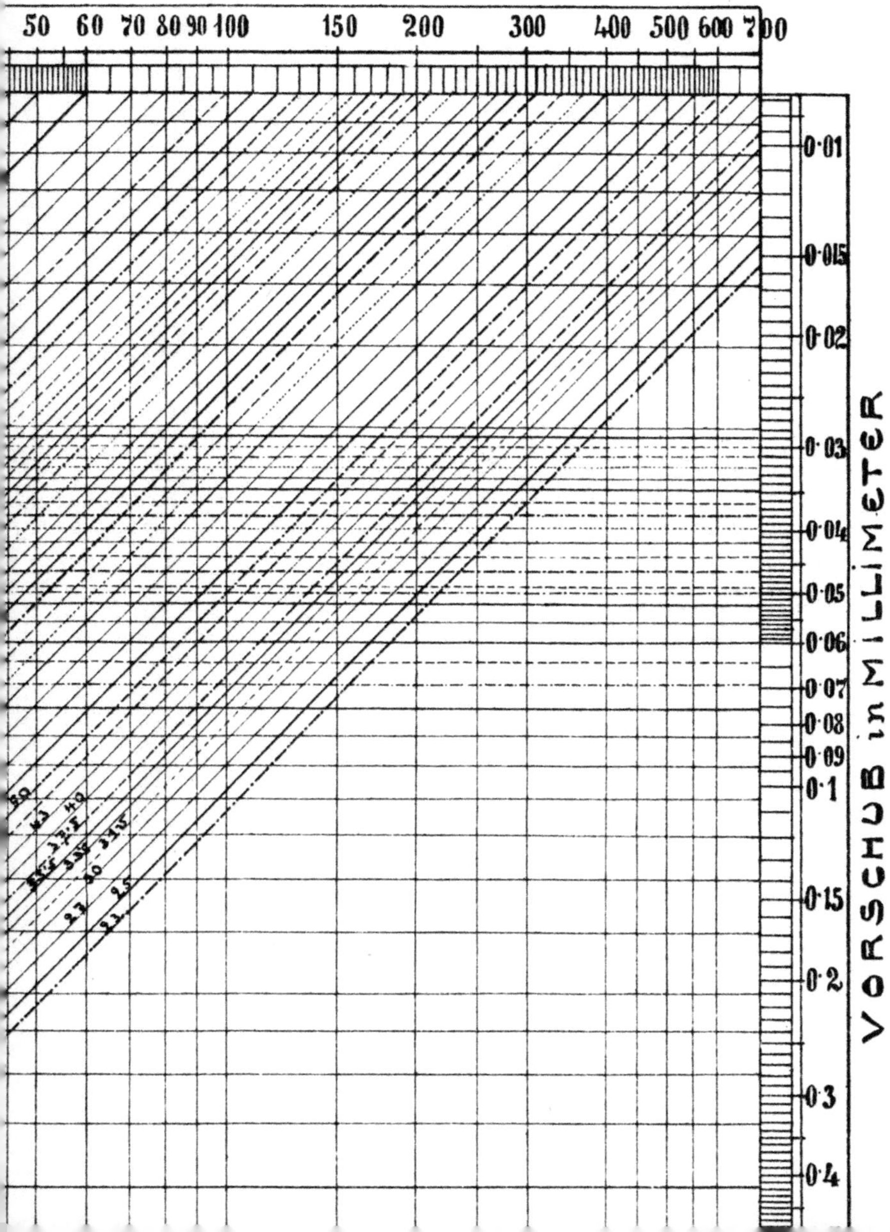

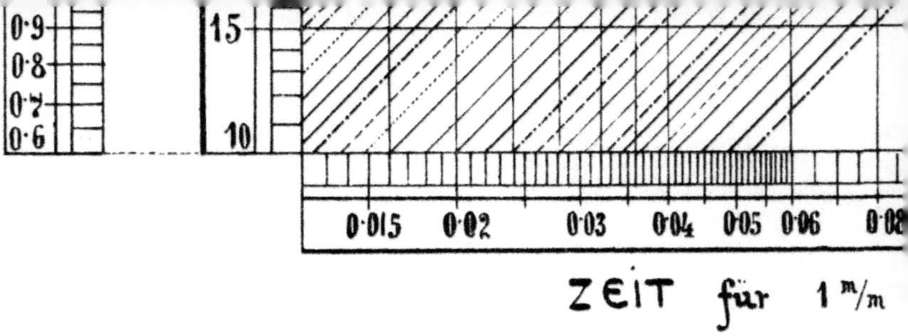

Verl

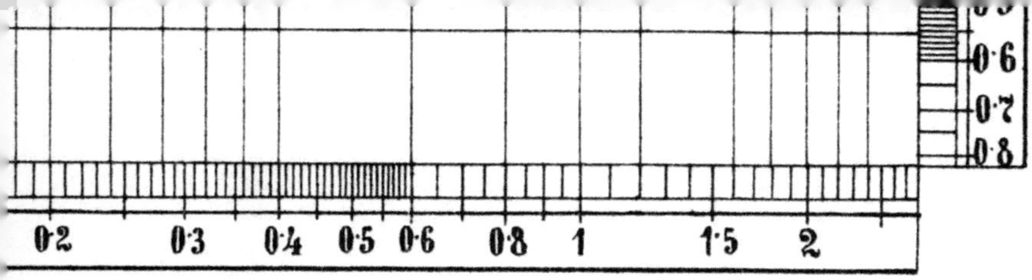

ANKENLÄNGE

ger in Berlin

GPSR Compliance

The European Union's (EU) General Product Safety Regulation (GPSR) is a set of rules that requires consumer products to be safe and our obligations to ensure this.

If you have any concerns about our products, you can contact us on ProductSafety@springernature.com

In case Publisher is established outside the EU, the EU authorized representative is:

Springer Nature Customer Service Center GmbH
Europaplatz 3
69115 Heidelberg, Germany

Batch number: 10844675

Printed by Printforce, the Netherlands